Jens Reiser

Duktilisierung von Wolfram

Synthese, Analyse und Charakterisierung von Wolframlaminaten aus Wolframfolie

Schriftenreihe
des Instituts für Angewandte Materialien

Band 7

Karlsruher Institut für Technologie (KIT)
Institut für Angewandte Materialien (IAM)

Eine Übersicht über alle bisher in dieser Schriftenreihe erschienenen Bände finden Sie am Ende des Buches.

Duktilisierung von Wolfram

Synthese, Analyse und Charakterisierung von Wolframlaminaten aus Wolframfolie

von
Jens Reiser

Scientific Publishing

Dissertation, Karlsruher Institut für Technologie (KIT)
Fakultät für Maschinenbau
Tag der mündlichen Prüfung: 25. Juli 2012

Impressum

Karlsruher Institut für Technologie (KIT)
KIT Scientific Publishing
Straße am Forum 2
D-76131 Karlsruhe
www.ksp.kit.edu

KIT – Universität des Landes Baden-Württemberg und
nationales Forschungszentrum in der Helmholtz-Gemeinschaft

KIT Scientific Publishing 2012
Print on Demand

ISSN 2192-9963
ISBN 978-3-86644-902-2

Duktilisierung von Wolfram

Synthese, Analyse und Charakterisierung von
Wolframlaminaten aus Wolframfolie

Zur Erlangung des akademischen Grades
Doktor der Ingenieurwissenschaften
der Fakultät Maschinenbau
Karlsruher Institut für Technologie (KIT)

genehmigte Dissertation von
Dipl. Ing. Jens Reiser
geb. 23.02.1980 in Karlsruhe

Tag der mündlichen Prüfung: 25.07.2012
Hauptreferent: Prof. Dr. Oliver Kraft
Korreferent: Prof. Dr. Reinhard Pippan

Danksagung

Mein Glückwunsch geht an Dr. M. Rieth (KIT) und Dr. A. Hoffmann (PLANSEE SE) für die tolle Idee des Wolframlaminats. Mein Dank geht an Dr. M. Rieth und Dr. A. Möslang, dass sie mich ausgewählt haben, dieses wunderbare Thema zu bearbeiten.

Die vorliegende Arbeit entstand im Institut für Angewandte Materialien des Karlsruher Instituts für Technologie. An dieser Stelle möchte ich mich bei allen bedanken, die auf verschiedenste Weise zum Gelingen dieser Arbeit beigetragen haben.

Herrn Prof. Dr. O. Kraft danke ich für die Übernahme des Referats.
Herrn Prof. Dr. H.-J. Seifert und Herrn Dr. A. Möslang danke ich für die Aufnahme in ihrem Institut. Bei Herrn Prof. H.-J. Seifert bedanke ich mich für die Vertretung von Herrn Prof. Dr. O. Kraft in der mündlichen Prüfung.
Herrn Prof. Dr. R. Pippan danke ich für die Übernahme des Korreferats.
Besonders bedanken möchte ich mich bei Dr. M. Rieth für die freundliche Aufnahme in seine Gruppe und die exzellente Förderung meiner Person. Ich bedanke mich, dass ich bei zahlreichen Konferenzen und Meetings das Wolframlaminatthema vorstellen und mich so wissenschaftlich profilieren durfte. Mein Dank geht an Herrn B. Dafferner für die Unterweisung in die Kerbschlagbiegeanlagen, die Vakuumöfen sowie die kritische Begleitung meiner Arbeit. Weiterhin danke ich Frau S. Heger, Frau V. Widak, Frau L. Commin sowie Herrn J. Hoffmann für die außergewöhnlich gute Zusammenarbeit.

Für die Unterstützug bei der metallographischen Präparation bedanke ich mich herzlich bei Herrn H. Zimmermann und Herrn D. Bolich. Ebenso bin ich Frau U. Jäntsch, Frau E. Materna-Morris, Frau M. Hoffmann, Frau D. Exner, Frau X. Yi und Herrn D. Armstrong für die Unterstützung bei der Elektronenmikroskopie zu Dank verpflichtet. Für die Unterstützug beim Tiefziehen und bei den mechanischen Tests bedanke ich mich bei Herrn S. Baumgärtner und Herrn R. Ziegler. Bei Herrn Dr. M. Walter und Herrn T. Neithardt bedanke ich mich herzlich für interessante Diskussionen hinsichtlich Größeneffekte und Verformungsmechanismen. Ein außergewöhnlich großes Dankeschön geht an die Kollegen aus der Werkstatt. An Herrn W. Dörfler und Herrn J. Lang, an Frau T. Fabry und Herrn B. Zimmermann, an Herrn J. Konrad sowie an Herrn G. Gretschmann. Ohne ihr Zutun gäbe es keine einzige testbare Laminatprobe. Nicht vergessen möchte ich an dieser Stelle auch die Kollegen der Serviceeinrichtungen und der Verwaltung des KIT und ich möchte mich ausdrücklich für deren Engagement bedanken. Ihre Arbeit findet oft jenseits des wissenschaftlichen Rampenlichts statt. Als Wissenschaftler habe ich jedoch außerordentlich davon profitiert. Sowohl dem KHYS als auch dem CareerService spreche ich mein herzliches Dankeschön aus.

Bei Prof. Dr. S. Roberts bedanke ich mich für einen erfolgeichen Forschungsaufenthalt an der Universität Oxford.

Für die Durchführung der HHF-Tests in GLADIS bedanke ich mich bei Herrn H. Greuner und Herrn B. Böswirth vom Max-Planck-Institut für Plasmaphysik, IPP, in Garching.

Herzlich bedanke ich mich auch bei den Mitarbeitern von PLANSEE SE bzw. der PLANSEE Metall GmbH. Insbesondere Herrn Dr. A. Hoffmann, der mir den Forschungsaufenthalt bei PLANSEE SE ermöglicht hat. Ich bedanke mich bei Herrn Dr. W. Knabl für die freundliche Aufnahme in seine Abteilung und bei seinem Team für zahlreiche Hochtemperaturglühungen. Ich bedanke mich bei Herrn Dr. T. Mrotzek, Dr. B. Tabernig und Herr N. Reheis für deren Unterstützung bei der Hochtemperaturlötung sowie bei der PLANSEE SE Fusionsgruppe und hier insbesondere bei Herrn Dr. W. Schulmeyer, Herrn T. Huber und Herrn A. Zabernig für die Durchführung der Berstversuche sowie der zerstörungsfreien Prüfung.

Karlsruhe, im Juni 2012 *Jens Reiser*

Kurzfassung

Wolfram ist ein Material der Superlative: Es verfügt nicht nur über den höchsten Schmelzpunkt aller Metalle, sondern besticht auch durch exzellente Hochtemperaturfestigkeit und Kriechbeständigkeit. Der Nachteil von Wolfram besteht allerdings in seiner geringen Risszähigkeit sowie einem Spröd-duktil-Übergang, der leider erst bei hohen Temperaturen auftritt. Daher findet Wolfram bisher ausschließlich als Funktionsmaterial Anwendung, nicht jedoch als Strukturmaterial, d.h. nicht als Werkstoff für sicherheitsrelevante, drucktragende Bauteile. In diesem Zusammenhang stellt sich die Frage, wie Wolfram duktilisiert werden kann und wie es gelingen kann, die Spröd-duktil-Übergangstemperatur zu niedrigeren Temperaturen zu verschieben.

Bisherige Versuche, durch die Synthese eines Wolframmischkristalls, einer feinkörnigen Mikrostruktur oder eines Wolframverbundwerkstoffs, wie z.B. eines partikel-, kurzfaser- oder langfaserverstärkten Wolframwerkstoffs, zum Erfolg zu kommen, brachten bisher nicht den erhofften Durchbruch.

Der in dieser Arbeit untersuchte Ansatz ist die Duktilisierung von Wolfram durch Synthese eines Wolframlaminats. Die Idee lautet wie folgt: Wolframfolie ist duktil und lässt sich selbst bei Raumtemperatur plastisch verformen. Durch Übereinanderschichten und geeignetes Verbinden mehrerer Folienlagen könnte es gelingen, die duktilen Eigenschaften einer Folie auf ein Massivbauteil zu übertragen. Die zentrale Frage dieser Promotionsschrift lautet daher:

Ist es möglich, die duktilen Eigenschaften einer Wolframfolie durch Synthese eines Wolframlaminats auf ein Massivbauteil zu übertragen?

Diese Arbeit beschäftigt sich demzufolge mit der Analyse von Wolframfolie, der Synthese von Wolframlaminaten aus Wolframfolie und schließlich mit der Charakterisierung von Wolframlaminaten.

Bei der Analyse der Wolframfolie steht die Frage im Mittelpunkt, warum Wolframfolie duktil ist. Ein Grund könnte der Folieneffekt sein - die Versetzungsannihilation an der Folienoberfläche. Um die genannte Frage zu beantworten wurde die Mikrostruktur analysiert und Wolframfolie im Lieferzustand sowie nach verschiedenen Glühungen durch Drei-Punkt-Biegeversuche und Zugversuche charakterisiert. Die Ergebnisse lassen vermuten, dass die Duktilität der Wolframfolie im Lieferzustand in der hohen Anzahl mobiler Stufenversetzungen sowie der Feinkörnigkeit begründet ist, wohingegen die Duktilität von rekristallisierter Wolframfolie vom Folieneffekt profitiert. Weiterhin lassen sich die anisotropen mechanischen Eigenschaften der Folie interpretieren mit Hilfe der Folientextur in $\{100\}\langle 011\rangle$, der anisotropen Kornform (bei 100 μm Folie: $0,5\ \mu m\ x\ 3\ \mu m\ x\ 15\ \mu m$), der Hauptgleitrichtung von kubisch-raumzentrierten Metallen, der $\langle 111\rangle$ Richtung sowie der von Wolfram bei Raumtemperatur bevorzugten Rissebene, der $\{100\}$ Ebene.

Ein weiterer Schwerpunkt dieser Arbeit ist die Synthese von Laminaten und damit die Frage, wie Wolframlaminate hergestellt werden können. Es ist klar, dass die Wahl der Zwischenschicht sowie die Wahl der Verbindungstechnologie die Eigenschaften des Laminats maßgeblich beeinflussen. In dieser Arbeit wurde die Synthese durch Löten realisiert. Die verwendeten Lote waren ein eutektisches Silber-Kupfer-Lot, reines Kupfer, Titan und Zirkonium. Die Laminate wurden sowohl hinsichtlich ihrer Grenzflächen Wolframfolie-Lot analysiert als auch hinsichtlich der Änderung der Mikrostruktur der Wolframfolie während des Lötens. Insbesondere die Lötung mit einem Silber-Kupfer-Lot zeigt eine Grenzfläche mit einer scharfen Trennung zwischen Wolframfolie und Lot und die Mikrostruktur der Wolframfolie hat sich im Vergleich zum Lieferzustand nicht verändert.

Diese Laminate wurden in einem nächsten Schritt charakterisiert, um die zentrale Frage dieser Arbeit zu beantworten: Ist es möglich, die duktilen Eigenschaften der Wolframfolie durch Synthese eines Wolframlaminats auf ein Massivbauteil zu übertragen? Die Antwort ist: Ja! Zur Beantwortung dieser Frage wurden Kerbschlagbiegeversuche an mit einem eutektischen Silber-Kupfer-Lot gelöteten Laminatproben durchgeführt und die Ergebnisse mit Wolframplattenmaterial verglichen. Die Ergebnisse zeigen bei Laminatproben aus Folie im Lieferzustand eine Verschiebung der Spröd-duktil-Übergangstemperatur um $300°C$ und bei Laminatproben aus rekristallisierter Wolframfolie eine Verschiebung um mindestens $500°C$ zu tieferen Temperaturen. Sowohl das Bruchverhalten als auch auch die Art der Energiedissipation von Laminatproben sind hochgradig anisotrop und hängen von der Probenorientierung ab. Speziell bei Laminaten aus rekristallisierter Folie erfolgt die Energiedissipation ausschließlich durch plastische Verformung der Wolframfolie und die Verschiebung der Spröd-duktil-Übergangstemperatur lässt sich mit dem Folieneffekt erklären.

Neben Laminatplatten wurden im Rahmen dieser Arbeit auch Wolframlaminatrohre hergestellt und mit Wolframrohren verglichen, welche durch Bohren eines Loches in einen Stab hergestellt wurden. Die Charakterisierung erfolgte durch Kerbschlagbiegeversuche und Berstversuche. Die Ergebnisse von Laminatrohren (Außendurchmesser 15 mm, Wandstärke 1 mm, gelötet mit einem eutektischen Silber-Kupfer-Lot) sind überzeugend und zeichnen sich zum Beispiel durch eine Energiedissipation im Kerbschlagbiegeversuch bei Raumtemperatur von mindestens 20 J aus, wohingegen ein Wolframrohr, gebohrt aus Stabmaterial, kaum Energie dissipieren kann. Ein Berstversuch an einem Laminatrohr bei RT wurde bei 1000 bar erfolgreich beendet - das Laminatrohr ist nicht geplatzt. Es scheint daher, als habe ein Wolframlaminatrohr das Potenzial zum Einsatz als Strukturbauteil.

Abstract

Tungsten is a material of superlatives: it has the highest melting point of all metals, excellent high temperature strength and a high creep resistance. On the other hand, the disadvantage of tungsten is its low fracture toughness and a brittle-to-ductile transition that, unfortunately, occurs at high temperatures. This is why tungsten is only used as a functional material but not as a structural material, which means not for safety relevant, pressurised parts. Consequently, thinking about tungsten as a structural material, the following question arises: How can we make tungsten ductile and how can we decrease the brittle-to-ductile transition temperature?

There have been many attempts to ductilise tungsten, e.g. by the synthesis of a tungsten solid solution, by an ultra fine grained microstructure, or by a tungsten composite reinforced by particles, short or long fibres. However, the success of these attempts was limited.

The approach that will be assessed in this work is the ductilisation of tungsten by synthesising a tungsten laminate. The idea is: Tungsten foil is ductile. It can be bent plastically, even at room temperature. By the assembling and joining of several layers of tungsten foil it might be possible to expand the ductile properties of a foil to the bulk. So the main question of this work is:

Do we succeed in expanding the ductile properties of a tungsten foil to the bulk by synthesising a tungsten laminate?

This work deals with the analysis of tungsten foil, the synthesis of tungsten laminates made of tungsten foil and, finally, the characterisation of tungsten laminates.

Analysing tungsten foil, the following question should be answered: Why is tungsten foil ductile? One reason might be the foil effect, which is the annihilation of dislocations on the free surface. To answer the question mentioned above the microstructure of tungsten foil as-received and tungsten foil recrystallised is assessed by means of electron microscopy, three-point-bending tests and tensile tests. The results suggest that the ductility of tungsten foil, as-received, is caused by the high amount of mobile edge dislocations as well as the ultra fine grained microstructure, while the ductility of tungsten foil, recrystallised, benefits from the foil effect. Furthermore, the results show that the anisotropic mechanical properties can be explained on the basis of the texture of the foil ($\{100\}\langle011\rangle$), the anisotropic grain shape (for 100 μm foil: $0,5$ μm x 3 μm x 15 μm), the main slip direction of body centred cubic metals, the $\langle111\rangle$ slip direction, and the preferred cleavage plane of tungsten at room temperature, the $\{100\}$ plane.

Another topic this work deals with is the synthesis of tungsten laminates and the following question: How can we synthesise a tungsten laminate? In this work the synthesis was realised by brazing. The brazing fillers used were a eutectic silver-copper brazing filler, pure copper, titanium, and zirconium. The laminates were analysed focusing on their interface tungsten foil - interlayer, as well as on the change of the microstructure of the tungsten foil during the joining process. Especially the interface of a silver-copper brazing shows a sharp transition between tungsten and interlayer and the tungsten foil did not change during the brazing process.

In a next step these laminates were characterised to answer the main question of the work: Do we succeed in expanding the ductile properties of a tungsten foil to the bulk? To answer this question Charpy impact tests on tungsten laminates, made by brazing with a eutectic silver-copper brazing filler, were made and the results were compared to pure tungsten plate material. The results show that a tungsten laminate, made of tungsten foil as-received, shifts the brittle-to-ductile transition by 300$^{\circ}C$ to lower temperatures and that a tungsten laminate, made of recrystallised tungsten foil, shifts the brittle-to-ductile transition by at least 500°C to lower temperatures. Both the fracture behaviour and the way of energy dissipation of tungsten laminates are anisotropic and strongly depend on the sample orientation. Especially, laminates made of recrystallised foil, dissipate energy only by plastic deformation of the tungsten foil and the shift of the brittle-to-ductile transition can be explained by the foil effect.

This work does not only deal with laminate plates but also with laminate pipes. The properties of these pipes were compared with pipes made by drilling a hole in a tungsten rod. Charpy impact tests on laminate pipes (outer diameter 15 *mm*, wall thickness 1 *mm*, joined by brazing with a eutectic silver-copper brazing filler) show an energy dissipation of 20 *J* at room temperature, whereas a pipe made by drilling a hole in a rod can only dissipate a small amout of energy. A burst test performed at room temperature was successfully stopped at 1000 *bar* - the laminate pipe shows no damage. It seems that a tungsten laminate pipe has the potential to be used as a structural tungsten part.

Inhaltsverzeichnis

1. Einleitung

Die Frage, ob Wolfram spröde ist, beantworten einige Experten mit „Nein – Wolfram ist sehr spröde.“ Und genau das ist das Problem dieses Metalls der Superlative. Einerseits hat Wolfram den höchsten Schmelzpunkt ($T_S = 3420°C$, [1]) und den niedrigsten Dampfdruck aller Metalle. Hinzu kommen exzellente Hochtemperaturfestigkeits- und Hochtemperaturkriecheigenschaften sowie eine gute Wärmeleitfähigkeit und eine hohe Dichte. Zu den negativen Eigenschaften von Wolfram zählen hingegen eine schlechte Oxidationsbeständigkeit sowie insbesondere eine geringe Risszähigkeit und ein Spröd-duktil-Übergang, der leider erst bei hohen Temperaturen auftritt. Daher findet Wolfram bisher ausschließlich als Funktionsmaterial Anwendung (Ofenbau, Ausgleichsgewichte), nicht jedoch als Strukturmaterial, d.h. nicht als Werkstoff für sicherheitsrelevante, drucktragende Bauteile. Bestrebungen nach höheren Wirkungsgraden von Anlagen und Maschinen bedingen jedoch eine Erhöhung der Prozesstemperatur und fordern damit einen Wolframwerkstoff, der als Strukturwerkstoff eingesetzt werden kann. Als Beispiel sei hier ein thermisch hochbelastetes Bauteil aus der Fusionsenergietechnik aufgeführt, ein Divertor. Die Prozessparamter für ein drucktragendes Bauteil in einem Divertor sind 100 *bar* bei $800°C$ [2]. Die Frage, die sich in diesem Zusammenhang stellt, lautet:

Wie schaffen wir es, Wolfram, dieses widerspenstige Metall (lat.: refractarius = widerspenstig, halsstarrig), zu duktilisieren und die Spröd-duktil-Übergangstemperatur zu niedrigeren Temperaturen zu verschieben?

Zur Lösung dieses Problem sind drei Strategien denkbar: (i) Die Synthese eines Wolframmischkristalls nach dem Vorbild von Wolfram-Rhenium, (ii) die Synthese von nanokristallinem Wolfram durch hochgradige plastische Umformung (engl.: severe plastic deformation, SPD) bzw. von nanostrukturiertem Wolfram durch mechanisches Legieren und (iii) die Synthese eines Wolframverbundwerkstoffs. Innerhalb der Wolframverbundwerkstoffe lässt sich weiterhin unterscheiden zwischen (i) partikelverstärkten Wolframwerkstoffen, (ii) regellos kurzfaserverstärkten, (iii) uniaxial langfaserverstärkten Wolframwerkstoffen und (vi) einem Wolframlaminat hergestellt aus Wolframfolie. In dieser Arbeit wird das Potenzial eines Wolframlaminats näher untersucht.

Die Idee der Arbeit beruht auf der Tatsache, dass Wolframfolie duktil ist. Sie lässt sich selbst bei Raumtemperatur biegen und plastisch verformen. Schichtet man nun mehrere Lagen dieser duktilen Wolframfolie übereinander und verbindet diese mit Hilfe einer geeigneten Kombination aus Zwischenschicht und Verbindungstechnik, so könnte es sein, dass sich die duktilen Eigenschaften der Wolframfolie auf ein Massivbauteil übertragen lassen. Dieser prinzipiellen Fragestellung nach der Machbarkeit wird in dieser Arbeit nachgegangen. Die Arbeit beschäftigt sich aber auch intensiv mit der Analyse und Charakterisierung der Wolframfolie mit dem Anspruch, die Frage, warum Wolframfolie duktil ist, näher zu beleuchten. Als Ausgangspunkt für diese Untersuchungen sei hier der Folieneffekt nach dem Vorbild einer Aluminiumfolie genannt. In eine Aluminiumfolie kann man einen scharften Knick einbringen und diesen im Anschluss wieder herausstreichen. Der Mechanismus, der hinter diesem plastischen Verhalten vermutet wird, ist der Folieneffekt. Dieser besagt, dass Versetzungen an die freie Oberfläche laufen können und dort ausgelöscht werden: Versetzungsannihilation. Eventuell profitieren wir auch bei der Wolframfolie von diesem Mechanismus.

Die Arbeit gliedert sich in fünf Kapitel. In einem ersten Teil geht es um Grundlagen und eine Literaturübersicht zu Wolframwerkstoffen. Dies beinhaltet den Stand der Technik zum Verformungsverhalten kubisch-raumzentrierter Metalle, die kontrollierenden Mechanismen des Spröd-duktil-Übergangs sowie das Bruchverhalten von polykristallinem Wolfram. Des

Weiteren wird der Stand der Technik zur Synthese und Charakterisierung von Wolframwerkstoffen (reines Wolfram, Wolframmischkristall, Wolfram mit Oxiden, Wolfram mit niedrigschmelzenden Metallen, nanostrukturierter Wolfram) und Wolframverbundwerkstoffen dargestellt. Wolframlaminate aus Wolframfolie wurden bisher noch nicht untersucht. Der Grundlagenteil schließt mit der Vorstellung von mathematischen und numerischen Methoden zur Beschreibung von Laminaten, wie z.B. die Klassische Laminattheorie oder die Elastoplastizitätstheorie. Der zweite Teil der Arbeit beschreibt die Arbeitsmethoden der Materialanalyse (Metallographie, Elektronenmikroskopie) sowie die Arbeitsmethoden der Materialcharakterisierung (Zugversuch, Drei-Punkt-Biegeversuch, Kerbschlagbiegeversuch). Der dritte Teil der Arbeit befasst sich ausführlich mit der Analyse und Charakterisierung der Wolframfolie. Dabei sollen die Grundlagen zur Diskussion folgender Fragen gelegt werden: Warum ist Wolfram im Lieferzustand duktil? Welche Mechanismen kontrollieren die Duktilität von rekristallisierter Wolframfolie?

Ausgehend von der Analyse und Charakterisierung des Halbzeugs Wolframfolie werden der Veredelungsprozess, die Synthese eines Wolframlaminats sowie dessen Charakterisierung beschrieben. Ziel der Charakterisierung ist die Beantwortung der Frage, ob es uns gelingt, die duktilen Eigenschaften der Folie auf ein Massivbauteil zu übertragen. Neben der Synthese von Wolframlaminaten wird auch die Synthese von Wolframrohren aus Wolframfolie vorgestellt und deren exzellente Eigenschaften im Kerbschlagbiegeversuch und im Berstversuch diskutiert. Nach einer technologischen Studie, die sich beispielhaft mit der Anwendung von Wolframlaminaten als Strukturwerkstoff in der Fusionsenergietechnik befasst, schließt diese Arbeit mit einer Diskussion der Ergebnisse.

2. Grundlagen und Literaturübersicht

Den aktuellen Wissensstand zum Thema Bruchverhalten von Wolfram beschreibt sehr treffend das folgende Zitat von *Gumbsch*:

> „The fracture behavior of tungsten has been very well studied for single crystals. (...). The understanding of slightly more complicated microstructures and particular of pre-deformed single crystals and/or textured and possibly pre-deformed polycrystalline material is far less well understood."[1]

Demnach besitzt das in dieser Arbeit untersuchte Wolframhalbzeug, die Wolframfolie, eine sehr komplizierte Mikrostruktur - denn Wolframfolie ist polykristallin, besitzt eine Textur und ist hochgradig kalt umgeformt. Es ist dennoch Anspruch dieser Promotion sich der Frage, warum Wolframfolie bei Raumtemperatur duktil ist, durch eine gründliche Literaturrecherche zu nähern.

Dazu wird in diesem Kapitel Literatur zu folgenden Themen vorgestellt: Versetzungsbewegung in kubisch raumzentrierten (krz) Metallen [3, 4, 5], die Kinkenpaartheorie nach *Seeger* sowie der Spröd-duktil-Übergang und das Bruchverhalten von Wolframeinkristallen. In einem zweiten Teil werden Arbeiten zum Bruchverhalten von polykristallinem Wolfram vorgestellt. Dabei wird der Einfluss von Verunreinigungen und der Mikrostruktur beschrieben und speziell auf die 45° Versprödung von Wolframfolie eingegangen. In einem weiteren Abschnitt wird der Stand der Technik der aktuellen Bestrebungen, Wolfram zu duktilisieren, beschrieben. Dabei wird auch der Gegenstand dieser Promotionsschrift vorgestellt, nämlich die Synthese

---

[1] P. Gumbsch, *J. Nucl. Mater.*, **323** (2003) 304.

und Charakterisierung eines Wolframlaminats. Nach einer kurzen Einführung in die klassische Laminattheorie sowie einer Vorstellung der Möglichkeiten zur mathematischen und numerischen Beschreibung von Laminaten schließt das Kapitel mit einer Zusammenfassung der Ziele dieser Arbeit.

2.1. Versetzungsbewegung in kubisch-raumzentrierten Metallen und Bruchverhalten von Wolfram

Kubisch-raumzentrierte Metalle weisen in ihrem Verformungsverhalten einige Besonderheiten auf. Im Folgenden werden diese Besonderheiten vorgestellt und als Ursache die räumliche Struktur und Dreifachsymmetrie der $1/2 < 111 >$ Schraubenversetzungen ausgemacht. Die Bewegung der Schraubenversetzungen erfolgt über die Bildung von Kinkenpaaren und hat entscheidenden Einfluss auf den Spröd-duktil-Übergang.

2.1.1. Verformungsverhalten kubisch-raumzentrierter Metalle

Kubisch-raumzentrierte (krz) Metalle zeigen in ihrem Verformungsverhalten gegenüber kubisch-flächenzentrierten (kfz) Metallen einige Besonderheiten [3, 4, 5]. So beobachtet man bei krz Metallen wellenförmige Gleitspuren, die keiner kristallographischen Ebene zugeordnet werden können. Man spricht von anomaler Gleitung auf spannungsmäßig ungünstigen Ebenen („nichtkristallographische" Gleitebenen). Ebenso (i) unterliegt bei krz Metallen die Form der Verfestigungskurven einer starken Temperaturabhängigkeit, (ii) existiert eine kritische Temperatur (Knietemperatur), (iii) haben kleine Mengen interstitiell gelöster Fremdatome einen großen Einfluss auf die Plastizität und (iv) versagt das *Schmid*sche Schubspannungsgesetz in seiner Beschreibung [3, 4, 5]. Zudem haben krz Metalle im Gegensatz zu kfz Metallen einen temperaturabhängigen Übergang von sprödem zu duktilem Materialverhalten, den Spröd-duktil-Übergang [6]. Die Ursache für dieses besondere Materialverhalten von krz Metallen ist die Art und Form des Versetzungskerns. Während die Kerne der Stufenversetzungen, ähnlich zu denen von kfz Metallen, eben sind, haben Kerne der $1/2 < 111 >$ Schraubenversetzungen von krz Metallen eine räumliche Struktur und Dreifachsymmetrie [3]. Diese komplexe Struktur führt zu einer geringen Beweglichkeit der Schraubenversetzungen und hat damit entscheidenden Einfluss auf das plastische Verformungsverhalten [4]. Die nicht-planare Aufspaltung des Versetzungskerns der $1/2 < 111 >$ Schraubenversetzungen wurde erstmals von *Hirsch* et al. diskutiert [7] und durch atomistische Rechnungen von *Vitek* et al. bestätigt [8, 9]. Diese Ergebnisse erlauben ein tieferes Verständnis des Verformungsverhaltens von krz Metallen. Jedoch beziehen sich die Aussagen auf Gleitvorgänge bei 0 K. Bei endlichen Temperaturen erfolgt die Bewegung der $1/2 < 111 >$ Schraubenversetzungen über die Bildung von Kinkenpaaren.

Kinkenpaartheorie

Die räumliche Struktur der Kerne der $1/2 < 111 >$ Schraubenversetzungen führt zu einer hohen Gitterreibspannung, welche überwunden werden muss, um die Bewegung der Versetzungen und damit plastische Verformung zu ermöglichen. Eine Versetzung verharrt in einem Zustand niedrigster Energie (Potenzialtal) und muss, um in das nächste Tal zu gelangen, die *Peierls*barriere überwinden. Dabei erweist es sich für die Versetzung als energetisch günstig, sich nicht als gesamte Versetzungslinie über die *Peierls*barriere zu bewegen, sondern über die Bildung und Querbewegung von Kinkenpaaren das nächste Potenzialtal zu erreichen [10]. Bei der thermisch aktivierten Versetzungsbewegung geht man davon aus, dass die plastische Dehnrate, $\dot{\varepsilon}_p$, einem *Arrhenius*ansatz folgt und durch

$$\dot{\varepsilon}_p = \dot{\varepsilon}_0 \exp\left(-\frac{\Delta H_S(\tau^*, T)}{kT}\right) \tag{2.1}$$

beschrieben werden kann [11]. Dabei ist $\dot{\varepsilon}_0$ ein Vorfaktor der als annähernd konstant angesehen werden kann, k ist die *Boltzmann*konstante, T

die absolute Temperatur, τ^* ist die thermische Komponente der kritischen Schubspannung τ, und ΔH_S beschreibt die Aktivierungsenthalpie der Versetzungsgleitung. Wenn die Abhängigkeit von $\dot{\varepsilon}_0$ von T und τ schwach ist, dann kann ΔH_S durch konventionelle mechanische Versuche (Zugversuche) bestimmt werden. Im Rahmen seiner Arbeiten zur Kinkenpaartheorie drückte *Seeger* die plastische Dehnrate, $\dot{\varepsilon}_0$, durch die mittlere Geschwindigkeit der $1/2 < 111 >$ Schraubenversetzungen aus und konnte so die in Gleichung 2.1 beschrieben Aktivierungsenthalpie der Versetzungsgleitung, ΔH_S, durch die Akivierungsenthalpie der Bildung eines Kinkenpaares, ΔH_{kp}, ausdrücken (für Details sei auf die Literatur verwiesen [12, 13]):

$$\dot{\varepsilon}_p = \dot{\varepsilon}_0 \exp\left(-\frac{\Delta H_{kp}(\tau^*)}{kT}\right). \tag{2.2}$$

Bei großen Kinkenabständen (und kleiner Schubspannung τ^*) wird die Kinke-Kinke-Wechselwirkung durch die langreichweitige elastische Wechselwirkung nach

$$\Delta H_{kp}(\tau^*) = 2\Delta H_k - 2\alpha\sqrt{\tau^*},\ mit\ \alpha = \left(\frac{a^3 b \gamma_0}{2}\right)^{1/2} \tag{2.3}$$

berechnet (ΔH_k ist die Bildungsenthalpie einer einzelnen isolierten Kinke, a ist der Abstand zwischen zwei *Peierls*tälern, b der Burgersvektor und γ_0 ist ein Vorfaktor; für Details sei auf die Literatur verwiesen [14]). Bei kleinen Kinkenabständen (und großer Schubspannung τ^*) wird die Kinke-Kinke-Wechselwirkung durch das Linienspannungsmodell berechnet [14]. Die Kinkenpaartheorie gibt eine Erklärung für die Dehnraten- und Temperaturabhängigkeit der Fließspannung und ermöglicht durch den Vergleich von Theorie und Experiment quantitative Aussagen über die Eigenschaften von Kinken [13, 15, 16].

Im nächsten Abschnitt wird gezeigt, dass die Bildungsenthalpie eines Kinkenpaares, ΔH_{kp}, in direkten Zusammenhang mit der Aktivierungsenergie für den Spröd-duktil-Übergang steht.

Der Spröd-duktil-Übergang (BDT)

Bei tiefen Temperaturen versagen krz Metalle spröde, bei hohen Temperaturen sind sie duktil und zeigen eine ausgeprägte plastische Verformung. Experimentell lässt sich der Spröd-duktil-Übergang (engl.: brittle-to-ductile transition, BDT) durch Zug-, Biege- oder Kerbschlagbiegeversuche bestimmen. Aufgrund der Dehnratenabhängigkeit der Spröd-duktil-Übergangstemperatur (BDTT, T_{BDT}) stellt der Kerbschlagbiegeversuch die konservativste Testmethode dar. Es ist von äußerster technischer Bedeutung und Relevanz die Mechanismen des Spröd-duktil-Übergangs zu erkennen und zu verstehen, um so gezielt Materialeigenschaften beeinflussen zu können. Es stellen sich folgende Fragen: Welcher Mechanismus kontrolliert den Spröd-duktil-Übergang? Ist es (i) die Versetzungsnukleierung oder (ii) die Bewegung von Versetzungen? In dieser Arbeit werden die Ergebnisse und Diskussionen von zwei großen Forschergruppen vorgestellt. Das ist zum einen die Forschergruppe um *Roberts* (Oxford) [17, 18, 19, 20, 21, 22, 23, 24] und zum anderen die Forschergruppe um *Gumbsch* (Stuttgart, Freiburg, Karlsruhe) [25, 26, 27, 28].

1988 wurden von der Oxforder Forschergruppe um *Roberts*, *Samuels* und *Hirsch* zwei bedeutende Veröffentlichungen zum Spröd-duktil-Übergang von Silizium gemacht [17, 18]. Diese beschäftigen sich in einem ersten Teil mit Experimenten zum Spröd-duktil-Übergang von Siliziumeinkristallen und in einem zweiten Teil mit der Interpretation der Ergebnisse. Silizium als Modellmaterial hat einige Vorteile. Es ist leicht verfügbar, kann ohne Versetzungen hergestellt werden und es liegen viele relevante mechanische Daten zu diesem Material vor, wie z. B. die Versetzungsgeschwindigkeit, $V(\tau, T)$. Ausgehend von der gemessenen Versetzungsgeschwindigkeit, $V(\tau, T)$ [29, 30, 31], lässt sich eine Aktivierungsenthalpie der Versetzungsmobilität, ΔH_d, nach dem Gesetz von *Orowan*

$$\dot{\varepsilon}_p = \rho b V(\tau, T),\ mit\ V(\tau, T) = V_0 \left(\frac{\tau}{\tau_0}\right)^{m(T)} \exp\left(-\frac{\Delta H_d}{kT}\right) \tag{2.4}$$

errechnen [11, 29, 32], wobei ρ die Dichte der Versetzungen mit Burgersvektor b ist, V_0 und τ_0 sind Konstanten, m ist eine Funktion von T und ΔH_d ist die Aktivierungsenthalpie für die Versetzungsmobilität. Die experimentellen Ergebnisse zum Spröd-duktil-Übergang zeigten, dass die Spröd-duktil-Übergangstemperatur dehnratenabhängig ist und sich damit eine Aktivierungsenergie für den Spröd-duktil-Übergang, ΔH_{BDT}, nach

$$\dot{\varepsilon}_p = A \exp\left(-\frac{\Delta H_{BDT}}{kT_{BDT}}\right),\ mit\ A = konst. \tag{2.5}$$

ableiten lässt [17]. Da für Silizium Daten für die Versetzungsgeschwindigkeit vorhanden sind konnte auch eine Aktivierungsenergie für die Versetzungsmobilität, ΔH_d, nach Gleichung 2.4 errechnet werden. Der Vergleich mit der Aktivierungsenergie für den Spröd-duktil-Übergang zeigt eine gute Übereinstimmung, so dass daraus geschlossen wurde, dass die Versetzungsbewegung den Spröd-duktil-Übergang kontrolliert.

Versuche an vorverformten Einkristallen haben gezeigt, dass im spröden Regime die Risszähigkeit erhöht ist, was die Autoren auf die durch Vorverformen induzierten aktiven Versetzungsquellen zurückführen [21, 22].

Als wichtigste Erkenntnis aus den Versuchen bleibt festzuhalten: Die Spröd-duktil-Übergangstemperatur, T_{BDT}, ist dehnratenabhängig. Aus dieser Tatsache lässt sich eine Aktivierunngsenergie für den Spröd-duktil-Übergang, ΔH_{BDT}, ableiten. Für zahlreiche Materialien ist diese Aktiviergungsenergie gleich der Aktivierungsenergie für die Versetzungsbewegung. Demnach wird der Spröd-duktil-Übergang durch die Bewegung der Versetzungen kontrolliert.

Aktuelle experimentelle Arbeiten von 2007 [23, 24] beschäftigten sich speziell mit dem Spröd-duktil-Übergang von Wolfram und wollen zeigen, dass der Spröd-duktil-Übergang durch die Bewegung der Schraubenversetzungen bestimmt wird. Dabei machen sich die Autoren folgende Zusammenhänge zunutze:

- Die Aktivierungsenthalpie der Versetzungsgleitung, ΔH_S, kann unter bestimmten Umständen durch einfache Zugversuche bestimmt werden (siehe Gleichung 2.1).
- Die Aktivierungsenthalpie zur Bildung eines Kinkenpaares, ΔH_{kp}, kann nach *Seegers* Kinkenpaartheorie errechnet werden (siehe Gleichung 2.2 und 2.3).
- Die Aktivierungsenergie für die Versetzungsmobilität, ΔH_d, kann aus Messungen der Versetzungsgeschwindigkeit, $V(\tau, T)$, bestimmt werden (siehe Gleichung 2.4).
- Die Aktivierungsenergie für den Spröd-duktil-Übergang, ΔH_{BDT}, lässt sich durch Biegeversuche bestimmen (siehe Gleichung 2.5).

Für manche Materialien wie Silizium oder Germanium kann die Aktivierungsenthalpie für die Versetzungsmobilität, ΔH_d, aus Messungen der Versetzungsgeschwindigkeit bestimmt werden (siehe Gleichung 2.4). Dies erlaubt einen Vergleich mit der Aktivierungsenthalpie der Versetzungsgleitung, ΔH_S, die man aus einfachen mechanischen Tests (Zugversuchen) bestimmen kann (siehe Gleichung 2.1). Dieser Vergleich ist leider für viele Metalle nicht möglich, da hier experimentelle Daten zur Versetzungsgeschwindigkeit fehlen. Eine weitere, indirekte Möglichkeit die Aktivierungsenergie für Versetzungen zu bestimmen und zu untersuchen ist der Spröd-duktil-Übergang (siehe Gleichung 2.5). Dabei geht man davon aus, dass der Spröd-duktil-Übergang von der Versetzungsbewegung und nicht von der Versetzungsnukleierung kontrolliert wird [17] (siehe auch Tabelle 2.1).

Es zeigt sich, dass das Verhältnis $\Delta H_{BDT}/kT_{BDT}$ für viele Werkstoffe ungefähr einen Wert von 25 ergibt (für Wolfram 26,8 [24]), was in derselben

Tabelle 2.1.: Vergleich der Aktivierungsenergie des Spröd-duktil-Übergangs, ΔH_{BDT}, und der Aktivierungsenthalpie der Versetzungsmobilität, ΔH_d, für verschiedene Materialien [24].

Material	ΔH_{BDT} $[eV]$	ΔH_d $[eV]$
intrinsic Si	2,1	2,2
n-type Si	1,6	1,7
Sapphire	3,2	3,2
intrinsic Ge	1,54	1,58
Diamant	$3,06 \pm 0,25$	$2,6 \pm 0,25$
SiC	$2,47 \pm 0,2$	$4,5 \pm 0,6$
Mo	0,49	0,49
W	1,05	-

Größenordnung von $\Delta H_S/kT$ liegt, wobei dieser Quotient aus Fließspannungsexperimenten hervorgeht [11, 13]. Dies ist ein weiterer Indikator dafür, dass der Spröd-duktil-Übergang von der Versetzungsaktivität an der Rissspitze kontrolliert wird und dass die Versetzungsbewegung einen entscheidenden Einfluss auf das Abschirmen und Abstumpfen des Risses hat.

In einer neuen Veröffentlichung von 2007 wurde der Spröd-duktil-Übergang an Wolframeinkristallen (Proben mit Risssystem $\{100\}\langle 001\rangle$, es gilt: $\{Rissebene\}\ \langle Richtung\ der\ Rissfront\rangle$) sowie an polykristallinem Wolfram durch Vierpunktbiegeversuche untersucht und eine Aktivierungsenergie für den Spröd-duktil-Übergang von $\Delta H_{BDT} = 1,05\ \pm 0,05\ eV$ bestimmt [24] (siehe Abbildung 2.1). Ein Vergleich mit der Aktivierungsenthalpie der Versetzungsmobilität, ΔH_d, konnte leider nicht erfolgen, da keine Daten für die Versetzungsgeschwindigkeit in dem relevanten Temperaturintervall vorlagen. Die einzigen Untersuchungen zur Messung der Versetzungsgeschwindigkeit an Wolfram wurden bei RT und in flüssigem Stickstoff ($-196°C$) durchgeführt [36]. Daher erfolgte die Verifikation des Ergebnisses mit Hilfe der Kinkenpaartheorie. Aus Experimenten zur Messung der Fließspannung in Wolfram ergibt sich für den Temperaturbereich zwischen 200 K

und 600 K eine Kinkenpaarbildungsenthalpie von $2H_k = 1,75\ eV$ [13]. Die Autoren setzten nun diesen Wert in die Gleichung für die langreichweitige elastische Kinke-Kinke-Wechselwirkung ein (siehe Gleichung 2.3) und errechneten als Aktivierungsenthalpie zur Bildung eines Kinkenpaares einen Wert von $\Delta H_{kp} = (1,75\ eV - 0,64\ eV) = 1,11\ eV$ [23].

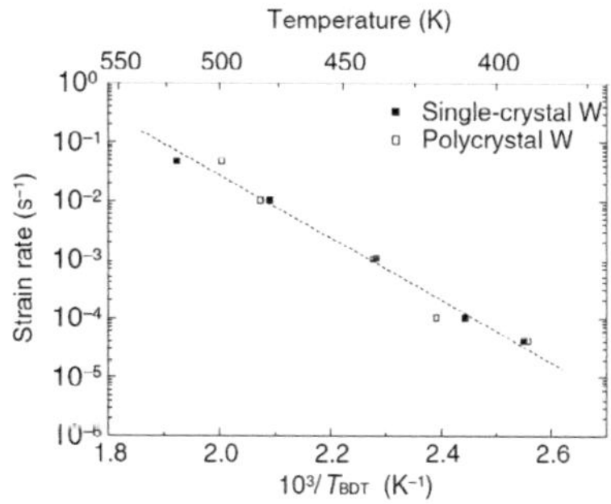

Bild 2.1.: *Arrhenius* Plot der Dehnrate über $1/T_{BDT}$ für Wolframeinkristallen und polykristallinem Wolfram. Aus der Steigung der Geraden lässt sich eine Aktivierungsenergie für den Spröd-duktil-Übergang, ΔH_{BDT}, von $1,05 \pm 0,05\ eV$ berechnen [24].

Fazit: Die Aktivierungsenthalpie der Versetzungsmobilität einer Stufenversetzung in Wolfram wurde mit $\approx 0,3\ eV$ bestimmt [36]. Der gemessene Wert der Aktivierungsenergie des Spröd-duktil-Übergangs, $\Delta H_{BDT} = 1,05\ \pm 0,05\ eV$, ist in guter Übereinstimmung mit der Aktivierungsenthalpie zur Bildung eines Kinkenpaares, $\Delta H_{kp} = 1,11\ eV$, woraus gefolgert wird, dass die Bewegung der Schraubenversetzungen den Spröd-duktil-Übergang in Wolfram kontrolliert.

Auch in der Forschergruppe um *Gumbsch* (Stuttgart, Freiburg, Karlsruhe) wurde die Frage nach den die Spröd-duktil-Übergangstemperatur kontrollierenden Mechanismen in Wolfram gestellt [25, 26, 28, 27]. Man geht davon aus, dass die Spröd-duktil-Übergangstemperatur sowie die Risszahigkeit semispröder Materialien von einem Wettstreit zwischen dem Aufbrechen des Materials an der Rissspitze und dem Mechanismus, der die Rissspitzenplastizität kontrolliert, bestimmt wird. Die Rissspitzenplastizität wiederum setzt sich aus zwei getrennten Prozessen zusammen: (i) die Nukleierung der Versetzungen an der Rissspitze und (ii) die anschließende Bewegung der Versetzungen von der Rissspitze weg. Demnach wird der Spröd-duktil-Übergang entweder durch die Versetzungsnukleierung oder durch die Versetzungsbewegung kontrolliert. Zwar konnte experimentell die Dehnratenabhängigkeit der Spröd-duktil-Übergangstemperatur und damit eine Aktivierungsenergie des Spröd-duktil-Übergangs bestimmt werden, die gleich der Aktivierungsenergie für die Versetzungsgleitung ist, was für die Versetzungsbewegung als kontrollierenden Mechanismus spricht. Allerdings zeigte sich auch, dass bei vorverformtem Material das Vorhandensein von Versetzungsquellen einen großen Einfluss auf die Bruchzähigkeit hat und damit die Versetzungsnukleierung eventuell den Spröd-duktil-Übergang kontrollieren könnte [27].

Um diese Frage zu beantworten wurden an gekerbten Wolframeinkristallen Dreipunkbiegeversuche im Temperaturbereich zwischen 77 K und 650 K durchgeführt und die Risszähigkeit und die Spröd-duktil-Übergangstemperatur ermittelt [25]. Die Spröd-duktil-Übergangstemperatur tritt dabei zusammen mit dem Maximum der Risszähigkeit auf. Die vier untersuchten Risssysteme waren: $\{100\}\ \langle 010\rangle$, $\{100\}\ \langle 011\rangle$, $\{110\}\ \langle 1\bar{1}0\rangle$ und $\{110\}\ \langle 001\rangle$; $\{Rissebene\}\ \langle Richtung\ der\ Rissfront\rangle$. Die Spröd-duktil-Übergangstemperatur fällt für alle Risssysteme in ein Temperaturintervall von 100 K. Die Autoren konnten durch Versuche (Proben mit Risssystem $\{110\}\ \langle 1\bar{1}0\rangle$) die Dehnratenabhängigkeit der Spröd-duktil-Übergangstemperatur bestätigen. Bei hohen Temperaturen gilt, dass je höher die Dehnrate, desto höher die Spröd-duktil-Übergangstemperatur. Bei 77 K ist die Risszähigkeit unabhängig von der Dehnrate (siehe Abbildung 2.2).

Diese Ergebnisse wurden wie folgt interpretiert: Bei tiefen Temperaturen wird die Risszähigkeit durch die Versetzungsnukleierung limitiert, da bei

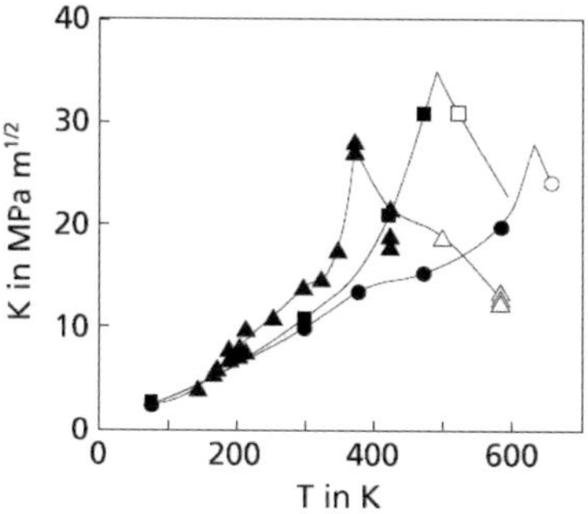

Bild 2.2.: Dehnratenabhängigkeit der Risszähigkeit von gekerbten Wolframeinkristallen mit Risssystem $\{110\}$ $\langle 1\bar{1}0\rangle$ ($\{Rissebene\}$ $\langle Richtung\ der\ Rissfront\rangle$). Die offenen Symbole stellen duktiles Materialverhalten dar. Die Lastraten waren: Dreieck, $\dot{K} = 0,1$; Quadrat, $\dot{K} = 0,4$; und Kreis, $\dot{K} = 1$ (in $MPa\ m^{1/2}s^{-1}$) [27].

tiefen Temperaturen kaum Versetzungsquellen vorhanden bzw. aktiv sind. Wenn mit steigender Temperatur die Versetzungsquellen aktiviert werden oder schon durch Vorverformung im Material induziert sind, dann ist die Versetzungsmobilität der kontrollierende Faktor und die Risszähigkeit wird dehnratenabhängig [28].

Weiterhin wurde für die Aktivierungsenergie des Spröd-duktil-Übergangs, ΔH_{BDT}, bei Wolfram ein Wert von $0,2\ eV$ bestimmt. Dieser Wert scheint viel zu gering. Geht man davon aus, dass die Plastizität durch die Bewegung von Schraubenversetzungen realisiert wird, so sollte der Wert für die Aktivierungsenergie des Spröd-duktil-Übergangs, ΔH_{BDT}, in der Größenordnung der Aktivierungsenergie der Versetzungsgleitung, ΔH_S, liegen. Für letztere wurde ein Wert von $2\ eV$ gemessen [13]. Diese Diskrepanz wurde von den Autoren damit erklärt, dass die Rissspitzenplastizität und die plastische Verformung in Massivmaterial nicht durch den selben Mechanismus kontrolliert werden können. Es wurde diskutiert, ob das Spannungsfeld um die Rissspitze die *Peierls*spannung reduzieren könnte, wodurch sich die Schraubenversetzungen leichter bewegen könnten, oder dass die Bewegung von Nichtschraubenversetzungen hier eine Rolle spielt [28]. Für *Roberts* et al. ist die von *Gumbsch* et al. in diesem Experiment gemessene Aktivierungsenergie des Spröd-duktil-Übergangs auf die Bewegung von Stufenversetzungen zurückzuführen, da die Orientierung des $\{110\}\langle 1\bar{1}0\rangle$ Risssystems eine Bewegung der Stufenversetzungen erlaubt, die ein Abschirmen des Risses ermöglicht. Daher scheint, so *Roberts* et al., in diesem speziellen Fall die Bewegung der Stufenversetzungen den Spröd-duktil-Übergang zu kontrollieren [23].

Neuere Arbeiten der Forschergruppe um *Gumbsch* und *S. M. Weygand* (Karlsruhe) ergaben an polykristallinem Wolfram eine Aktivierungsenergie des Spröd-duktil-Übergangs von $\Delta H_{BDT} = 1,38\ eV$ [37]. Dieser Wert ist damit um eine Größenordnung größer als die Aktivierungsenergie für Stufenversetzungen ($\approx 0,3\ eV$ [36]) und liegt in der Größenordnung der Messergebnisse von *Roberts* et al. ($1,05\ \pm 0,05\ eV$) [24].

Um den Einfluss und die Bedeutung von aktiven Versetzungsquellen zu untersuchen wurden Versuche an vorverformten Wolframeinkristallen durchgeführt [28]. Vor dem eigentlichen Bruchversuch wurde durch Stauchen der Proben bei $400°C$ eine hohe Versetzungsdichte induziert. Die vorverformten Proben zeigen bei niedrigen Temperaturen einen höheren Risswiderstand als unverformte Referenzproben, der maximale Risswiderstand ist deutlich höher als bei unverformten Referenzproben und der Spröd-duktil-Übergang tritt bei einer um 100 K höheren Temperatur auf. Bei der Interpretation dieser Ergebnisse nehmen die Autoren an, dass bei niedrigen Temperaturen die hohe Versetzungsdichte viele Versetzungsquellen liefert, was in einer Erhöhung der Risszähigkeit resultiert. Bei höheren Temperaturen verschwindet der positive Effekt der hohen Versetzungsdichte und die Risszähigkeit ist niedriger als bei einer unverformten Referenzprobe. Grund hierfür ist die Kaltverfestigung, die zu einer Erhöhung der Fließspannung und zu einer Reduzierung der Versetzungsmobilität führt. Dieses Ergebnis ist ein weiteres Indiz dafür, dass der Spröd-duktil-Übergang ein versetzungsbewegungskontrollierter Prozess ist.

Als Resümee der Ergebnisse der beiden Forschergruppen bleibt festzuhalten, dass der Spröd-duktil-Übergang in Wolfram sehr wahrscheinlich von der Bewegung der Schraubenversetzungen kontrolliert wird. Die Bewegung der Schraubenversetzungen erfolgt über die Bildung und die Bewegung von Kinkenpaaren. Die Schraubenversetzungen bewegen sich von der Rissspitze weg und stumpfen somit den Riss ab. Platz für Interpretationen lässt die Rolle von Versetzungen, die durch Vorverformung in das Material eingebracht wurden.

Bisher wurde hauptsächlich das Verhalten von Wolframeinkristallen und vorverformten Wolframeinkristallen vorgestellt. Im nächten Abschnitt, sozusagen als Steigerung des Kompliziertheitsgrades des untersuchten Materials, werden nun die Ergebnisse zu polykristallinem Wolfram vorgestellt.

2.1.2. Bruchverhalten von polykristallinem Wolfram

Basierend auf den Erkenntnissen zum Bruchverhalten von Wolframeinkristallen soll als nächster Schritt die Literatur zum Bruchverhalten von kommerziell erhältlichem, polykristallinem Wolfram vorgestellt werden. Großtechnisch wird Wolfram pulvermetallurgisch hergestellt: das Pulver wird gemischt, gepresst, gesintert und umgeformt. Auf diese Weise erhält man technisch reines Wolfram mit einem Reinhaltsgrad von min. 99,97 % (in Gewichtsprozent). Der Rest besteht aus Verunreinigungen wie z. B. Kohlenstoff, Sauerstoff und Phosphor. Da die Löslichkeit dieser Elemente bei RT sehr gering ist ($< 0,1\ \mu g/g$) kommt es beim Abkühlen zur Segregation der Verunreinigungen, die sich hauptsächlich an den Korngrenzen konzentrieren und diese schwächen [38]. Bisher war die gängige Meinung, dass die Korngrenzenbrüche in Wolfram, also die interkristallinen Brüche, in einem kausalen Zusammenhang mit den Verunreinigungen an den Korngrenzen stehen. Die Forschergruppe um *Pippan* et al. (Leoben) hat sich 2011 dieser Problematik angenommen und untersucht.

Durch Umformprozesse wie Walzen oder Rollen entsteht eine anisotrope Mikrostruktur. Anisotrop im Sinne von Korngröße und Kornform aber auch im Sinne von Kristallorientierung. Diese Anisotropie hat entscheidenden Einfluss auf das Bruchverhalten und wurde von *Rupp* und *S. M. Weygand* et al. 2010 diskutiert.

Schließlich zeigt Wolframfolie ein besonderes Bruchverhalten, das in der Literatur unter dem Begriff „45° Brüche von Wolfram- und Molybdänfolien" geführt wird. Der Stand der Technik dieser Untersuchungen wird vorgestellt.

Einfluss von Verunreinigungen

Im Gegensatz zu vielen anderen krz Metallen zeigt Wolfram ein kombiniertes Bruchverhalten aus trans- und interkristallinem Bruch. Die Neigung von Wolfram zu interkristallinen Brüchen wurde bis heute der Segregation von Verunreinigungen an den Korngrenzen zugeschrieben. Aktuelle Arbeiten skizieren ein anderes, weitaus differenzierteres Bild.

Die Frage nach dem Einfluss von Verunreinigungen an den Korngrenzen auf die Neigung von Wolfram zu interkristallinen Brüchen wurde 1985 von *Tran-Huu-Loi* et al. diskutiert [39]. Dabei untersuchten die Autoren polykristallines Wolfram mit drei verschiedenen Verunreinigungsgraden und analysierten das Material- und Bruchverhalten durch Kerbschlagbiegeversuche, Rasterelektronenmikroskopie (REM) und Auger-Elektronen Spektroskopie (AES). Es wurde darauf Wert gelegt, dass das verwendete Wolfram die gleiche Mikrostruktur besitzt und Einflüsse wie unterschiedliche Korngröße ausgeschlossen werden können. Das gesinterte Material wurde dazu 4 h bei 1600°C rekristallisiert. Die Ergebnisse zeigen, dass Phosphor nur auf der Bruchfläche von interkristallinen Brüchen gefunden werden konnte, und dass mit zunehmendem Phosphorgehalt das Verhältnis von inter- zu transkristallinen Brüchen zunimmt. Damit bestätigten die Autoren die Segregation von Phosphor an den Korngrenzen und machen die Verunreinigungen für die schwachen Bindungskräfte der Großwinkelkongrenzen und damit für die Neigung von Wolframzu interkristallinen Brüchen verantwortlich.

Ein differenzierteres Bild skizziert eine Arbeit von *Gludovatz* und *Pippan* et al. aus dem Jahr 2011, in der gezeigt wird, dass Korngrenzenverunreinigungen, wie speziell Phosphor und Sauerstoff, mit einer Konzentration unterhalb des technischen Reinheitsgrads keinen signifikanten Einfluss auf die Risszähigkeit der Korngrenzen haben [40, 41]. Vielmehr seien Korngröße, Kornform, Textur, Umformgrad und damit die Versetzungsdichte sowie Temperatur weitaus bedeutender für das Rissverhalten von Wolfram. In ihrer Arbeit verwendeten die Autoren unter anderem Wolframeinkristalle mit hohem Reinheitsgehalt und technisch reines Wolfram. Beide Materialien wurden hochgradig umgeformt (engl.: severe plastic deformation, SPD) und hatten danach eine sehr feine Mikrostruktur (engl.: ultra fine grained, UFG). Die ehemaligen Einkristalle wurden bei verschiedenen Temperaturen geglüht und in einem Drei-Punkt-Biegeversuch gebrochen. Obwohl die Verunreinigungen bei diesem reinen Werkstoff keine Rolle spielen, kam es trotzdem zu interkristallinen Brüchen. Beim technisch reinem Wolfram versuchten die Autoren die Verunreinigungskonzentration an den Korngrenzen einzustellen. Dabei diente folgendes Gedankenmodell: durch den hohen Umformgrad (SPD) ergibt sich ein sehr feines Korn (UFG) und damit eine hohe Korngrenzendichte. Bei einer hohen Korngrenzendichte wiederum sind die Verunreinigungen sehr weit verteilt, wodurch die Verunreinigungskonzentration pro Korngrenze sinkt. Die Autoren konnten zeigen, dass das AES eines technisch reinen Wolframwerkstoffs nach SPD dem eines reinen Wolframeinkristalls ähnelt. Durch gezielte Wärmebehandlung wurden danach die Korngröße und damit die Verunreinigungskonzentration eingestellt. Die Proben wurden bei einem Drei-Punkt-Biegeversuchen bei RT gebrochen und die Bruchfläche analysiert. Dabei zeigt das 1 h / 1200°C geglühte Material (kleines Korn, große Korngrenzendichte, geringe Verunreinigungskonzentration) ein größeres Verhältnis von inter- zu transkristal linem Bruch als das 1 h / 2000°C geglühte Material (großes Korn, kleine Korngrenzendichte, hohe Verunreinigungskonzentration). Dies widerspricht dem erwarteten Materialverhalten und zeigt, dass die Segregation der Verunreinigungen an den Korngrenzen einen weitaus geringeren Einfluss auf die schwachen Korngrenzen hat als bisher vermutet.

Einfluss der Mikrostruktur

Prinzipiell breitet sich ein Riss entlang seiner makroskopischen Rissebene aus und weicht nur davon ab, wenn es sich für den Riss energetisch lohnt [41]. Der Weg der geringsten Energie hängt dabei von dem äußeren makroskopischen Risspfad ab, einem geometrischen Faktor wie Korngröße und Kornform sowie den Risszähigkeiten für trans- bzw interkristallinen Bruch. Mit zunehmender Temperatur steigt die Risszähigkeit für trans- und interkristalline Brüche an, wobei die Risszähigkeit für transkristalline Brüche stärker zunimmt [39, 41].

Eine tiefgehende Analyse des Bruchverhaltens von polykristallinem Wolfram unter Berücksichtigung der anisotropen Mikrostruktur wurde 2010 von *Rupp* et al. durchgeführt [37, 42, 43, 44]. Dazu verwendeten die Autoren polykristallines Wolfram-Stabmaterial mit einer Reinheit von 99,98 % und einem Durchmesser von 14 mm (hergestellt von der PLANSEE Metall GmbH, Reutte/Österreich). Das pulvermetallurgisch hergestellte Material wurde nach dem Sintern umgeformt (Umformgrad 65 %) wodurch sich eine Mikrostruktur bestehend aus langgestreckten Körnern mit einem Seitenverhältnis von 3 : 1 einstellte. Die in Achsrichtung langgestreckten Körner besitzen eine Textur in $\langle 110 \rangle$-Richtung parallel zur Achsrichtung, die vor allem im Stabinneren ausgeprägt ist. Um dieser Anisotropie Rechnung zu tragen wurden drei verschieden orientierte Proben erodiert: C-R, R-L und L-R Proben (siehe Abbildung 2.3). Der erste Buchstabe bestimmt die Richtung der Normalen der Rissebene und der der zweite Buchstabe gibt die erwartete Rissrichtung an. C steht für in Umfangsrichtung (engl.:

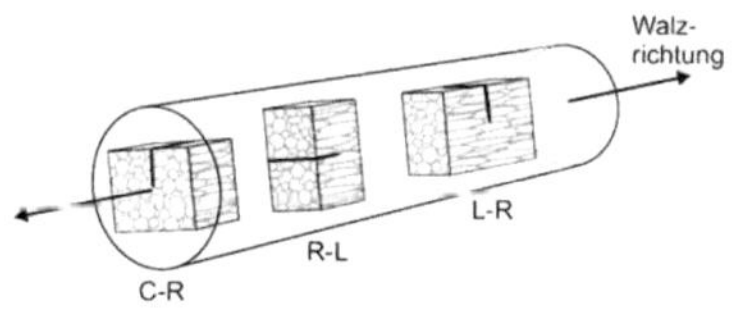

Bild 2.3.: Das Bild zeigt die drei unterschiedlichen Rissorientierungen sowie die anisotropen Mikrostruktur des Wolfram-Stabmaterials [44]. Die Bezeichnungen C-R, R-L und L-R entsprechen der Norm ASTM 399 [45].

circumferential), R für radial und L für longitudinal. Die ermittelten Bruchzähigkeiten wurden gemäß der ASTM Norm E399 berechnet [45].

Gekerbte Proben mit einer Dimension von $3 \ x \ 6 \ x \ 27 \ mm^3$ wurden in einem Drei-Punkt-Biegeversuche (Auflagerweite 25 mm) getestet. Die Versuche wurden in einem Temperaturintervall zwischen $-150°C$ und $950°C$ gefahren. Die Geschwindigkeit war konstant bei 1 m/s. Um Einflüsse von Oxidation zu vermeiden wurden die Tests ab $350°C$ in Vakuum durchgeführt. Die Versuchsproben wurden erodiert und hatten eine Kerbe von 3 mm. Der scharfe Anriss wurde mit einer Rasierklinge eingebracht. Die finale Kerbe war damit $3,2$ mm tief und hatte einen Kerbradius von 20 μm. Bei tiefen Temperaturen versagten alle drei Probentypen durch Sprödbruch. Alle drei Probentypen zeigen einen Übergang von sprödem zu duktilem Materialverhalten, was mit einer Steigerung der Risszähigkeit einhergeht. Da die Bestimmung von K_{IC} bei steigender Duktilität ihre Gültigkeit verliert, sind die Ergebnisse in Abbildung 2.4 durch offene Symbole gekennzeichnet. Für weitere Details zur linear elastischen Bruchmechanik sei auf die Literatur verwiesen [46].

Die Ergebnisse zeigen, dass die anisotrope Mikrostruktur einen bedeutenden Einfluss sowohl auf die Bruchzähigkeitswerte als auch auf die Spröd-duktil-Übergangstemperatur, T_{BDT}, hat. Im Vergleich zu den C-R und R-L Proben erreichen die L-R Proben im spröden Bereich die größte Risszähigkeit. Zudem ist die Übergangstemperatur niedriger als bei vergleichbaren

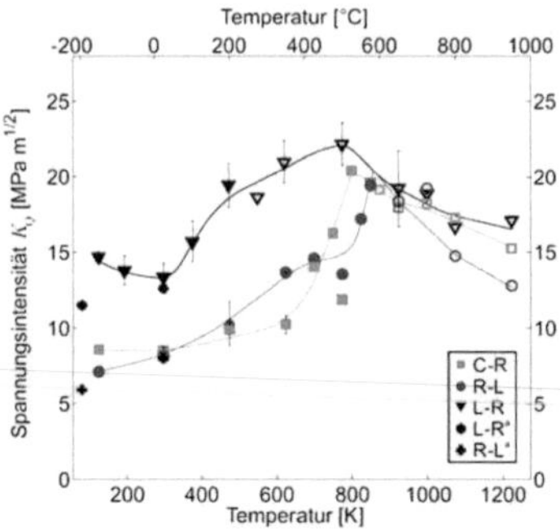

Bild 2.4.: Risszähigkeit von drei verschiedenen Rissorientierungen in Abhängigkeit zur Walzrichtung [44]. Die offenen Symbole erfüllen nicht die Anforderungen der Norm ASTM 399 [45].

C-R und R-L Proben. Untersuchungen am REM zeigen im spröden Bereich bei den C-R und R-L Proben hauptsächlich interkristallinen Bruch, bei L-R orientierten Proben dominieren transkristalline Brüche. Bei steigender Temperatur behalten die C-R und R-L Proben ihren Bruchcharakter bei, interkristalline Brüche bestimmen das Bruchbild. Im Übergangsbereich ändern die L-R Proben ihren Bruchcharakter signifikant: von trans- zu interkristallin. Bei steigender Temperatur versagen die Proben nicht mehr schlagartig, sondern schrittweise. Die Kraft-Verschiebungskurve zeigt einen Kraftabfall gefolgt von einem Bereich stabilen Risswachstums. Das korrespondierende Bruchbild zeigt makroskopisch einen sich symmetrisch verzweigenden Riss der sich hauptsächlich entlang der langgezogenen Körner ausbreitet. Um den Bruchmechanismus der L-R Proben besser zu verstehen wurden in-situ Drei-Punkt-Biegeversuche durchgeführt. Bei $350°C$ wurde ein verschiebungskontrollierter Versuch gefahren. Der erste Kraftabfall in der Kraft-Verschiebungskurve wird durch einen Riss verursacht, der **vor** der Kerbe entsteht (siehe Abbildung 2.5). Der Riss verläuft nicht in der aus makroskopischer Sicht erwarteten Symmetrieebene der Probe, sondern verläuft senkrecht dazu, also in Walzrichtung des Materials. Bei steigender

Last wächst der Riss weiter und entfernt sich weiter von der Symmetrieebene.

Elektronenmikroskopische Untersuchungen mit Auswertung der Elektronenrückstreuung (engl.: electron back scatter difraction, EBSD) zeigten, dass Großwinkelkorngrenzen in Walzrichtung der bevorzugte Risspfad sind. Aus diesen Ergebnissen schließen die Autoren, dass bei steigenden Temperaturen das Risswachstum in Walzrichtung bevorzugt wird.

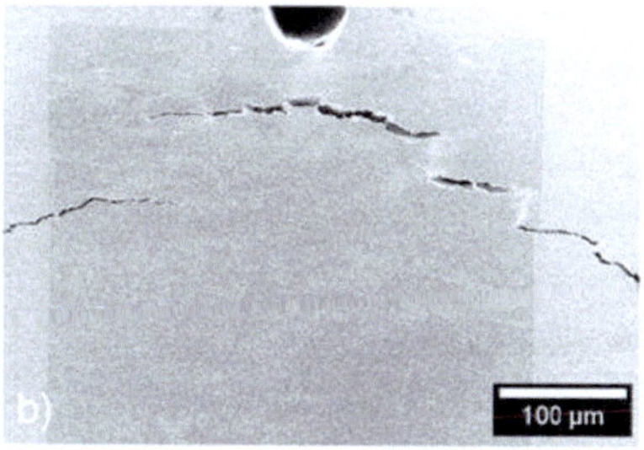

Bild 2.5.: Situation zu Beginn der Rissinitiierung einer L-R Probe getestet bei 350°C [43]. Der Riss beginnt vor der Kerbe und breitet sich erstaunlicherweise senkrecht zur Symmetrieebene aus. Die Mikrostruktur besteht aus langgestreckten Korngrenzen die für das Risswachstum den präferierten Risspfad darstellen.

Die Ergebnisse zeigen, dass die anisotrope Mikrostruktur einen starken Einfluss auf das Bruchverhalten und die Spröd-duktil-Übergangstemperatur hat, und dass die langgezogenen Korngrenzen eine entscheidende Rolle im Rissverhalten aller Orientierungen spielen, da sie bevorzugte Risspfade darstellen und diese Präferenz mit steigender Temperatur noch zunimmt. Der Einfluss der Mikrostruktur auf das Rissverhalten von Wolfram wurde von *Pippan* et al. und *Rieth* et al. bestätigt [47, 48].

Sowohl die Arbeiten von *Rupp* et al. als auch die von *Rieth* et al. zeigen, dass polykristallines Wolfram wegen seiner anisotropen Mikrostruktur analog zu Verbundwerkstoffen zu betrachten und zu behandeln ist. Das betrifft sowohl die Charakterisierung als auch die Auslegungskriterien.

Besonderheiten von Wolframfolien: 45° Brüche

Dünne Wolfram- und Molybdänfolien zeigen manchmal ein besonderes Bruchverhalten: Brüche, die geometrisch exakt unter einem Winkel von 45° zur Walzrichtung verlaufen. Schon kleine Kräfte reichen aus, um diese Brüche in der Folie zu initiieren. *Neges* et al. [49] haben diese Thematik untersucht.

Aus den Arbeiten von *Gumbsch* et al. geht hervor, dass die einzigen zwei Bruchebenen von Wolfram die $\{100\}$ und die $\{110\}$ Ebene sind [28]. Weiterhin wurden die folgenden vier Risssysteme untersucht: $\{100\}\langle 010\rangle$, $\{100\}\langle 011\rangle$, $\{110\}\langle 1\bar{1}0\rangle$ und $\{110\}\langle 001\rangle$; (Rissebene, Richtung der Rissfront). Die Spröd-duktil-Übergangstemperatur fällt für alle Risssysteme in ein Temperaturintervall von 100 K. In flüssigem Stickstoff ist die Risszähigkeit für beide Bruchebenen ungefähr gleich groß. Bei RT zeigt die $\{110\}$ Ebene allerdings eine wesentlich höhere Risszähigkeit als die $\{100\}$ Ebene. Damit ist die $\{100\}$ Ebene die bevorzugte Rissebene. Dies steht im Gegensatz zum *Griffith* Gesetz, das besagt, dass sich ein Riss dann ausbreitet, wenn die beim Risswachstum freiwerdende potenzielle Energie größer oder gleich der Energie zur Schaffung der neuen Oberfläche ist [50]. Demnach müsste also die Oberfläche mit der geringsten Oberflächenenergie die bevorzugte Rissebene sein, was im Falle eines krz-Gitters die am dichtesten gepackte $\{110\}$ Ebene ist [26]. Das zeigt, dass andere dissipative Prozesse die Rissausbreitung mit beeinflussen.

Gewalzte Wolfram- und Molybdänfolien haben nach dem Umformen eine ausgewiesene Textur in $\{100\}\langle 011\rangle$. Daraus folgt, dass die bevorzugte Rissebene, die $\{100\}$ Ebene (siehe [28]) mit der Walzrichtung einen Winkel von 45° bildet. Da alle Folien diese Kristallorientierung aufweisen, die 45° Brüche aber nur bei manchen Chargen auftreten, stellen die Autoren die Fragen nach den wahren Ursachen. Es wird zudem davon ausgegangen, dass an den Korngrenzen angesammelte Verunreinigungen zur Materialversprödung beitragen. In diesem Fall aber müssten die Brüche interkristallin sein und nicht entlang von kristallographischen Ebenen durch die Körner verlaufen (transkristallin).

Zur Untersuchung nahmen die Autoren reines, kommerzielles Wolfram mit einer Dicke von $0,254\ mm$ und machten Bruchtests (die Art der Bruchtests wird in dem Artikel nicht weiter ausgeführt). Bei Folie im Lieferzustand sowie nach einer Wärmebehandlung von $1\ h\ /\ 1000°C$ ergab der Bruchtest keine 45° Versprödung. Nach einer Wärmebehandlung von $1\ h\ /\ 1100°C$ oder höher kam es zur 45° Versprödung, nach einer Wärmebehandlung von $1\ h\ /\ 1400°C$ verlief der Bruch irregulär. Texturuntersuchungen durch Elektronenrückstreuung zeigten, dass die Glühungen keinen Einfluss auf die Textur hatten und dass sie die Textur eher noch verstärkten. Zudem wurden sekundäre Komponenten gefunden, die in $\{111\}\langle\bar{2}11\rangle$ und $\{111\}\langle 2\overline{11}\rangle$ orientiert waren. Mit zunehmender Glühtemperatur wurden diese Sekundärkomponenten weniger und die Primärtextur in $\{100\}\langle 011\rangle$ ausgeprägter. Die Autoren ziehen aus diesen Ergebnissen folgende Schlüsse: Da Rekristallisation die Bewegung von Großwinkelkorngrenzen sei, muss sich bei beginnender Rekristallisation die Textur ändern. Da dies bei den hier beschriebenen Glühungen nicht der Fall war, die Textur eher noch verstärkt wurde, sprechen die Autoren von einer ausgeprägten Form der Erholung. Bei den Sekundärkomponenten zeigt sich ein anderes Bild. Sie verschwinden in Folge der Glühungen, was bedeutet, dass benachbarte Großwinkelkorngrenzen der Primärkomponenten diese aufgenommen haben. Es wird zudem vermutet, dass bei diesem Prozess mit Verunreinigungen gesättigte Korngrenzen entstehen, die leicht interkristallin brechen. Diese interkristllinen Brüche seien ab einer kritischen Länge der Rissstarter, von dem aus ein transkristlliner Spaltbruch initiiert wird, der entlang der $\{110\}$ Ebene unter einem Winkel von 45° zur Walzrichtung durch die Körner verläuft.

Im vorigen Abschnitt wurde beschrieben, dass Folien vor der Rekristallisation eine ausgeprägte Form der Erholung durchlaufen. Zu diesem Thema konnten *Guttmann* et al. feststellen, dass Erholung und Rekristallisation in

Massivproben und in extrem dünnen Folien unterschiedlich ablaufen [51]. Bei ihren Untersuchungen an extrem dünnen Molybdän- und Vanadiumfolien ($0,08\ \mu m - 0,3\ \mu m$) konnten die Autoren zeigen, dass die Rekristallisation verzögert bzw. völlig unterdrückt wird.

Die einzelnen Vorgänge der Rekristallisation laufen über Diffusionsvorgänge ab: (i) Keimbildung durch Polygonisation, Subkornwachstum, Auflösung von Subkorngrenzen oder verformungsbedingte Korngrenzenwanderung und (ii) die eigentliche Rekristallisation in Form einer Wanderung von Großwinkelkorngrenzen. Ursache für das unterschiedliche Rekristallisationsverhalten von Massivproben und dünnen Folien könnte die unterschiedliche Leerstellenkonzentration sein. Dünne, kaltumgeformte Folien haben eine hohe Leerstellenkonzentration. Generell wird angenommen: Je höher die Leerstellenkonzentration über dem thermischen Gleichgewicht, und je höher die Leerstellenbeweglichkeit, desto leichter kommt es zur Klein- und Großwinkelkorngrenzenwanderung und damit zur Rekristallisation. Die Autoren kommen jedoch zu dem Schluss, dass die Leerstellen sowohl bei den Massivproben als auch bei dünnen Folien vor der Rekristallisation ausheilen. Damit scheidet der Einfluss von Leerstellen als Grund für das unterschiedliche Rekristallisationsverhalten aus. Nach der Polygonisation jedoch kommt es zum Wachsen einzelner Subkörner und Subkorngrenzen lösen sich auf. Hier nun unterscheiden sich Massivproben von dünnen Folien. Bei dünnen Folien wachsen die Subkörner nicht und es kommt damit nicht zur Keimbildung. Als Begründung liefern die Autoren die Verankerung der Versetzungen an der Probenoberfläche. Nicht nur die Keimbildung wird damit behindert sondern auch die Wanderung von Großwinkelkorngrenzen und damit die Rekristallisation. Dies gilt auch für Folien, bei denen die Foliendicke kleiner als der Korndurchmesser ist [52].

Bisher wurden die Untersuchungen zu Wolframeinkristallen und zu technisch reinem Wolfram vorgestellt. Im folgenden Kapitel geht es nun um die Analyse und Charakterisierung von verschiedenen Wolframwerkstoffen mit dem Ziel einen Wolframwerkstoff zu finden, welcher die Anforderungen an einen Strukturwerkstoff erfüllt.

2.2. Stand der Technik: Wolframwerkstoffe und Duktilisierung von Wolfram

Ziel aktueller Forschung ist es, einen Wolframwerkstoff zu finden, der die Anforderungen an einen Strukturwerkstoff erfüllt. D.h. hohe Risszähigkeit und niedrige Spröd-duktil-Übergangstemperatur. Der einzige heute verfügbare Wolframwerkstoff, der die Anforderungen an einen Strukturwerkstoff erfüllt, ist Wolfram mit mindestens 7 wt.% Rhenium. Rhenium ist allerdings sehr teuer (4160 USD/kg, Stand April 2011 [53]) und Wolfram-Rhenium hat hohe Verfestigungsraten, wodurch erhebliche Herstellungs- und Fertigungsprobleme auftreten, die ein mehrfaches Weichglühen bedingen. Für nukleare Anwendungen sei angemerkt, dass Wolfram-Rhenium nicht die Anforderungen an einen niedrigaktivierbaren Werkstoff erfüllt. Hinzu kommt die hohe Transmutationsrate von Wolfram in Rhenium, die in der spröden Wolfram-Rhenium-Phase enden kann.

Die folgenden Arten von Wolframwerkstoffen wurden bisher von verschiedenen Autoren untersucht und werden im Weiteren vorgestellt: (i) oxidverstärkte Wolframwerkstoffe (WL10), (ii) Wolfram dotiert mit unlöslichen, niedrigschmelzenden Metallen (WVM), (iii) Wolframmischkristalle, wie z.B. Wolfram-Vanadium oder Wolfram-Tantal, (iv) nanostrukturierte Wolframwerkstoffe, (v) nanokristalline Wolframwerkstoffe und (vi) Wolframverbundwerkstoffe.

Auch bei der Herstellungsroute lassen sich verschiedene Wege unterscheiden: (i) die auch kommerziell verwendete Herstellungsroute bestehend aus Pulvermischen, Pressen, Sintern und Umformen, oder (ii) eine Herstellungsroute bestehend aus mechanischem Legieren und anschließendem Heiß-Isostatischem-Pressen (engl.: hot isostatic pressing, HIP), oder (iii) durch Pulverspritzguss (engl.: powder injection molding, PIM) mit einem anschließenden zweistufigen Prozess aus Sintern und HIPen [54] und schließlich (iv) schmelzmetallurgisch in einem Lichtbogen- oder Elektronenstrahlofen.

Im folgenden Kapitel werden zunächst die Ergebnisse von *Rieth* et al. zur Charakterisierung kommerziell erhältlicher Wolframwerkstoffe besprochen und danach wird auf aktuelle Forschungsvorhaben eingegangen.

2.2.1. Charakterisierung ausgewählter Wolframwerkstoffe und Halbzeuge

Es gibt mehrere Möglichkeiten, die Spröd-duktil-Übergangstemperatur zu bestimmen, wie zum Beispiel durch Zug-, Biege- oder Kerbschlagbiegeversuche. Aufgrund der Dehnratenabhängigkeit der Übergangstemperatur [28] hängt der Spröd-duktil-Übergang von der Testmethode ab. Dabei gilt: niedrige Dehnrate ergibt niedrige Übergangstemperatur, hohe Dehnrate ergibt hohe Übergangstemperatur. Von den oben genannten Versuchen ist der Kerbschlagbiegeversuch die konservativste Testmethode, da er die Probe mit der höchsten Dehnrate belastet.

Rieth et al. führten Kerbschlagbiegeversuche an kommerziell, pulvermetallurgisch hergestellten Wolframwerkstoffen durch und charakterisierten das Bruchverhalten [48, 55, 56, 57, 58]. Dabei unterschieden sie zwischen verschiedenen Halbzeugen wie Stäben, Platten oder Schmiederonden sowie verschiedenen Herstellungsprozessen wie Walzen, Hämmern oder Schmieden [57]. Alle Halbzeuge wurden von der Firma PLANSEE Metall GmbH, Reutte/Österreich, hergestellt. Mikrostrukturelle Untersuchungen zeigten, dass Wolframstäbe in Achsrichtung langgezogene Körner, Wolfram Platten und Schmiederonden Körner in Pfannkuchenform haben.

Die Probenform und Versuchsdurchführung wurden der Norm (DIN EN ISO 148-1 und 14556:2006-10) entnommen (KLST-Probe: $3\,x\,4\,x\,27\,mm^3$, $1\,mm$ Kerbtiefe, $0,1\,mm$ Kerbradius, $22\,mm$ Auflagerabstand). Um Einflüsse von Oxidation zu vermeiden wurde die Kerbschlagbiegeanlage in einen Vakuumbehälter gestellt. Beim Test fiel die Finne durch einen Schlitz in den

Ofen und wurde durch Federn wieder zurückgeworfen. Dadurch wurde die mit sensibler Messtechnik bestückte Finne vor Überhitzung geschützt. Mit diesem Versuchsaufbau konnten Proben bei bis zu $1100°C$ getestet werden. In ihrer Arbeit untersuchten die Autoren verschiedene kommerziell verfüg-

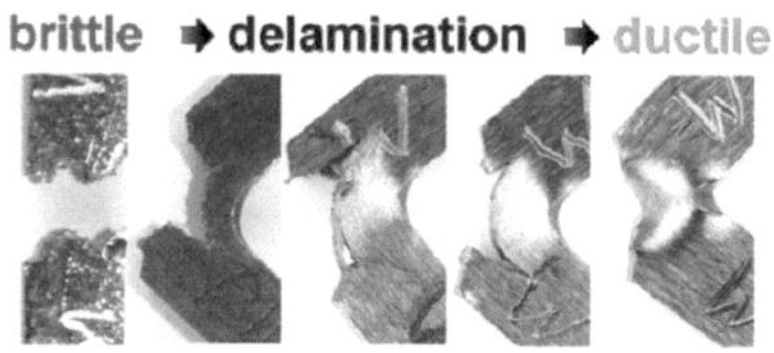

Bild 2.6.: Wolfram (Stabmaterial in L-R Orientierung, KLST) zeigt nicht das klassische Bruchverhalten von krz Metallen. Es gibt nicht einen Temperaturübergang von sprödem zu duktilem Materialverhalten sondern zwei: (i) Die Spröd-Delamination-Übergangstemperatur und die (ii) Delamination-duktil-Übergangstemperatur. Quelle ist [57].

bare polykristalline Wolframaterialien in Stabform [48]. Diese Materialien waren

- reines Wolfram,
- Wolfram mit einem Gewichtsprozent Lanthanoxid, W - 1 wt.% La_2O_3 (WL10), (Die Mikrostruktur zeigt das Lanthanoxid als zweite Phase zwischen den Wolframkörnern. Wie die Wolframkörner erfahren auch die Lanthanoxidkörner durch das Umformen eine Gestaltsänderung und sind nach dem Umformen z.B. bei Stabmaterial in Achsrichtung langgestreckt. Diese Mikrostruktur bedingt gegenüber reinem Wolfram eine bessere Bearbeitbarkeit, eine höhere Rekristallisationstemperatur und eine bessere Kriechbeständigkeit [1].),
- Wolfram mit 0,005 Gewichtsprozent Kalium, W - 0,005 wt.% K (WVM), (Kalium, ein niedrigschmelzendes Metall, ist nach gezielter Wärmebehandlung und Umformung in Form kleiner Kaliumblasen an den Korngrenzen verteilt. Dies bewirkt eine höhere Rekris-

tallisationstemperatur sowie eine höhere Kriechfestigkeit gegenüber reinem Wolfram. Wie das Lanthanoxid stabilisiert auch das Kalium die Mikrostruktur [1].),

- WL10 mit einem Gewichtsprozent Rhenium (WL10 - 1 wt.% Re), sowie
- Molybdän mit 0,5 wt.% Titan und 0,08 wt.% Zirkonium (TZM), (Dieser Werkstoff ist eine mischkristallgehärtete (Molybdän-Titan-Mischkristall) und teilchenverstärkte (Titan-Zirkonium-Karbide) Molybdän-Basislegierung und hat dadurch gegenüber reinem Molybdän eine höhere Kriechbeständigkeit und höhere Rekristallisationstemperatur [1]).

Aus diesen Stäben wurden Kerbschlagbiegeproben in L-R Orientierung geschnitten.

Die Ergebnisse an Wolframstabmaterial zeigen, dass nur TZM das klassische Spröd-duktil-Übergangsverhalten von krz Metallen aufweist, nämlich einen klaren Übergang von sprödem Bruch bei niedrigen Temperaturen zu duktilem Verhalten bei höheren Temperaturen. Wolframstabmaterialien hingegen haben zwei Übergangstemperaturen: (i) die Spröd-Delamination-Übergangstemperatur und die (ii) Delamination-duktil-Übergangstemperatur (siehe Abbildung 2.6).

Bei niedrigen Temperaturen bis zu 500°C brechen alle Wolframmaterialien spröde. Bei steigender Temperatur folgt ein Bereich mit besonderem Bruchverhalten: Delamination in Walzrichtung. Reines Wolfram zeigt ab 900°C vollständig duktiles Materialverhalten, WVM ab 1000°C, alle weiteren Wolframmaterialien delaminieren bis mindestens 1000°C (siehe Abbildung 2.7).

Gleiches Bruchverhalten bei Wolframstabmaterial in L-R Orientierung hat auch *Rupp* et al. beschrieben [37]. Die Zugabe von Lanthanoxid wirkt sich auf das Bruchverhalten von Wolfram negativ aus, da das Lanthonoxid

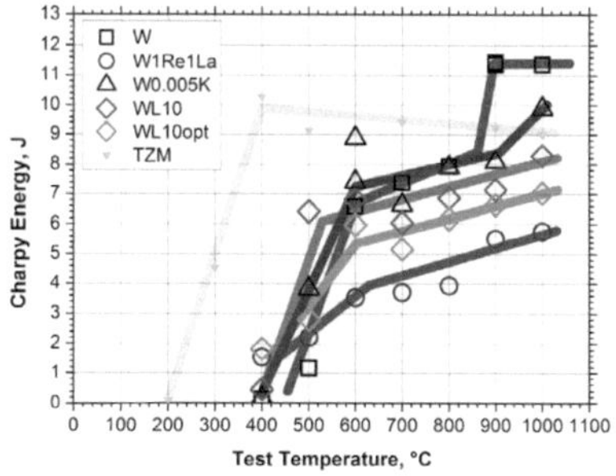

Bild 2.7.: Ergebnisse von Kerbschlagbiegeversuchen an Stabmaterial [48].

zwischen den Wolframkorngrenzen liegt und die ohnehin schon schwachen Korngrenzen weiter schwächt.

Erste Untersuchungen an Wolframplattenmaterial und Wolframschmiederonden [57] zeigten keine Verbesserung weder des Bruchverhaltens noch der maximalen Energieaufnahme. Das Delaminationsverhalten war bei Plattenmaterial gegenüber Stabmaterial noch ausgeprägter.

Es ist zudem bekannt, dass das Schneiden der Versuchsproben, das Erodieren, Mikrorisse im Wolfram hinterlässt (ca. 150 μm). Es wurde daher untersucht, inwiefern sich die Fertigungsmethode und damit die Oberflächengüte der Kerbe auf die Ergebnisse auswirken [56]. Vergleiche von Proben mit erodierter Kerbe und Proben, deren Kerbe mit einem Diamantdraht gesägt wurden, zeigen, dass die Übergangstemperatur von Spröd- zu Delaminationsbruch nicht beeinflusst wird, die Übergangstemperatur von Delaminationsbruch zu duktilem Materialverhalten sich jedoch um $100°C$ zu Gunsten der diamantgesägten Kerben nach links hin zu niedrigeren Temperaturen verschiebt.

Sowohl *Rieth* et al. als auch *Rupp* et al. haben gezeigt, dass die Mikrostruktur einen entscheidenden Einfluss auf das Bruchverhalten von Wolfram hat. Beide Autoren empfehlen daher der anisotropen Mikrostruktur der Wolframhalbzeuge Rechnung zu tragen und Wolframbauteile mit den Methoden von Verbundwerkstoffen auszulegen [37]. Dazu wird empfohlen, dass eine von aussen angreifende Kraft immer senkrecht auf die Körner treffen soll, was bei Bauteilen wie einem Fingerhut oder einem Rohr schwer zu realisieren scheint [57]. Es wurde gezeigt, dass reines Wolfram das beste Bruchverhalten aufweist (gemessen im Kerbschlagbiegeversuch, ausgenommen Wolfram-Rhenium), gefolgt von WVM. Bei keinem der bisher untersuchten Wolframwerkstoffen ist es jedoch gelungen weder die Korngrenzen zu festigen (Hinweis zur Begrifflichkeit: festigen der Korngrenzen bedeutet, Delaminationsbrüche zu unterdrücken, stabilsieren der Korngrenzen bedeutet die Rekristallisationstemperatur zu erhöhen (siehe WL10 oder WVM)) noch die Spröd-duktil- bzw. die Spröd-Delamination-Übergangstemperatur zu niedrigeren Temperaturen hin zu verschieben. Beides ist Zielsetzung aktueller Forschung.

2.2.2. Erhöhung der Duktilität, Steigerung der Korngrenzenfestigkeit und Stabilisierung der Korngrenzen

Wolfram stellt uns daher vor folgende Herausforderungen: (i) Wie schafft man es, Wolfram zu duktilisieren und die Risszähigkeit zu erhöhen? (ii) Wie schafft man es, die Korngrenzen zu festigen und damit die Neigung von Wolfram zu Delaminationbrüchen zu unterdrücken?

Verlässt man kurz die Welt der Refraktärmetalle und betrachtet Stahl, dann lassen sich vier Methoden zum Härten und damit zur Festigkeitssteigerung von Stahl festhalten: (i) Mischkristallbildung, (ii) Kornfeinung, (iii) Härten mit Oxiden (engl.: oxide dispersion strengthened, ODS) und (iv) Kaltumformung, um die Versetzungsdichte zu erhöhen ((v) martensitische Härtung). Es scheint paradox, mit den Methoden zum Härten von Stahl Wolfram duktilisieren zu wollen, aber genau das wird gemacht und macht Sinn. Im Folgenden werden daher die Arbeiten zu folgenden Duktilisierungsansätzen vorgestellt:

- Legieren von Wolfram,

- Synthese eines nanokristallinen bzw. nanostrukturierten Wolframwerkstoffs,
- Synthese eines Wolframverbundwerkstoffs.

Denkt man an Stahl, so scheint es zunächst absurd, Wolfram durch die Bildung eines Mischkristalls duktilisieren zu wollen, gäbe es da nicht Wolfram-Rhenium. Es hat sich gezeigt, dass sich Wolfram durch die Zugabe von Rhenium duktilisieren lässt [47, 59] (gleiches gilt wahrscheinlich auch für Iridium). Grund für die erfolgreiche Duktilisierung ist wohl die Änderung des Kerns der $1/2 < 111 >$ Schraubenversetzungen. Durch Simulation mit Hilfe der Dichte-Funktional-Theorie konnte gezeigt werden, dass Rhenium die Eigenschaften des Kerns der $1/2 < 111 >$ Schraubenversetzungen verändert: von symmetrisch zu asymmetrisch. Dadurch reduziert sich die *Peierls* Spannung und Versetzungen können leichter gleiten [60]. Ist eine Reduzierung der *Peierls* Spannung auch durch Legieren mit anderen Elementen möglich? Zur Beantwortung dieser Frage wurden Schmiederonden von der Firma PLANSEE Metall GmbH hergestellt und charakterisiert. Untersucht wurden reines Wolfram, Wolfram - 1 wt.% Tantal, Wolfram - 5 wt.% Tantal und Wolfram - 5 wt.% Vanadium. Die Ergebnisse sind jedoch enttäuschend [57, 61, 62]. Gleiches gilt für Wolfram-Molybdän.

Durch die Synthese eines Materials mit einer feinkörnigen Mikrostruktur lässt sich sowohl die Festigkeit als auch die Duktilität steigern. *Pippan* et. al. beschäftigten sich daher mit der Synthese von nanokristallinem Wolfram [63, 64], während andere Autoren durch mechanisches Legieren nanostrukturiertes Wolfram herstellten [65, 66, 67, 68].

Durch hochgradige plastische Umformung (engl.: severe plastic deformation, SPD) mittels Hochdrucktorsion (engl.: high perssure torsion, HPT) kann eine Mikrostruktur mit einem sehr feinen Korn (engl.: ultra fine graind, UFG) eingestellt werden. Der Durchmesser der Körner beläuft sich auf durchschnittlich $300\ nm$ [63]. Die so hergestellten Materialproben haben einen Durchmesser von $d = 6\ mm$ und eine Höhe von $h = 0,8\ mm$. Das

HPT-Wolfram zeigt im Vergleich zum Ausgangsmaterial eine höhere Festigkeit, eine größere Härte und eine höhere Risszähighkeit bei RT [64]. Der Nachteil dieses Verfahrens ist die Beschränktheit auf kleine Materialmengen. Eine Hochskalierung auf industriellen Maßstab ist nicht möglich.

Aguierre et al. stellten nanostrukturiertes Wolfram durch mechanisches Legieren her. Dabei verglichen die Autoren reines Wolfram, W - 0,5 wt% Y_20_3 und W - 4wt.% Ti [65, 66]. Durch Zugabe von nanokristallinem Y_20_3 Pulver wurde das Kornwachstum unterdrückt (sowie eine Verbesserung des Oxidationsverhaltens erzielt), Titan diente als Aktivator des Sinterprozesses. Das Pulver wurde in Argonatmosphäre gemischt und 2 h in Argonatmosphäre mechanisch legiert. Das Ausgasen erfolgte bei 400°C, 24 h. Der anschließende HIP-Prozess bestand aus zwei Stufen: 1277°C, 195 MPa, 2 h und 1700°C, 195 MPa, 30 min. Drei-Punkt-Biegeversuche zeigen, dass W - 4wt.% Ti im spröden Bereich die höchste Risszähigkeit hat, reines Wolfram aber die niedrigste Spröd-duktil-Übergangstemperatur besitzt [65]. Andere Autoren stellten über mechanisches Legieren W - 0,5 wt.%TiC her [67, 68]. Die Mikrostruktur dieses Materials hat Wolframkörner von der Größe zwischen 70 nm – 150 nm. Leider wurde das Material weder mit Kerbschlagbiegeveruchen charakterisiert noch erfolgten Benchmarkversuche mit auf gleiche Weise hergestelltem reinem Wolframmaterial. Der Nachteil des mechanischen Legierens besteht in der Beschränktheit auf kleine Materialmengen (siehe auch ODS Stahl). Eine Hochskalierung auf industriellen Maßstab im Tonnenbereich, ist nur bedingt möglich.

Es bestand die Hoffnung, durch Dotierung von kleinen Mengen unlöslicher Metalle wie Kalium auf die Korngrenzenfestigkeit Einfluss nehmen zu können (siehe WVM). Nach dem Warm- und Kaltumformen sind die Korngrenzen mit kleinen Kaliumblasen benetzt. Die Idee bestand nun darin, dass in Wolfram laufende Versetzungen durch die weichen Kaliumblasen aufgefangen und unschädlich gemacht werden. Eine Verbesserung der Korngrenzenfestigkeit konnte jedoch nicht nachgewiesen werden [48].

Die geringe Löslichkeit von Fremdatomen sowie die Segregation von

Verunreinigungen an den Korngrenzen wurden bereits erwähnt. Die meisten Fremdatome wie Phosphor und Kohlenstoff scheinen die Korngrenze auch zu schwächen. Durch Simulation konnte jedoch gezeigt werden, dass Bor einen positiven Einfluss auf die Korngrenzenfestigkeit haben könnte [69], was jedoch noch experimentell nachgewiesen werden muss.

Die Stabilisierung der Korngrenzen (Erhöhung der Rekristallisationstemperatur) durch ODS Wolframlegierungen konnte nachgewiesen werden [70]. Sowohl bei WL10 (Lanthanoxid als zweite Phase an den Korngrenzen) als auch bei WVM (Korngrenzen sind mit kleinen Kaliumblasen benetzt) gelingt die Korngrenzenstabilisierung und Rekristallisation tritt erst bei höheren Temperaturen ein. Für beide Materialien gilt zudem, dass sich die Rekristallisationstemperatur mit zunehmendem Umformgrad erhöht. Was sich im ersten Moment widersprüchlich anhört macht Sinn, wenn man bedenkt, dass sich beim Kaltumformen die Oxidkörner bzw. die Kaliumblasen verfeinern und danach noch feiner an den Korngrenzen verteilt vorliegen [70].

Hinsichtlich der Bemühungen, Wolfram zu duktilisieren, bleibt festzuhalten: Die Versuche, über die Synthese eines Mischkristalls ans Ziel zu kommen, sind bisher gescheitert. Bei der Charakterisierung von mechanisch legiertem Wolfram zeigte reines Wolfram die niedrigste Spröd-duktil-Übergangstemperatur, und die Synthese von UFG-Wolfram durch SPD ist nur für kleine Materialmengen geeignet.

Zusammenfassend bedeutet dies, dass nach aktuellem Stand der Technik reines Wolfram das duktilste Wolfram ist (gemessen im Kerbschlagbiegeversuch, ausgenommen Wolfram-Rhenium). Allerdings besteht die Hoffnung, über die Synthese eines Wolframverbundwerkstoffs auf die Materialeigenschaften von Wolfram einwirken zu können. Dies wird im folgenden Kapitel näher beleuchtet.

2.3. Stand der Technik: Wolframverbundwerkstoffe

Um die Duktilität und Risszähigkeit eines Wolframwerkstoffs zu erhöhen kann man natürlich auch versuchen über die Synthese eines Wolframverbundwerkstoffs ans Ziel zu kommen. Daher wird an dieser Stelle der Stand der Technik von Verbundwerkstoffen auf Refraktärmetallbasis diskutiert. Es wird unterschieden zwischen (i) einer partikelverstärkten Metallmatrix, (ii) einer kurzfaserverstärkten Metallmatrix (regellos verteilt), (iii) einer langfaserverstärktern Metallmatrix (uniaxial) und, was zentraler Gegenstand dieser Promotionsarbeit ist, (iv) einem Laminat hergestellt aus Wolframfolien.

2.3.1. Partikelverstärkte Metallmatrix

Hohe et al. haben sich mit der Simulation, der Synthese und der Charakterisierung von Wolfram-Vanadium-Verbundwerkstoffen beschäftigt [71]. Die Idee war, einen Werkstoff zu schaffen, der die Spröd-duktil-Übergangstemperatur von Vanadium mit der Rekristallisationstemperatur und Kriechfestigkeit von Wolfram kombiniert und damit das klassische Einsatztemperaturfenster dieser Werkstoffe (siehe [72]) erweitert.

Das Material wurde pulvermetallurgisch über einen HIP-Prozess hergestellt. Ausgangszustand waren Pulver mit einem Volumenverhältnis von jeweils 50%. Die HIP-Parameter waren 1 h bei 1500°C und 30 MPa. Die Abkühlung erfolgte bei weniger als 10 K/min. Auf diese Weise wurden Platten von 5 x 10 x 45 mm^3 hergestellt. Die Mikrostruktur dieses Materials zeigt eine partikelverstärkte Metallmatrix mit Poren. EDX-Untersuchungen ergaben, dass die Partikel aus reinem Wolfram, umgeben von einem Ring aus W68V32 vol.% eingebettet in einer Matrix aus W12V88 vol.% bestehen. Eine reine Vanadiummatrix konnte nicht nachgewiesen werden. Die Risszähigkeit ist ähnlich der von reinem Wolfram, wobei ein Vergleich aufgrund der unterschiedlichen Mikrostrukturen (unterschiedlicher Herstellungsprozess) nicht möglich ist. Kriechversuche wurden bei $1000°C$ durchgeführt. Im Vergleich zu reinem Vanadium hat sich das Kriechverhalten verbessert.

Die Autoren kommen zu dem Schluss, dass ein besser synthetisiertes Material, ein Material ohne Poren, eine bessere Risszähigkeit und ein besseres Kriechverhalten als die hier getestete Materialcharge aufweist und heben damit das Potenzial des Wolfram-Vanadium-Verbundwerkstoffs hervor.

2.3.2. Kurzfaservertärkte Metallmatrix (regellos verteilt)

Simulationsarbeiten von kurzfaserverstärkten Verbundwerkstoffen auf Refraktärmetallbais (RM-Basis) wurden von *Hohe* et al. durchgeführt [71]. *Correia* et al. haben einen kurzfaserverstärkten Verbundwerkstoff auf Wolframbasis hergestellt [73, 74]. Ziel war es, einen Wolframbasiswerkstoff herzustellen, der mit Tantalfasern verstärkt ist, wovon sich die Autoren eine Erhöhung der Risszähigkeit erhofften. Tantal ist in Wolfram vollständig lösbar und eine sich im Betrieb einstellende Mischkristallbildung wird toleriert, d.h. die Tantalfasern wurden nicht beschichtet.

Das Material wurde pulvermetallurgisch hergestellt. Man verwendete Wolframpulver und Tantalfasern mit einem Durchmesser von 100 μm. Die Materialien wurden gemahlen und die Verdichtung erfolgt entweder durch Spark Plasma Sintering (SPS) oder durch Pulse Plasma Sintering (PPS). Dadurch erhielt man ein Material mit einer Dichte zwischen 80 % und 90 %. Die Mikrostruktur zeigt Tantalfasern umgeben von einem Wolfram-Tantal-Mischkristall eingebettet in eine Wolframmatrix. Bei nicht weiter beschriebenen Härtemessungen entstanden Risse. REM-Aufnahmen zeigen, dass diese Risse in der Tantalfaser abgelenkt wurden. Daraus schließen die Autoren, dass dieses Material eine hohe Risszähigkeit haben könnte. Mechanische Versuche wurden allerdings noch nicht durchgeführt.

2.3.3. Langfaserverstärkte Metallmatrix (uniaxial)

You et al. versuchten durch die Synthese einer uniaxialverstärkten Wolframmatrix die Risszähigkeit zu erhöhen. Dabei nehmen sie sich keramische Verbundwerkstoffe (engl.: ceramic matrix composites, CMC) zum Vorbild. Bei Keramiken, einem Werkstoff mit hohem kovalenten Bindungsanteil, ist es gelungen, die Risszähigkeit signifikant zu erhöhen [75, 76, 77].

Grund für den Anstieg der Risszähigkeit ist die „non-plastic energy dissipation" [75]. Durch geschicktes Ablenken der Risse, durch Ablösen und das reibungsbehaftete Herausziehen von Fasern gelingt es Energie zu dissipieren, ganz ohne plastische Verformung. Die Energie wird dabei durch die Schaffung von Oberfläche sowie durch Reibung dissipiert. Für weitere Möglichkeiten zur „non-plastic energy dissipation" bei Keramiken sei auf die Literatur verwiesen [78].

Ein besonderer Fall der „non-plastic energy dissipation" welcher speziell bei uniaxialverstärkten Keramiken auftritt, wird durch den Brückenmechanismus beschrieben [76]. Demnach trifft ein sich in der spröden Matrix ausbreitender Riss auf eine Faser, es kommt zum Ablösen der Faser von der Matrix, der Riss breitet sich in der spröden Matrix weiter aus aber die Faser bleibt intakt und kann weiterhin Kräfte übertragen. Für eine erfolgreiche Brückenbildung ist die Grenzfläche Faser-Matrix entscheidend. Ist die Grenzfläche zu fest, würde der Riss durch die Faser durchwachsen [79].

You et al. versuchten den Brückeneffekt und damit die nichtplastische Energiedissipation auf Wolframwerkstoffe anzuwenden. Dazu beschichteten sie in einem ersten Schritt Wolframdraht (150 μm) mit einer Magnetron-Sputtering-Anlage mit ZrO_x [80] oder Cu [81]. Die beschichteten Wolframdrähte wurden anschließend in einem zweiten Schritt mittels chemischer Gasphasenabscheidung (engl.: chemical vapour deposition, CVD) und Wolfram Hexafluorid bei $550°C$ mit einer Matrix umgeben. Mit derart hergestellten Proben machten die Autoren Draht-Push-out-Tests und charakterisierten somit die Grenzfläche Wolframdraht zu Wolframmatrix.

Die Push-out-Kurven wurden in einem Last-Verschiebungs-Diagramm aufgetragen und zeigten einen linear elastischen Kraftanstieg bis zum Beginn der Ablösung vom Wolframdraht von der Wolframmatrix. Die zweite Phase der Kurve ist bestimmt durch das vollständige Ablösen. Phase drei der Push-out Kurve wird der Reibung des Drahts beim Ausdrücken aus der Matrix zugeordnet. Diese drei Phasen ergeben die charakteristischen Push-out-Kurven.

Des Weiteren wurde an der Universität in Leoben ein miniaturisierter Biegeversuche an einer gekerbten Probe durchgeführt [80]. Die Probe hatte eine Dicke von $1,2\ mm$ verstärkt mit einem einzigen Draht mit einem Durchmesser von $75\ \mu m$, der mit ZrO_x beschichtet war. Der Versuch zeigt, dass sich der Riss in Richtung Draht bewegt, dort abgelenkt wird und schließlich in ursprünglicher Rissrichtung weiterwächst. Der Draht jedoch bleibt intakt und damit konnte das Auftreten des Brückenmechanismus erfolgreich nachgewiesen werden.

Alle bisher beschriebenen Versuche, Wolfram zu duktilisieren bzw. die Risszähigkeit zu erhöhen, sind gescheitert oder haben bislang noch nicht den gewünschten Durchbruch gebracht. Was bisher noch nicht versucht wurde, ist die Duktilisierung von Wolfram über die Synthese eines Wolframlaminats. Genau dies ist daher Thema dieser Promotionsschrift. Im folgenden Abschnitt werden Literaturstellen aufgeführt, die im Vorfeld dieser Arbeit Hinweise lieferten, dass die Duktilisierung gelingen könnte.

2.3.4. Wolframlaminate (Gegenstand dieser Promotion)

Ein weiterer Parameter und damit eine weitere Möglichkeit, um auf die Duktilität und Risszähigkeit Einfluss zu nehmen, ist der Umformgrad. So stellten *Roberts* et al. in einer Diskussion über die Spröd-duktil-Übergangstemperatur fest, dass es allgemein bekannt sei, dass krz Metalle durch Kaltumformung duktilisiert werden können [20]. Auch *Wesemann* et al. konnten an ODS Wolfram nicht nur zeigen, dass sich mit zunehmendem Umformgrad die Rekristallisationstemperatur erhöht, sondern auch die Risszähigkeit [70]. Weitere Literaturstellen finden sich bei *Lassner*, aus welchen hervorgeht, dass Kaltumformung die Spröd-duktil-Übergangstemperatur reduziert [82]. Zudem gelte folgender Zusammenhang: Je höher der Umformgrad, desto niedriger die Spröd-duktil-Übergangstemperatur [83]. Die Literaturstellen, die den positiven Einfluss der Kaltumformung auf die Risszähigkeit beschreiben, sind vielzählig. Erklärungen der ursächlichen Mechanismen bleiben jedoch mitunter aus. Manche Autoren nehmen an, dass während der Kaltumformung Stufenversetzungen ins Material induziert werden. Stufenversetzungen sind mobiler als Schraubenversetzungen (Aktivierungsenergie von $0,3\ eV$ gegenüber $1,05\ eV$). Die Erhöhung der Dichte von mobilen Stufenversetzungen führt dann zu einer Erhöhung der Risszähigkeit. Analog dazu kann auch bei SPD argumentiert werden [63].

Die Idee dieser Promotionsschrift besteht nun darin, ein hoch umgeformtes und damit duktiles Wolframhalbzeug zu verwenden: eine Wolframfolie. Wolframfolien sind duktil und lassen sich selbst bei RT plastisch verformen (siehe Abbildung 2.8). Durch Übereinanderschichten und durch geeignetes Verbinden der einzelnen Wolframfolien soll es gelingen, die duktilen Eigenschaften der Wolframfolie auf ein Massivmaterial zu übertragen.

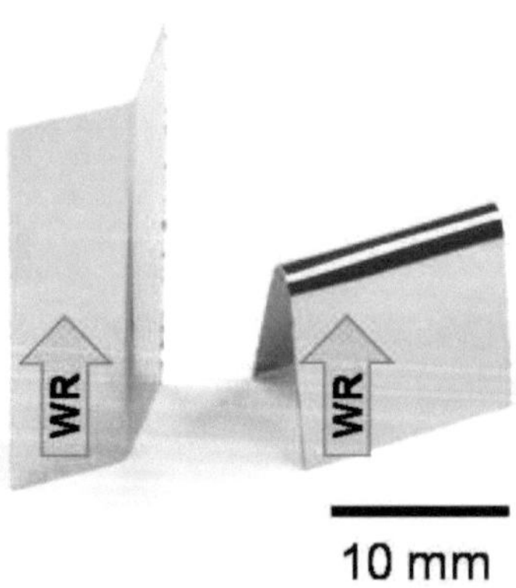

Bild 2.8.: Ergebnis von Biegevorversuchen an 100 μm Wolframfolie im Lieferzustand bei RT. Die Walzrichtung (WR) verläuft von unten nach oben. Die Wolframfolie lässt sich sowohl in als auch quer zur Walzrichtung plastisch verformen. Bereits bei diesen einfachen Vorversuchen ist das anisotrope Materialverhalten, das sich durch eine erhöhte Duktilität in Walzrichtung ausdrückt, erkennbar.

Es wird erwartet, dass Wolframfolie sehr kleine Körner hat. Allgemein gilt die *Hall-Petch* Beziehung [84, 85], die besagt, dass eine feine Körnung einen erheblichen Beitrag zur Festigkeitssteigerung liefert [86]. In weiteren Veröffentlichungen wird von einer erfolgreichen Steigerung der Duktilität durch Kornverfeinerung gesprochen. Dabei haben die Autoren an den Korngrenzen Mehrfachgleiten festgestellt und dies als die Ursache für die Duktilitätssteigerung ausgemacht [87, 88].

Ursache von duktilem Materialverhalten ist entweder die Bewegung von Versetzungen (Stufen- oder Schraubenversetzungen) oder die Zwillingsbildung. Wenn die Korngröße ein kritisches Volumen unterschreitet und sich dadurch keine Kinkenpaare mehr bilden können, dann ist die Ursache der Duktilität nicht mehr die Versetzungsbewegung sondern es gelten Mechanismen wie sie für nanokristallines Material beschrieben werden. Dies sind Kornrotation, Korngrenzengleiten, Kornausrichtung sowie Korngrenzen-Versetzungs-Interaktion. Der Korngrößenbereich zwischen 10 *nm* und 1 μm gilt als Übergangsbereich [89]. In diesem Korngrößenbereich verliert schließlich auch die *Hall-Petch* Beziehung ihre Gültigkeit.

Wolframfolie im Lieferzustand ist hoch umgeformt, hat kleine Körner und ist duktil. Wie aber sind die Eigenschaften einer Wolframfolie wenn sie vollständig rekristallisiert ist? Da aus dem Wolframlaminat Bauteile für Hochtemperaturanwendungen gebaut werden sollen ist diese Frage berechtigt. Es wird erwartet, dass rekristallisierte Wolframfolie Körner so groß wie die Foliendicke hat. An dieser Stelle sei nun ein Vergleich mit Aluminiumfolie (kfz) erlaubt. Aluminiumfolie hat Körner über die Dicke der Folie [90] (siehe Abbildung 2.9) und es ist möglich, in die Folie einen scharfen Knick zu machen und diesen hinterher wieder herauszustreichen. Der Mechanismus, der dahinter vermutet wird, ist die Versetzungsannihilation an der freien Oberfläche. Versetzungen können an der freien Oberfläche austreten und löschen sich damit aus. Ein Versetzungsstau an der Korngrenze wird verhindert. Es wird erwartet, dass der Mechanismus der Versetzungsannihilation, insbesondere bei rekristallisierter Folie, einen bedeu-

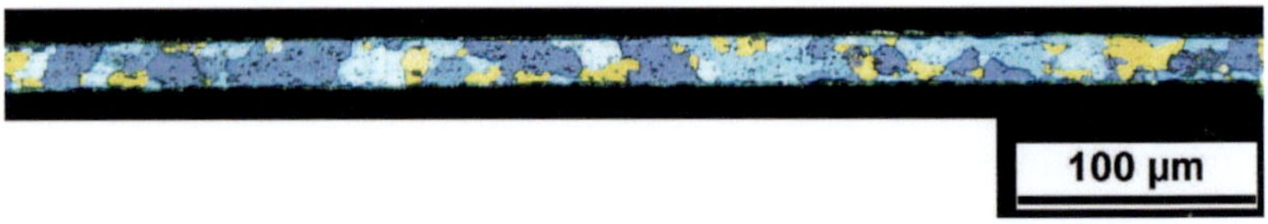

Bild 2.9.: Schnitt durch eine 20 μm Aluminiumfolie (kfz). Die Körner gehen über die Dicke der Folie. Quelle: *J. Hirsch*, Hydro Aluminium Deutschland GmbH - R&D.

tenden Beitrag zum Duktilitätssteigerung liefert.

Weiterhin wird erwartet, dass ein Wolframlaminat eine hohe Schadenstoleranz aufweist. Bei geeigneter Wahl der Zwischenschicht geht man davon aus, dass ein in einer Wolframschicht initiierter Riss in der Zwischenschicht gestoppt und abgelenkt wird. Für die nächste Lage Wolframfolie muss der Riss dann wieder neu initiiert werden. So könnte es vielleicht gelingen, einen dreidimensionalen Spannungszustand (Probe mit Kerbe) in einen Eindimensionalen (Probe ohne Kerbe) umzuwandeln und damit die von *Rupp* et al. und *Rieth* et al. beschriebenen Neigung von L-R orientierten Proben zu Delaminationsbrüchen zu reduzieren. Der laminare Aufbau bedingt zudem, dass die Proben immer in bestmöglicher Richtung belastet werden (siehe L-R Richtung bei Stabmaterial).

Mögliche Verbindungstechniken zur Synthese von Wolframlaminaten

Wolframlaminate können durch Übereinanderschichten und geeignetes Verbinden einzelner Folienlagen hergestellt werden. Dazu sind mehrere Verbindungstechniken denkbar: (i) Löten [91], (ii) Solid-State-Bonding wie Walzplattieren oder Kaltlöten, (iii) Diffusionsschweißen [92], (iv) Plasma Pulse Sintering (PPS) [93], (v) Explosionsschweißen [94], (vi) die elektromagnetische Pulstechnik (EMPT) [95, 96, 97], (vii) HIPen und andere. Diese Verbindungstechniken werden im Folgenden detailliert vorgestellt.

Löten ist nach DIN 8505 definiert als ein Verfahren zum Verbinden von metallischen Werkstoffen mit Hilfe eines geschmolzenen Zusatzmetalls [91].

Im Gegensatz zum Löten findet beim Solid-State-Bonding (Walzplattieren, Kaltlöten) der Verbindungsprozess bei einer Temperatur unterhalb der Schmelztemperatur des Lotes statt. Es ist damit, wie der Name schon sagt, eine Festphasenverbindungstechnik. Während des Verbindungsprozesses wird die Temperatur auf einen Wert unterhalb der Schmelztemperatur des Lotes erhöht und gleichzeitig eine Kraft auf die Fügepartner ausgeübt. Diese bewirkt eine Plastifizierung des Lots und die Fügepartner werden soweit angenähert, dass atomare Bindungskräfte wirksam werden. Ein Diffusionsprozess ist nicht erforderlich. Vorteil des Solid-State-Bondings ist, dass die Prozesstemperatur geringer ist als beim Löten, und dass eine Verbindung realisiert werden kann, die nicht im thermodynamischen Gleichgewicht steht. Insbesondere wenn die Löttemperatur überhalb der Rekristallisation der Wolframfolie liegt oder wenn das Zweiphasensystem intermetallische Phasen beinhaltet, ist das Solid-State-Bonding eine Option.

Der Vorteil des Diffusionsschweißens ist, dass die Laminatsynthese mit oder ohne Zwischenschicht ausgeführt werden kann. Beim Diffusionsschweißen ohne Zwischenschicht ist die Prozesstemperatur im Allgemeinen im Bereich zwischen $0,5-0,9$ der Schmelztemperatur (bei Wolfram zwischen $1900°C$ und $3000°C$). Empfohlene Schweißparameter für Wolfram sind $2000°C$, $20\ N/mm^2$, $15\ min$ [91]. Durch Aktivieren der Wolframfügepartner mit Titan, Nickel oder Niob kann die Prozesstemperatur herabgesetzt werden. Stellt man sich eine Zwischenschicht von wenigen Atomlagen aus Titan, Nickel oder Niob vor, so führt der Diffusionsschweißprozess in der Verbindungsprozesszone zu einem wolframreichen Mischkristall und damit ist die Re-melting-Temperatur des Laminats extrem hoch. Eine Versetzungsannihilation ist jetzt wohl nicht mehr möglich und die Mikrostruktur der Wolframfolie wird durch die hohe Prozesstemperatur und die Materialdiffusion stark verändert.

Um die Mikrostruktur der Wolframfolie im Lieferzustand zu bewahren muss entweder die Prozesstemperatur niedrig und/oder die Prozessdauer kurz sein. Puls Plasma Sintern (PPS) bietet die Möglichkeit, die Schmelztemperatur des Lotes sehr schnell zu erreichen und nur für sehr kurze Zeit zu halten. Der Verbindungsprozess besteht in einem ersten Schritt im Erwärmen der Fügepartner auf unterhalb der Schmelztemperatur des Lotes. Jetzt wird ein elektrischer Puls durch die Fügepartner geleitet. Dies bewirkt kurzzeitig einen Anstieg der Temperatur auf die Schmelztemperatur des Lotes. Die Verbindung ist hergestellt. Dieses Verfahren schützt die Mikrostruktur der Wolframfolie außerordentlich.

Beim Explosionschweißen werden die Fügepartner mit extrem hoher Geschwindigkeit gegeneinander gepresst. Es kommt zur Plastifizierung, zum lokalem Aufschmelzen und schließlich zur atomaren Bindung. Je nach Funktionsmechanismus des Explosivstoffs unterscheidet man zwischen Abbrand, Deflagration und Detonation (in aufsteigender Geschwindigkeitsreihenfolge). Detonationen liegen im Geschwindigkeitsbereich von 1500 m/s bis 9000 m/s. Für Details sei auf die Literatur verwiesen [94]. Vorteil dieses Verfahrens ist die niedrige Prozesstemperatur. Zudem findet der Verbidungsprozess außerhalb des thermodynamischen Gleichgewichts statt und erlaubt damit das Verbinden von Werkstoffkombinationen, die sich sonst schwer verbinden lassen.

Wie beim Explosionsschweißen erlaubt auch die elektromagnetische Pulstechnik eine niedrige Prozesstemperatur. Auch hier werden die Fügebauteile mit hoher Geschwindigkeit gegeneinander gepresst (radial ca. 170 m/s [96]) und so verbunden.

Im Leichtbau und insbesondere im Flugzeugbau haben sich Metalllaminate etabliert. Bekanntester Vertreter ist GLARE, ein Glasfaser-Aluminium-Laminat, das beim Airbus A380 erstmalig zum Einsatz kommt. Es besteht aus einem schichtweisen Aufbau aus Aluminiumfolie der Dicke $0,2$

bis $0,5$ *mm* und unidirektionalen Glasfaser/Epoxidharz-Prepregs mit einer Dicke von $0,1$ bis $0,2$ *mm*. Weitere Metall-Laminate sind ARALL (Aramid/Aluminium) und TiGr (Titan-CFK). Zur Auslegung von Laminaten oder allgemein von Verbundwerkstoffen gibt es mathematische Methoden die im folgenden Kapitel vorgestellt werden.

2.4. Mathematische und numerische Methoden zur Beschreibung von Laminaten

In diesem Kapitel sollen drei Arbeitsmethoden zur mathematischen bzw. numerischen Behandlung von Laminaten vorgestellt werden. Ziel einer Rechnung bzw. Simulation ist jeweils die Beantwortung der Frage welche Dehnungen und Verzerrungen sich bei von außen auf das Laminat angreifenden Kräften und Momenten ergeben. Die hier vorgestellten Methoden werden in dieser Arbeit nicht verwendet. Sie sind jedoch zum Verständnis von Laminaten wichtig.

Die erste Arbeitsmethodik, die speziell bei faserverstärkten Laminaten große Anwendung findet, besteht in einem ersten Schritt aus der Homogenisierung einer unidirektionalen Einzelschicht mit Hilfe der Mischungsregeln mit dem Ziel, die Steifigkeitsmatrix für eine Einzelschicht aufzustellen. Ausgehend von den Steifigkeitsmatrizen für jede Einzelschicht wird die Steifigkeitsmatrix für den Schichtverbund gesucht. Dazu werden nach den Regeln der klassischen Laminattheorie (engl.: classical laminate theory, CLT) die Steifigkeitsmatrizen der einzelnen Schichten in geeigneter Weise kombiniert. Diese Arbeitsmethodik berücksichtigt die Anisotropie der mechanischen Eigenschaften der Verbundwerkstoffe, bleibt jedoch auf elastische Spannungs-Verzerrungsbeziehungen beschränkt.

Eine weitere Arbeitsmethodik bedient sich der Homogenisierung eines repräsentativen Volumenelements (RVE) und hat zum Ziel, ein konstitutives Materialgesetz zu bestimmen.

Schließlich, und das soll die dritte hier vorgestellte Arbeitsmethodik sein, kann auch mit Hilfe der Elastoplastizitätstheorie das Materialverhalten einer Einzelschicht beschrieben und in einem Finite Elemente (FE) Programm weiter behandelt werden. In der FE-Software wird demnach für jede einzelne Schicht ein Materialmodell angegeben.

Alle drei Arbeitsmethoden bedingen mindestens das Aufstellen des *Hook'*-schen Gesetzes nach der linearen anisotropen Elastizitätstheorie. Das vorliegende Kapitel schließt mit einer Einführung in Festigkeitshypothesen von Laminaten sowie der Bestimmung der Wärmeleitfähigkeit.

2.4.1. Lineare anisotrope Elastizitätstheorie

Das verallgemeinerte *Hook*'sche Gesetz nach

$$\sigma = C * \varepsilon_e \tag{2.6}$$

ist die allgemeinste Formulierung des Zusammenhangs zwischen Spannungstensor, σ, und Verzerrungstensor, ε_e, und beschreibt linear elastisches Materialverhalten [98]. Der Elastizitätstensor, C, ist ein Tensor vierter Stufe und hat damit $3^4 = 81$ elastische Kennwerte. Setzt man Symmetrie des Spannungs- und Verzerrungstensors voraus, reduzieren sich diese auf 36 Kennwerte. Durch Ausnutzung einer weiteren Symmetrie, hergeleitet aus einer Verzerrungsenergiedichtefunktion, reduziert sich die Anzahl der Kennwerte auf 21. Das verallgemeinerte *Hook*'sche Gesetz für allgemeine Materialanisotropie benötigt damit zur Beschreibung von anisotropem linear-elastischem Material 21 Elastizitätsparameter, welche experimentell bestimmt werden müssen. Da die meisten Werkstoffe Symmetrieebenen aufweisen, lässt sich die Anzahl der Elastizitätsparameter weiter reduzieren. Für ein monotropes Werkstoffmodell benötigt man 13 unabhängige Materialkennwerte, für ein orthotropes 9, ein Werkstoffmodell das transversale Isotropie beschreibt benötigt 5 und ein isotropes linear-elastisches Werkstoffmodell 2 unabhängige Materialkennwerte.

Diese Materialkennwerte müssen durch Experimente wie zum Beispiel Zug-, Druck- oder Torsionsversuche bestimmt werden, wodurch sich die Ingenieurskonstanten wie der Elastizitätsmodul, E, die Querkontraktionszahl, ν, oder der Schubmodul, G, ergeben.

Bisher ging man von einem dreidimensionalen Spannungs- und Verzerrungszustand aus. Nimmt man nun einen ebenen Spannungs- bzw. einen ebenen Verzerrungszustand an und arbeitet man mit einer zweidimensionalen verallgemeinerten *Hook*'schen Gleichung, so benötigt man zur Beschreibung eines anisotropen Materialmodells 6 unabhängige Kennwerte, bei Orthotropie 4 und bei isotropem Material 2 unabhängige Kennwerte [98]. Diese zweidimensionalen Materialgleichungen haben besondere Bedeutung bei der Beschreibung einer Einzelschicht eines Laminats.

2.4.2. Arbeitsmethodik I: Klassische Laminattheorie

Der erste Arbeitsschritt dieser Arbeitsmethodik ist die Homogenisierung einer heterogenen Einzelschicht mit dem Ziel, eine Steifigkeitsmatrix nach den Regeln der Elastizitätstheorie aufzustellen. Ausgehend von den Steifigkeitsmatrizen für jede Einzelschicht wird die Steifigkeitsmatrix für den Schichtverbund mit Hilfe der klassischen Laminattheorie aufgestellt.

Mikromechanik und Homogenisierung

Verbundwerkstoffe und Laminate sind heterogen. Die Heterogenität in der Modellierung zu berücksichtigen, würde einen enormen Modellierungsaufwand bedeuten. Um diesen Aufwand zu reduzieren, werden einzelne Schichten homogenisiert und effektive Materialkennwerte bestimmt. Bei einem unidirektionalen (UD) faserverstärkten Kunststoff verwendet man zumeist die elementaren Mischungsregeln, um die effektiven Eigenschaften einer UD-Schicht zu bestimmen.

Unter Annahmen wie ideale Haftung von Faser und Matrix sowie Parallelität der Fasern kann man effektive Materialkennwerte bestimmen. Nach der elementaren Mischungsregel gilt für den Elastizitätsmodul in Faserrichtung

$$E_{longitudinal} = E_{Faser} f_{Faser} + E_{Matrix}(1 - f_{Faser}) \tag{2.7}$$

und quer zur Faserrichtung nach der inversen Mischungsregel

$$1/E_{transversal} = f_{Faser}/E_{Faser} + (1 - f_{Faser})/E_{Matrix} \tag{2.8}$$

mit dem Faservolumengehalt, f_{Faser}, der sich aus dem Quotient aus Volumen der Fasern zu Gesamtvolumen ergibt. Mit dieser Methode lassen sich auch ein effektiver Schubmodul und eine effektive Querkontraktionszahl bestimmen und damit das *Hook*'sche Gesetzt für eine Laminatschicht, beziehungsweise die Steifigkeitsmatrix einer Einzelschicht aufstellen [98] (siehe auch lineare anisotrope Elastizitätstheorie, in Kapitel 2.4.1).

Klassische Laminattheorie

Ziel der klassischen Laminattheorie ist es, ein konstitutives Materialgesetz für den gesamten Verbund aufzustellen. Dazu werden zuerst nach den Methoden der Mikromechanik das *Hook*'sche Gesetzt für jede Einzelschicht in einem lokalen Koordinatensystem aufgestellt und eine lokale Steifigkeitsmatrix, Q', errechnet.

In einem nächsten Schritt müssen die lokalen Steifigkeitsmatrizen der einzelnen Schichten in ein globales Koordinatensystem gedreht werden. Dies geschieht mit Hilfe von Transformationsmatrizen, T, und es ergeben sich die Steifigkeitsmatrizen, Q, für jede Einzelschicht, ausgedrückt in einem globalen Koordinatensystem. Aus diesen globalen Steifigkeitsmatrizen, Q, lassen sich die Scheibensteifigkeitsmatrix, A, die Plattensteifigkeitsmatrix, D, und die Koppelsteifigkeitsmatrix, B, bestimmen. Diese Matrizen sind symmetrisch und bilden die wiederum symmetrische Gesamtsteifigkeitsmatrix, K, für das gesamte Laminat. Die klassische Laminattheorie ermöglicht es somit, für das gesamte Laminat eine Gesamtsteifigkeitsmatrix, K, aufzustellen,

$$\begin{bmatrix} N \\ M \end{bmatrix} = \begin{bmatrix} K \end{bmatrix} \cdot \begin{bmatrix} \varepsilon \\ \varphi \end{bmatrix} = \begin{bmatrix} A & B \\ B & D \end{bmatrix} \cdot \begin{bmatrix} \varepsilon \\ \varphi \end{bmatrix} \tag{2.9}$$

mit Hilfe derer man aus den von außen angreifenden Kräften N und Momenten M die Verzerrungen ε und Krümmungen φ bestimmen kann. Für Details sei auf die Literatur verwiesen [98, 99, 100].

Bei einem Wolframlaminat bestehend aus Wolframfolie und Kupferfolie wird nach dieser Arbeitsmethode zuerst die Steifigkeitsmatrizen für die Wolframschichten und dann für die Kupferschichten aufgestellt. Die lineare Isotropie von Wolfram erleichtert dabei das Aufstellen des *Hook*'schen Gesetzes.

2.4.3. Arbeitsmethodik II: Repräsentatives Volumenelement

Alle Materialien sind heterogen und selbst ein auf makroskopischer Ebene homogen erscheinendes Material besitzt im Allgemeinen auf mikroskopischer Betrachtungsebene eine heterogene Struktur. Die Beschreibung des Übergangs von der heterogenen Mikrostruktur auf die homogene Makrostruktur, der Mikro-Makro-Übergang, erfolgt durch geeignete Mittelungsprozesse und wird als Homogenisierung bezeichnet. Ziel der Homogenisierung ist die Bestimmung der effektiven Eigenschaften eines Materials. Im vorigen Abschnitt wurde als Homogenisierungsmethode die elementare Mischungsregel vorgestellt. Eine weitere Möglichkeit stellt die Methode der repräsentativen Volumenelemente dar. Diese erlaubt es, die effektiven, physikalischen Eigenschaften von Laminaten mikromechanisch an Einheitszellen, sogenannten repräsentativen Volumenelementen (RVE), zu bestimmen. RVEs sind der kleinste Materialausschnitt, der strukturell typisch für das gemittelte Materialsystem ist. Die innere Struktur des RVE ist prinzipiell willkürlich, jedoch mit der Bedingung, dass es sich selbst im

Raum wiederholt [101]. Bei einem Laminat bestehend aus Wolfram- und Kupferfolie bestünde ein RVE aus einer Schicht Wolfram und einer Schicht Kupfer.

Bei der hier vorgestellten Arbeitsmethodik können die physikalischen Eigenschaften des Laminats, ausgehend von einem RVE, über FE Rechnung bestimmt und daraus das konstitutive Materialgesetz aufgestellt werden [102]. Beispiel: Bestimmung aller notwendigen Materialkenwerte zum Aufstellen des *Hook*'schen Gesetztes nach der Elastizitätstheorie oder der Materialgleichungen der Elastoplastizitätstheorie.

2.4.4. Arbeitsmethodik III: Elastoplastizitätstheorie

Nach der Elastoplastizitätstheorie wird der Verzerrungstensor, ε, in einen elastischen, ε_e, und einen plastischen Anteil, ε_p, zerlegt (kinematische Gleichung)

$$\varepsilon = \varepsilon_p + \varepsilon_e \tag{2.10}$$

und ein elastisches Gesetz aufgestellt (*Hooke*'sches Gesetz), welches über einen Steifigkeitstensor die Spannungen und elastischen Dehnungen verknüpft (siehe Gleichung 2.6) [101]. Die Fließregel beschreibt die zeitliche Änderung der plastischen Deformation

$$\dot{\varepsilon}_p = \dot{\gamma} \frac{\delta \varphi(\sigma')}{\delta \sigma'} \tag{2.11}$$

und wird durch eine Fließbedingung bzw. ein Fließpotenzial beschrieben. Wenn Werkstoffe anisotrop sind können isotrope Fließbedingungen nicht angewendet werden. 1928 schlug *von Mises* eine quadratische Fließbedingung zur Beschreibung des Fließens anisotroper Festkörper vor [103]

$$\delta \varphi(\sigma') = \sigma' * H \left[\sigma'\right] - 1. \tag{2.12}$$

Die quadratische Form ist die einfachste Form, da sie eine einfache mathematische Struktur besitzt und der *Hill*-Tensor, H, durch einachsige Versuche identifiziert werden kann. Bei einer orthotropen Probensymmetrie, einer plastischen Inkompressibilität und einem ebenen Spannungszustand sind nur vier Materialparameter durch Zugversuche zu bestimmen [104, 105]. Die vier Materialparameter zur Identifikation des *Hill*-Tensors, H, können beispielsweise die Fließspannungen in $0°$, $45°$ und $90°$ Richtung sowie das Querdehnungsverhältnis unter $45°$, der sogenannte R45-Wert, (*Lankford*-Koeffizient) sein.

Mit diesen Regeln der Elastoplastizitätstheorie gelingt es, das anisotrope plastische Verhalten einer einzelnen Schicht zu beschreiben und in einem FEM-Programm numerisch weiter zu behandeln. Bei einem Wolframlaminat bestünde die Arbeitsmethodik darin, jede Einzelschicht zu modellieren und jeder Einzelschicht ein Materialmodell zuzuweisen.

2.4.5. Festigkeitshypothesen bei Laminaten

Materialkennwerte werden häufig durch einachsige Versuche ermittelt und gehen in Festigkeitshypothesen ein, mit Hilfe derer mehrachsig beanspruchte Bauteile ausgelegt werden können. Für isotrope Werkstoffe gibt es verschiedene Hypothesen, unter anderem (i) die Normalspannungs-, (ii) die Schubspannungs- und (iii) die Gestaltänderungsenergiehypothese [106, 107]. Ziel und Aufgabe dieser Festigkeitshypothesen ist es, den Beginn der Schädigung bei mehrachsiger Beanspruchung vorherzusagen.

Im Gegensatz zu isotropen Materialien ist bei Verbundwerkstoffen mit ihrem heterogenen Aufbau die Entwicklung einer Festigkeitshypothese schwieriger. Grund hierfür ist die Vielzahl der Versagensformen, wie hier am Beispiel von Metalllaminaten aufgeführt: Metallschichtbruch, Matrixbruch oder interlaminarer Bruch (Delamination). Bauteile werden daher oft nach dem Versagen der ersten Einzelschicht dimensioniert (first ply failure [108]), auch wenn dieses Ereignis noch längst kein Totalversagen des Laminats bedeuten muss.

Mathematisch gesehen beschreiben Festigkeitshypothesen einen Spannungsraum, in dem ein Versagenskörper definiert ist. Wichtige Vertreter von Festigkeitshypothesen von Verbundwerkstoffen sind die ZTL-Hypothese (Forschungsprogramm Zukunft Technik Luft), die *Tsai Wu* Hypothese [109] und das Verfahren nach *Puck* [110]. Für Details wird auf die Literatur verwiesen.

2.4.6. Wärmeleitfähigkeit von Laminaten

Je nach Einsatzbereich des Wolframlaminats, sei es zum Beispiel als Wärmesenke oder als Bauteil im Bereich „thermal management“, ist die Wärmeleitfähigkeit, λ_{ges}, bzw. der Wärmeleitwiderstand des Laminats, R_{ges}, von Interesse und kann mit den nachstehenden Formeln für stationäre Wärmeleitung berechnet werden [111, 112]. Ausgehend vom *Fourier*'schen Erfahrungssatz

$$\dot{q} = -\lambda \frac{dT}{dx} \tag{2.13}$$

in seiner eindimensionalen Form gilt für einen Wärmestrom durch eine ebene Wand

$$\dot{q} = \frac{\lambda_1}{t_1}(T_1 - T_2) \tag{2.14}$$

mit der Wärmestromdichte, $\dot{q}$, in $[W/m^2]$, der Wärmeleitfähigkeit, λ_1, in $[W/(m*K)]$, der Wandstärke, t_1, in $[m]$ sowie den Temperaturen T_1 und T_2 in [K]. In Analogie zum *Ohm*'schen Gesetz

$$I = \frac{U}{R} \tag{2.15}$$

mit der Stromstärke, I, in $[A]$, der Spannung, U, in $[V]$, und dem Widerstand, R, in $[\Omega]$ lässt sich die Wärmestromdichte durch

$$\dot{q} = \frac{T_1 - T_2}{R} \tag{2.16}$$

ausdrücken. R beschriebt darin den Wärmeleitwiderstand in $[m^2 * K/W]$, welcher sich nach Formel 2.14 zu

$$R = \frac{t_1}{\lambda_1} \tag{2.17}$$

ergibt. Für ein Laminat bestehend aus mehreren Schichten, i, gilt nun für einen Wärmestrom **normal** zur Schichtung

$$\dot{q} = \frac{\lambda_{ges,normal}}{t_{ges}}(T_1 - T_2). \tag{2.18}$$

In diesem Fall der Reihenschaltung ist der Gesamtwiderstand der Wärmeleitung die Summe aller Einzelwiderstände und kann durch

$$R_{ges,normal} = \sum_i R_i \tag{2.19}$$

ausgedrückt werden. Damit ergibt sich für die resultierende Wärmeleitfähigkeit

$$\lambda_{ges,normal} = \frac{t_{ges}}{\sum_i \frac{t_i}{\lambda_i}}. \tag{2.20}$$

Bei einen Wärmestrom **parallel** zur Schichtung gilt

$$\dot{q} = \frac{\lambda_{ges,parallel}}{t_{ges}}(T_1 - T_2). \tag{2.21}$$

In diesem Fall der Parallelschaltung wird der Gesamtwiderstand der Wärmeleitung durch

$$\frac{1}{R_{ges,parallel}} = \sum_i \frac{1}{R_i} \tag{2.22}$$

beschrieben und für die resultierende Wärmeleitfähigkeit gilt

$$\lambda_{ges,parallel} = \frac{\sum_i \lambda_i t_i}{t_{ges}}. \tag{2.23}$$

Bei einem Laminat aus Wolfram (Wärmeleitfähigkeit bei RT: 170 $W/(m*K)$) und Kupfer (Wärmeleitfähigkeit bei RT: 400 $W/(m*K)$) mit gleicher Wandstärke ergibt sich damit eine Wärmeleitfähigkeit normal zur Schichtung zu 239 $W/(m*K)$ und parallel zur Schichtung zu 285 $W/(m*K)$.

Ausgehend vom *Fourier*'schen Erfahrungssatz (siehe Formel 2.13) kann man auch für einen ein- oder mehrschichtigen Zylinder eine analytische Lösung herleiten. Hier sei auf die Literatur verwiesen [111].

2.5. Ziele der Arbeit

Vor dem Hintergrund der Suche eines Wolframstrukturwerkstoffs für eine thermisch hochbelastete Komponente eines zukünftigen Fusionsreaktors, eines Divertors, entstand die Idee eines Wolframlaminats, welches eine niedrigere Spröd-duktil-Übergangstemperatur als alle bisher bekannten Wolframwerkstoffe haben könnte. Grund für diese Annahme ist die Tatsache, dass dünne Wolframfolien selbst bei Raumtemperatur duktil sind und sich plastisch verformen lassen. Ziel dieser Arbeit ist es daher zu untersuchen, inwiefern sich die duktilen Eigenschaften einer Wolframfolie durch Übereinanderschichten und geeignetes Verbinden der einzelnen Folienlagen auf ein Massivbauteil übertragen lassen.

Hierbei steht zunächst die Frage, warum Wolframfolie duktil ist bzw. was die Quellen und Mechanismen der plastischen Verformung von Wolframfolie in verschiedenen Zuständen sein könnten, im Mittelpunkt. Um sich dieser Frage zu nähern, als Grundlage also für eine Diskussion, werden in dieser Arbeit die Mikrostruktur von Wolframfolie mit Hilfe der Elektronenmikroskopie analysiert sowie die mechanischen Eigenschaften der Folie durch Zug- und Biegeversuche charakterisiert.

Ein weiteres Ziel dieser Arbeit ist schließlich die Synthese von Wolframlaminaten sowie deren mikrostrukturelle Analyse. Es ist einleuchtend, dass die Kombination aus Zwischenschicht und Verbindungstechnik entscheidenden Einfluss sowohl auf die Mikrostruktur der Wolframfolie als auch auf die Grenzfläche Wolframfolie-Zwischenschicht und damit auf die mechanischen Eigenschaften des Laminats haben wird.

Schließlich sollen Kerbschlagbiegeproben aus Wolframlaminaten hergestellt und getestet werden. In dieser Arbeit ist der Kerbschlagbiegeversuch der wichtigste Versuch. Die Ergebnisse der Kerbschlagbiegeversuche sollen es ermöglichen, Laminatproben mit Proben aus Vollmaterial zu vergleichen und zu bewerten.

3. Arbeitsmethoden

In diesem Kapitel werden die in dieser Arbeit verwendeten Arbeitsmethoden beschrieben. Es wird gezeigt, wie Wolframfolie (Dicke: 100 μm) geeignet zugeschnitten wird, wie die Delamination während der metallographischen Präparation verhindert wird und wie die Folie für die Elektronenmikroskopie präpariert wird. Die mechanische Charakterisierung der Wolframfolie erfolgt durch Zug- und Drei-Punkt-Biegeversuche. Zur Charakterisierung der Wolframlaminate dient der Kerbschlagbiegeversuch. Die Versuchsaufbauten sowie die Versuchsdurchführung werden detailliert beschrieben.

In dieser Arbeit wird hauptsächlich mit 100 μm Wolframfolie gearbeitet. Wenn von Wolframfolie die Rede ist, ist immer Wolframfolie mit einer Dicke von 100 μm gemeint. Abweichungen werden explizit erwähnt.

3.1. Zuschneiden der Wolframfolie

In dieser Arbeit wird Wolframfolie entweder mit der Schlagschere geschnitten oder erodiert. Ziel ist es, eine Schnittkante zu realisieren, die die Wolframfolie so wenig wie möglich schädigt. Die pragmatischste Lösung ist das Schneiden der Folie mit einer Schlagschere. Bei einer gut eingestellten Schere ergeben sich scharfe Schnittkanten, andernfalls ergibt sich ein charakteristisch gezacktes Schnittkantenmuster (siehe Abbildung 3.1). In dieser Arbeit wurden einfache Geometrien mit einer Schlagschere der Firma Adolf Pfeiffer GmbH, Karlsruhe (Baujahr 1966) geschnitten. Es hat sich als vorteilhaft erwiesen, dass der Niederhalter während des Zuschlagens nicht direkt auf die Folie drückt, sondern die Kraft über ein Metallblech

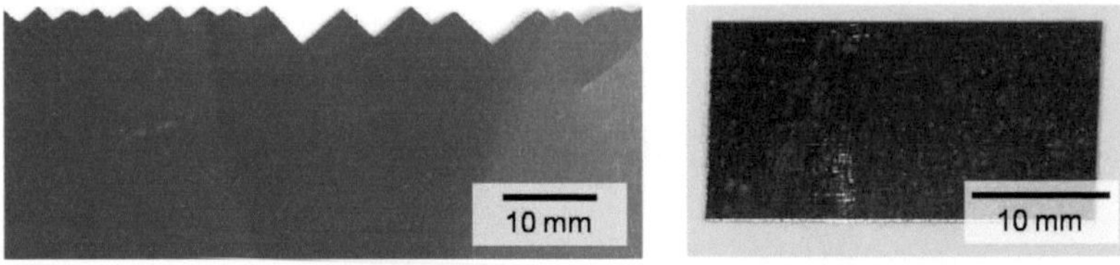

Bild 3.1.: Wolframfolie mit einer Dicke von 100 μm kann mit einer handelsüblichen Schere oder einer Schlagschere geschnitten werden. Für die Qualität der Schnittkante ist dabei die Schärfe der Schere ausschlaggebend. Links: Schneidet man Wolframfolie mit einer schlechten, weil stumpfen Schere, so entsteht eine charakteristisch gezackte Schnittkante. Rechts: Mit einer gut eingestellten Schlagschere lassen sich scharfe Schnittkanten realisieren.

auf die Folie überträgt. Komplexe Konturen wie die einer Zugprobe sowie Folie- bzw. Plattenmaterial ab einer Dicke von $0,3$ *mm* wurden in dieser Arbeit erodiert. Die dazu eingesetzte Erodiermaschine stammt vom Hersteller Agie-Charmilles (Baujahr 1989). Beim Erodieren wurde ein Draht aus Messing mit der Dicke von $0,25$ *mm* der Firma Bergenhoff verwendet. Es ist bekannt, dass die Drahterosion Mikrorisse im Wolfram hinterlässt. Die Tiefe der Mikrorisse hängt von den verwendeten Schnittparametern ab. In der Regel sind die Risse zwischen $100-200$ μm tief.

3.2. Metallographische Präparation

Für die Lichtmikroskopie bzw. für die Mikrohärtemessung muss die Wolframfolie präpariert werden. Dazu wird die Probe im Allgemeinen eingebettet und poliert. Bei einer Wolframfolie (100 μm) ergeben sich dabei jedoch Probleme: (i) Aufgrund des Härteunterschieds zwischen Einbettmittel und Wolframfolie wird der Randbereich der Folie stärker abgetragen. Es entsteht eine gewölbte Topologie. Unter dem Mikroskop lässt sich daher nur der Randbereich oder nur die Mitte der Probe scharfstellen. (ii) Während des Schleifens und Polierens wird die Wolframfolie beschädigt. Sie delaminiert und ist voller Delaminationsrisse.

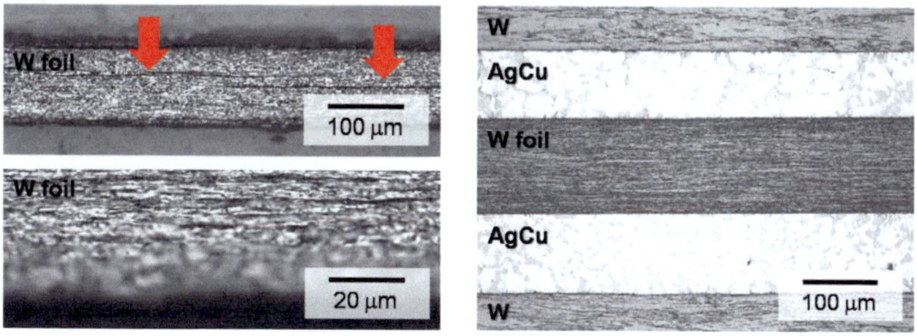

Bild 3.2.: Die Probenpräparation der Woframfolie ist anspruchsvoll, da die Folie zu Delamination neigt (links oben) und sich durch das Schleifen eine gewölbte Oberfläche einstellt, die das Scharfstellen der Probe unter dem Lichtmikroskop unmöglich macht (links unten). Die Lösung für diese Probleme zeigt das Bild rechts: Keine Delamination und ebene Oberfläche durch zu beiden Seiten der Folie angelötete Wolframklötze.

In dieser Arbeit wurde daher als erster Präparationsschritt zu beiden Seiten der Wolframfolie jeweils ein 4 *mm* breiter Wolframklotz gelötet (siehe Abbildung 3.2). Poliert man nun das Gebilde aus Wolframklotz-Lot-Folie-Lot-Wolframklotz, so delaminiert die Wolframfolie nicht mehr und das Schliffbild ist eben und kann gut im Lichtmikroskop scharfgestellt werden.

Damit dieses Verfahren erfolgreich ist, müssen an das Lot bestimmte Anforderungen gestellt werden. Das Lot darf nicht in die Wolframfolie diffundieren, es darf sich weder ein Mischkristall noch eine intermetallische Phase bilden und die Löttemperatur muss so niedrig sein, dass eine Änderung der Mikrostruktur der Wolframfolie durch den Lötprozess ausgeschlossen werden kann. Diese Anforderungen erfüllt das in dieser Arbeit verwendete eutektische Silber-Kupfer-Lot (72 wt.% Ag 28 wt.% Cu, Schmelzpunkt $780^\circ C$, Eutektikum).

Die Wolframfolie, die beiden Lötfolien sowie die beiden Wolframklötze wurden vor der Lötung im Ultraschallbad mit Isopropanol gereinigt und anschließend getrocknet und assembliert. Die Lötung fand schließlich in einem Quarzrohr statt, in dem ein Vakuum von min. 10^{-4} *mbar* herrschte. Bei Erreichen eines Vakuums von min. 10^{-4} *mbar* wurde ein sich auf Schienen befindender Rohrofen über das Quarzrohr gezogen. Der Rohrofen war auf $800°C$ vorgeheizt. Die Aufheizrate der zu lötenden Materialien betrug ca. 50 K/min. Nach Erreichen der Schmelztemperatur des Lots wurde der Ofen weggezogen und die Probe kühlte ab. Nach Abkühlen der Probe, also bei ca. $150°C$, wurde das Quarzrohr belüftet und die Probe entnommen. Im Anschluss daran erfolgten die Präparationsschritte wie in Tabelle 3.1 beschrieben.

Die Körner wurden durch Trockenätzung mit einer Lösung aus 10 *g* KOH (Kaliumhydroxid) mit 100 *ml* destilliertem Wasser und 10 *g* K_3[Fe $(CN)_6$] (Kaliumferricyanid) mit 100 *ml* destilliertem Wasser sichtbar gemacht. Die Ätzdauer beträgt 60 *s*.

Tabelle 3.1.: Präparation von Wolframfolie.

Arbeitsschritt	Körnung	Andruck	Dauer
Löten von Wolframklötzen zu beiden Seiten der Folie			
Einbetten			
Schleifen per Hand	220, 500, 800, 1000 (= 18 μm)		wenige Sekunden
Schleifen in der Maschine (Einzelandruck)	9 μm	15 N	5 min
	6 μm	15 N	5 min
	3 μm	15 N	10 min
	OPS	5 N	15 min
Ätzen			60 s

Veränderungen in der Mikrostruktur können über die Messung der Härte angezeigt werden. In dieser Arbeit wird die *Vickers*härte gemessen (siehe DIN EN 6507). $HV0,1$ bedeutet in diesem Zusammenhang die *Vickers*härte gemessen mit einer Eindruckkraft von 100 p.

3.3. Elektronenmikroskopie

In dieser Arbeit wurden folgende Elektronenmikroskope verwendet: Ein Philips XL30 ESEM Rasterelektronenmikroskop (REM) mit einem EDX-Detektor (engl.: energy dispersive X-ray analyses, EDX) von der Firma EDAX sowie einem BSE-Detektor (engl.: back scatter electron, BSE) von der Firma FEI.

Des Weiteren entstanden Bilder (Channelling-Effekt) aus dieser Arbeit in einem Zweistrahl FIB/REM (engl.: focused ion beam, FIB) das mit einem EBSD-System (engl.: elektron back scatter defraction, EBSD) der Firma HKL ausgestattet ist (Frau *Daniela Exner*, KIT).

Während eines Forschungsaufenthalts an der Universität Oxford, Department of Materials, UK, unter der Leitung von *Prof. Steve Roberts* entstanden unter anderem die in dieser Arbeit präsentierten EBDS-Aufnahmen (Herr *David Armstrong*) sowie die TEM-Bilder (Transelektronenmikroskop) (Frau *Yi Xiaoou*). Die EBSD-Aufnahmen entstanden an einem REM (JOEL 6300, 20 kV Beschleunigungsspannung, Wolframfilament), das mit einem EBSD-Detektor der Firma Oxford Instruments ausgestattet ist. Die zur Auswertung verwendete Software ist OIM von EDAX. Aufnahmen der Mikrostruktur von Wolframfolie mit Hilfe des Channelling-Effekts entstanden an einem Zeiss Auriga, einem Zweistrahl FIB/REM. Die TEM-Bilder, hier speziell Hellfeldaufnahmen, wurden in einem Philips CM200 (200 kV Beschleunigungsspannung, Wolframfilament) aufgenommen.

Für Details zur Elektronen- und Ionenmikroskopie sowie zu den verschiedenen Detektoren sei auf die Literatur verwiesen [113, 114].

Die Präparation von Lötproben zur Analyse deren Mikrostruktur bestand aus Einbetten, Polieren und anschließendem Ätzen (siehe 3.1). Die in dieser Arbeit vorgestellten Abbildungen entstanden schließlich in einem REM unter Verwendung eines BSE-Detektors.

Die Proben für die Materialanalyse mit Hilfe von EBSD wurden eingebettet und wie in Tabelle 3.1 beschrieben poliert. Die Oberflächen wurden nicht geätzt.

TEM-Proben wurden durch chemisches Polieren ausgedünnt. Dazu diente eine Lösung aus 8 g NaOH (Natriumhydroxid) und 200 ml destilliertem Wasser.

3.4. Mechanische Charakterisierung

Durch Zug- und Drei-Punkt-Biegeversuche werden in dieser Arbeit die mechanischen Eigenschaften von Wolfram- und Molybdänfolie sowie von Wolframplattenmaterial bei verschiedenen Temperaturen und nach verschiedenen Glühungen charakterisiert. Der in dieser Arbeit wichtigste Versuch ist der Kerbschlagbiegeversuch. Die Ergebnisse der Kerbschlagbiegeversuche sollen es ermöglichen, Laminatproben mit Proben aus Vollmaterial zu vergleichen und zu bewerten.

3.4.1. Zugversuche

Alle Zugversuche wurden in elektromechanischen Universalprüfmaschinen durchgeführt (Zwick 100 bzw. Zwick 030). Diese Prüfmaschinen sind mit einem Ofen (MAYTEC) sowie einer Vakuumkammer ausgeführt. In der Prüfkammer sind Temperaturen bis zu $1400°C$ (Zwick 100) bzw. $1100°C$ (Zwick 30) bei einem Vakuum im Bereich von 10^{-6} $mbar$ realisierbar. Die Zugproben wurden durch Drahterosion geschnitten (EDM). Eine technische Zeichnung der Probengeometrie inklusive zulässiger Toleranzen befindet sich im Anhang. Alle Tests wurden wegkontrolliert mit einer Dehnrate von $0,1\ mm/min$ gefahren. Mit einem Extensometer wurde die Verschiebung gemessen.

Es war Anspruch dieser Arbeit, die Messtaster des Extensometers direkt an der Probe anzusetzen. Dazu musste eine vorhandene Probengeometrie geändert und der Schaft der Zugprobe verlängert werden (siehe Anhang). In dem Fall, in dem die Messtaster direkt an der Folienzugprobe aufsitzen, ist die Messlänge 7 *mm* (siehe Abbildung 3.3).

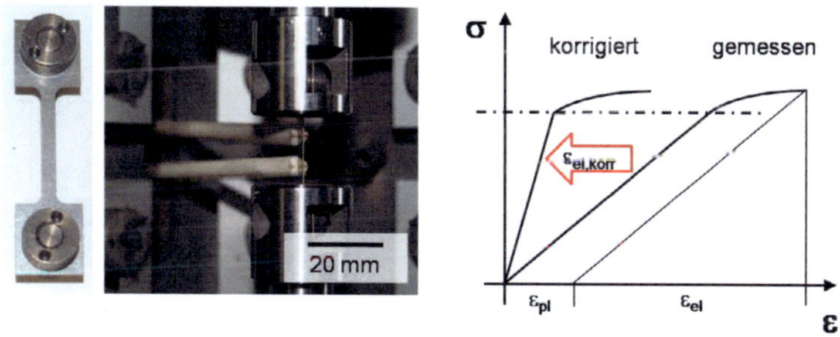

Bild 3.3.: Links: Zugprobe mit verlängertem Schaft. In dieser Konfiguration können die Messtaster direkt auf der Wolframfolie aufgesetzt werden (Mitte). Bei sehr sensiblen Proben empfiehlt es sich, die Messtaster nicht auf der Probe aufzusetzen. In diesem Fall wurden in dieser Arbeit die Messtaster an den Stahlprobenhalter angesetzt und die resultierende Spannungs-Dehnungskurve nach Formel 3.5 korrigiert.

Es gibt jedoch auch Fälle, in welchen es sinnvoll ist, die Messtaster nicht auf der Probe aufzusetzen. Dies ist zum Beispiel bei rekristallisierter Wolframfolie der Fall (Glühung 1 h / 2000°C). Diese ist bei RT extrem spröde, zerbricht leicht und fordert einen sorgfältigen Probeneinbau. Ziel war es, auch diese sensiblen Proben testen zu können. Um diese Proben nicht schon vor dem Test zu zerstören, wurden die Messtaster des Extensometers auf dem Stahlprobenhalter aufgesetzt. Die Verschiebung, die man jetzt misst, beinhaltet die Verschiebung der Wolframfolie aber auch die Verschiebung des Stahlprobenhalters. Zudem ist die genaue Angabe der Messlänge nicht mehr möglich. Je nach Angabe der Messlänge können die berechneten Dehnungen zu groß oder zu klein sein, was sich wiederum auf die Berechnung des E-Moduls auswirkt. (Anmerkung: Gemessen wird die Verschiebung mit Hilfe des Extensometers. Durch die Angabe der Messlänge kann die Dehnung berechnet werden. Gemessen wird auch die Kraft in der Kraftmessdose. Durch Angabe der Querschnittsfläche kann die Spannung berechnet werden. Der E-Modul ergibt sich aus der Steigung zwischen zwei Spannungs-Dehnungs-Punkten). Dieser muss daraufhin mit einem Wert aus der Literatur verglichen und mit einem Korrekturfaktor, X, erweitert werden zu

$$E_{Literatur} = E_{gemessen} * X. \tag{3.1}$$

Dieses Vorgehen ist angemessen, da der E-Modul von Wolfram annähernd isotrop ist. Mit dem neu bestimmten E-Modul lässt sich jetzt auch die elastische Dehnung korrigieren nach

$$\varepsilon_{el,korr} = \frac{\sigma_{gemessen}}{E_{gemessen} * X}. \tag{3.2}$$

Es gilt die Annahme, dass die plastische Dehnung nur bei der Wolframfolie auftritt und sich der Stahlprobenhalter nicht plastisch verformt. Diese Annahme ist aufgrund der geometrischen Verhältnisse angebracht. Für die plastische Dehnung gilt

$$\varepsilon_{pl} = \varepsilon_{ges,gemessen} - \frac{\sigma_{gemessen}}{E_{gemessen}}. \tag{3.3}$$

Für die korrigierte Gesamtdehnung der Wolframfolie gilt dann

$$\varepsilon_{ges,korr} = \varepsilon_{el,korr} + \varepsilon_{pl}. \tag{3.4}$$

Setzt man jetzt Gleichung 3.2 und Gleichung 3.3 in Gleichung 3.4, so erhält man die finale Gleichung für die bereinigte Spannungs-Dehnungskurve nach

$$\varepsilon_{ges,korr} = \frac{\sigma_{gemessen}}{E_{gemessen} * X} + \varepsilon_{ges,gemessen} - \frac{\sigma_{gemessen}}{E_{gemessen}}. \quad (3.5)$$

Die Normierung auf den theoretischen E-Modul wurde in dieser Arbeit auf alle Spannungs-Dehnungs-Kurven angewendet, bei welchen die Messtaster auf den Stahlprobenhalter aufgesetzt wurden (siehe Abbildung 3.3).

3.4.2. Drei-Punkt-Biegeversuche

Drei-Punkt-Biegeversuche wurden in den oben beschriebenen elektromechanischen Universalprüfmaschinen durchgeführt (Zwick 100 bzw. Zwick 030). Die Drei-Punkt-Biegeproben wurden mit der Schlagschere geschnitten (Wolfram- und Molybdänfolie, 100 μm) oder erodiert (Wolframblech, 0,3 mm, 1 mm). Die Probengeometrie war 10 mm x 20 mm. Alle Tests wurden wegkontrolliert mit einer Dehnrate von 5 mm/min gefahren. Bei den Versuchen wurde die Kraft sowie die Transversalverschiebung gemessen und aufgetragen. Die Geometrie des Auflagers sowie die Finne der Drei-Punkt-Biegeversuchsanlage orientierte sich an der Geometrie der Vorrichtung für einen Kerbschlagbiegeversuch, also gemäß der europäischen Norm DIN EN ISO 148-1 und 14556:2006-10. Lediglich der Auflagerabstand wurde geändert und beträgt hier 10 mm. Abbildung 3.4 zeigt den Drei-Punkt-Biegeversuchshalter mit eingebauter Probe vor dem Versuch.

Mit den Drei-Punkt-Biegeversuchen wurden zwei Ziele verfolgt: (i) Zum einen wollte man wissen, wo die Spröd-duktil-Übergangstemperatur von Wolfram- und Molybdänfolie in Abhängigkeit der vorangegangenen Wärmebehandlung ist und (ii) zum anderen sollte ein gemessener Kraft-Weg-Verlauf die Schadenstoleranz eines Wolframlaminats demonstrieren.

3.4.3. Kerbschlagbiegeversuche

Die Dehnratenabhängigkeit von Wolfram wurde bereits diskutiert. Daher stellt der Kerbschlagbiegeversuch eine konservative Art der Bestim-

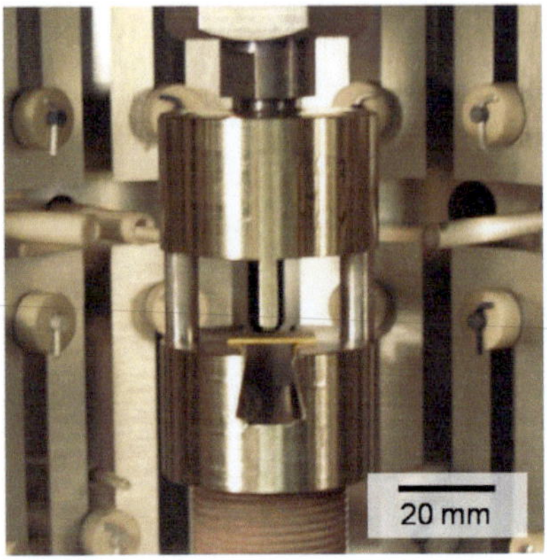

Bild 3.4.: Primäres Ziel der Drei-Punkt-Biegeversuche war die Bestimmung der Spröd-duktil-Übergangstemperatur von Wolfram- und Molybdänfolie nach verschiedenen Glühungen. Die Geometrie orientiert sich an der Norm für Kerbschlagbiegeversuche (DIN EN ISO 148-1). Der Auflagerabstand wurde verkleinert.

mung des Spröd-duktil-Übergangs dar. In dieser Arbeit wurde eine bereits vorhandene Hochtemperatur-Kerbschlagbiegeanlage benutzt. Diese erlaubt das Testen von Materialproben bis $1100°C$ in einem Vakuum im Bereich von 10^{-3} *mbar* [48, 56]. Die Kerbschlagbiegeversuche wurden nach der europäischen Norm DIN EN ISO 148-1 und 14556:2006-10 ausgeführt. Nach dieser Norm haben die Kerbschlagbiegeproben folgende Dimensionen: 3 *mm x* 4 *mm x* 27 *mm*, 22 *mm* Auflagerabstand, 1 *mm* Kerbtiefe, $0,1$ *mm* Kerbradius (KLST-Probengeometrie). Alle Proben wurden durch Drahterosion geschnitten. Eine technische Zeichnung der Probengeometrie inklusive zulässiger Toleranzen befindet sich im Anhang.

Die verwendete Hochtemperatur-Kerbschlagbiegeanlage ist nicht in Form eines Pendelschlagwerks ausgeführt, sondern in Form eines Fallwerks. Das Fallwerk sowie ein Ofen befindet sich in einer Vakuumkammer. Die einzelnen Schritte der Versuchsdurchführung sehen wie folgt aus: In einem ersten Schritt wird die Probe auf den Probenhalter gelegt, der sich in einem widerstandsbeheizten Ofen befindet. Der Probenhalter ist mit einem Thermoelement ausgestattet, welches den Ofen regelt. Der Ofen wird mit einem Deckel geschlossen. Im Deckel befindet sich ein Loch, durch das die Finne in den Ofen fallen kann. In einem nächsten Schritt wird die Vakuumkammer geschlossen und ein Vakuum von min. 10^{-4} *mbar* erzeugt. Schließlich wird der Ofen eingeschaltet und sowohl der Probenhalter als auch die Probe gleichzeitig erwärmt. Bei Erreichen der Prüftemperatur wird das Fallwerk ausgelöst und die mit einem Dehnmessstreifen bestückte Finne fällt in den Ofen. Dort zerschlägt sie die Probe und wird durch Federn wieder aus dem Ofen herausgeschleudert und außerhalb arretiert. Auf diese Weise wird der temperatursensible Dehnmessstreifen vor Überhitzung geschützt. Die elektrischen Signale des Dehnmessstreifens können nun mit Hilfe einer Software ausgewertet und die dissipierte Energie bestimmt werden. Weitere Details finden sich in der Literatur [48, 56].

Die Orientierung der Kerbschlagbiegeproben wird durch zwei Buchstaben angegeben wie zum Beispiel L-S. Es gilt folgende Definition der Nomenklatur (hier speziell für Plattenmaterial): L = longitudinal, T = transverse, S = short transverse. Der erste Buchstabe beschreibt die Richtung, die senkrecht auf der erwarteten Bruchebene steht, der zweite Buchstabe beschreibt die erwartete Rissausbreitungsrichtung (siehe Abbildung 3.5).

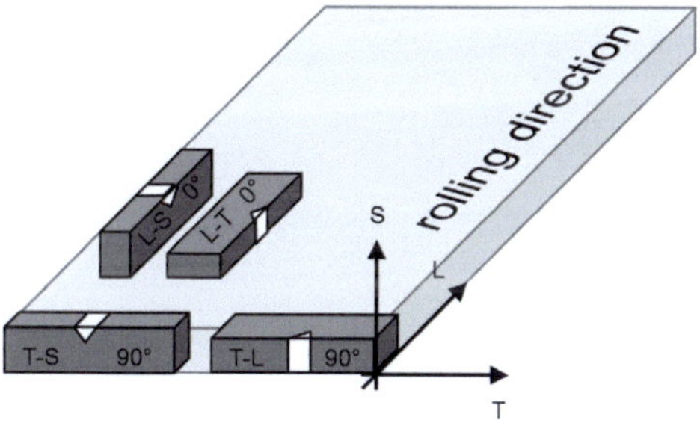

Bild 3.5.: Nomenklatur von Kerbschlagbiegeproben aus Plattenmaterial. Die Walzrichtung ist mit dem Buchstaben „L“ gekennzeichnet.

Glühungen sowie die Materialsynthese ab 1400°C wurden von Mitarbeitern der PLANSEE Metall GmbH, Reutte, beziehungsweise während eines Forschungsaufenthalts bei der PLANSEE Metall GmbH durchgeführt.

Mit den genannten Arbeitsmethoden werden im folgenden Kapitel die Analyse und Charakterisierung von Wolframfolie sowie von Wolframlaminaten durchgeführt.

4. Analyse von Wolframfolie sowie Synthese und Charakterisierung von Wolframlaminaten

Dieses Kapitel gliedert sich in fünf Teile. In einem ersten Teil wird die Wolframfolie mit allen zur Verfügung stehenden Analyse- und Charakterisierungsmethoden untersucht. Ziel ist es, die Wolframfolie als Ausgangshalbzeug für das Wolframlaminat komplett zu verstehen. Im zweiten Teil wird die Laminatsynthese beschrieben. Es wird sich zeigen, dass sowohl die Wahl der Zwischenschicht als auch die Wahl der Verbindungstechnik entscheidenden Einfluss auf die Materialeigenschaften des Laminats haben. Schließlich wird im dritten Teil die Kernfrage dieser Promotion beantwortet: Gelingt es, die duktilen Eigenschaften einer Wolframfolie auf ein Massivbauteil zu übertragen?

Das Kapitel schließt mit einer Beschreibung der Synthese und Charakterisierung von Rohren aus einem Wolframlaminat sowie der Beschreibung der Hochtemperaturumformmöglichkeiten von Wolframlaminaten.

4.1. Analyse von Wolframfolie

Es wurde bereits in Abbildung 2.8 gezeigt, dass Wolframfolie im Lieferzustand bei einem Biegeversuch bei RT duktil ist. Es wird sich später auch noch zeigen, dass rekristallisierte Wolframfolie (geglüht 1 h / 2000°C) schon bei moderaten Temperaturen duktiles Materialverhalten zeigt. Die Fragen die sich daraus ergeben sind: (i) Welche Mechanismen sind für die Duktilität der Wolframfolie im Lieferzustand verantwortlich? und (ii) Welche Mechanismen kontrollieren die Duktilität von rekristallisierter Wolframfolie (geglüht 1 h / 2000°C)?

Um sich diesen Fragen zu nähern, wird in diesem Abschnitt die Wolframfolie mit Hilfe der Elektronenmikroskopie, Drei-Punkt-Biegeversuchen und Zugversuchen analysiert. Spannend ist auch der Vergleich von Wolframfolie mit Molybdänfolie im letzten Abschnitt dieses Kapitels (4.1.4).

Das in dieser Arbeit verwendete Material ist gewalztes, $99,97$ % reines Wolfram mit einer Dicke von $0,025$ mm, $0,1$ mm, $0,2$ mm, $0,3$ mm, $0,5$ mm, 1 mm, 4 mm und gewalzte, $99,97$ % reine Molybdänfolie mit einer Dicke von $0,1$ mm. Hauptsächlich wird in dieser Arbeit jedoch mit 100 μm Wolframfolie gearbeitet. Dieses kommerziell erhältliche Material wurde von der PLANSEE Metall GmbH, Reutte, pulvermetallurgisch hergestellt. Nach dem Sintern wurde das Material warm und kalt umgeformt. Damit ergibt sich je nach Dicke der Platte/Folie ein entsprechender Umformgrad sowie eine Mikrostruktur aus langgezogenen Körnern.

4.1.1. Mikrostrukturanalyse

Die Mikrostrukturanalyse beinhaltet die Metallographie, die Elektronenmikroskopie mit REM, FIB/REM, TEM sowie die Messung der *Vickers*härte. Soweit nicht anders erwähnt, werden alle Untersuchungen an Wolframfolie mit einer Dicke von 100 μm durchgeführt. Abbildung 4.1 gibt einen Eindruck der Topologie der Wolframfolie, 100 μm, im Lieferzustand.

In einem ersten Schritt wurde im Lichtmikroskop Wolframfolie, 100 μm, im Lieferzustand sowie nach verschiedenen Glühung untersucht. Im Lieferzustand hat die Wolframfolie langgezogenen Körner und ca. 200 Körner über die Dicke der Folie. Nach einer Glühung von 1 h / 2700°C sind die Körner stark angewachsen und haben nun eine Größe, die sich über die gesamte Dicke der Folie erstreckt (siehe Abbildung 4.2). In diesem Zustand hat die Wolframfolie eine ähnliche Mikrostruktur wie die Alumini-

Bild 4.1.: Topologie von 100 μm Wolframfolie im Lieferzustand. Die Walzrichtung ist von unten nach oben. Die Höhendifferenz in Walzrichtung (0°) als auch quer zur Walzrichtung(90°) beträgt $\pm 2,5\ \mu m$. Daher wird für die Laminatsynthese eine Lotdicke von mindestens 10 μm empfohlen.

umfolie aus Abbildung 2.9. Eine Gegenüberstellung von Lichtmikroskopaufnahmen von 25 μm, 100 μm, und 200 μm Wolframfolie findet sich im Anhang und gibt Aufschluss über die Rekristallisationstemperatur (siehe Abbildung A.1). Einen weiteren Eindruck der Mikrostruktur der Wolfram-

Bild 4.2.: Lichtmikroskopische Abbildung des Querschnitts einer 100 μm Wolframfolie. Die Walzrichtung ist von links nach rechts. Oben: im Lieferzustand. Unten: nach einer Glühung von 1 h / 2700°C.

folie, 100 μm, im Lieferzustand bietet Abbildung 4.3. Auch hier sieht man die extrem langgestreckten Körner mit einem gigantischen Aspektverhältnis.

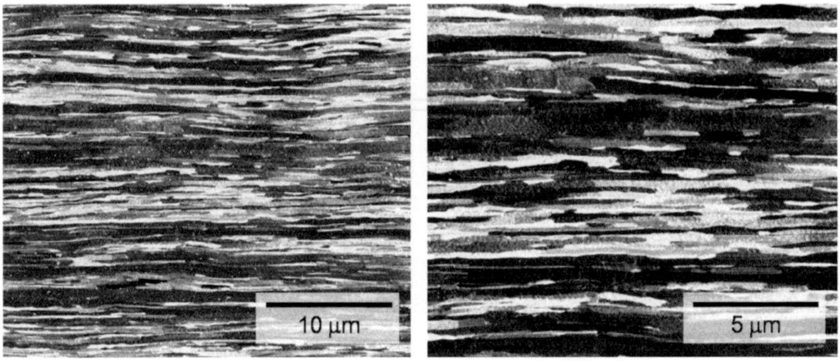

Bild 4.3.: Querschnitt einer chemisch polierten Wolframfolie, 100 μm, im Lieferzustand unter einem FIB/REM. Die Walzrichtung ist von links nach rechts. Der Channelling-Effekt macht die Mikrostruktur sichtbar.

Um einen dreidimensionalen Eindruck der Kornform der Wolframfolie, 100 μm, im Lieferzustand zu bekommen, wurden mit einem FIB/REM zwei Schnitte gelegt. Der erste Schnitt in Walzrichtung (0°), der zweite Schnitt quer zur Walzrichtung (90°). In Walzrichtung ergibt sich ein Korngröße von $0,5\ \mu m\ x\ 15\ \mu m$ und quer zur Walzrichtung eine Korngröße von $0,5\ \mu m\ x\ 3\ \mu m$ (siehe Abbildung 4.4). Damit ergibt sich eine Korngröße von $0,5\ \mu m\ x\ 3\ \mu m\ x\ 15\ \mu m$ und man ist zumindest in einer Dimension, in Foliendickenrichtung, nanoskalig und eine Diskussion über nanokristalline Ursachen für die Duktilität der Wolframfolie, 100 μm, im Lieferzustand ist berechtigt [89].

Nachdem Größe und Form der Körner der Wolframfolie, 100 μm, im Lieferzustand bekannt sind, stellt sich die Frage nach der Kristallorientierung bzw. der Textur der Wolframfolie. Mit Hilfe von EBSD-Untersuchungen soll diese bestimmt werden. Die EBSD-Analyse verfolgt aber noch ein weiteres Ziel, nämlich die Bestimmung der Rekristallisationstempera-

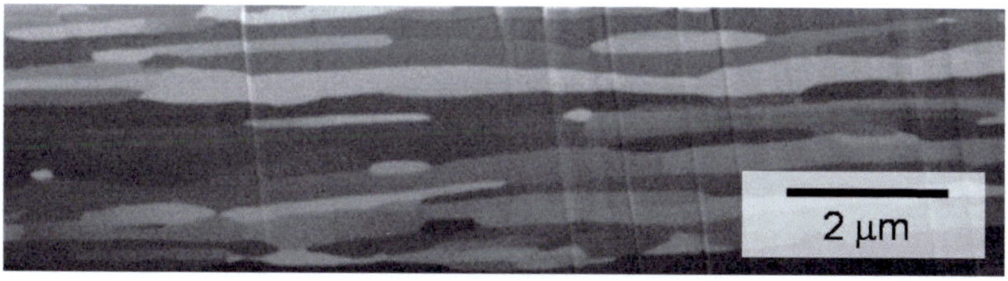

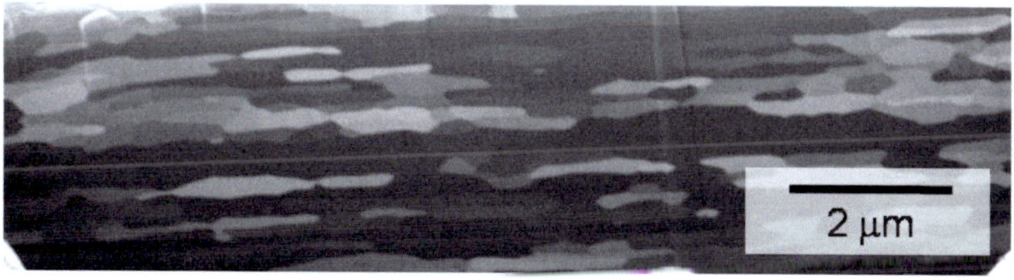

Bild 4.4.: Zwei Querschnitte der Wolframfolie, 100 μm, im Lieferzustand (Channelling-Effekt). Oben: Schnitt in Walzrichtung (0°). Unten: Schnitt quer zur Walzrichtung (90°). Aus diesen Schnitten lässt sich eine Kornform und Korngröße von $0,5\ \mu m\ x\ 3\ \mu m\ x\ 15\ \mu m$ ableiten.

tur. Rekristallisation bedeutet, wie der Name sagt, die Neubildung eines Korns. Da dieses neue Korn keine Walz- und Umformhistorie besitzt, ist die Kristallorientierung völlig individuell und müsste demnach in der EBSD-Analyse als individuell eingefärbtes Korn zu sehen sein. Wolframfolie wurde nach verschiedenen Glühungen untersucht: 1 h / 800°C, 1 h / 1000°C, 1 h / 1300°C, 1 h / 2000°C. Für die Ergebnisse gilt folgende Konvention: rot ist die $\langle 100 \rangle$, grün ist die $\langle 110 \rangle$ und blau ist die $\langle 111 \rangle$-Richtung. In Abbildung 4.5 ist die x-y-Ebene die Oberfläche der Wolframfolie und die x-Richtung stellt die Walzrichtung dar. Die z-Richtung ist aus der Bildebene heraus gerichtet.

Abbildung 4.5 oben zeigt, dass Wolframfolie, 100 μm, 1 h / 800°C, eine ausgeprägte Textur in $\{100\}\langle 011 \rangle$ aufweist. Andere Autoren kommen bei der Analyse von Wolframstabmaterial zu ähnlichen Ergebnissen [42]. Man kann davon ausgehen, dass die Kristallorientierung von Wolframfolie, 100 μm, im Lieferzustand gleich ist der nach einer Glühung von 1 h / 800°C. Die Wolframfolie besitzt damit die gleiche Textur wie Molybdänfolie [49], was zu erwarten war. Wie bei allen kubisch raumzentrierten Metallen stellt die $\{100\}$ Ebene die bevorzugte Rissebene dar [28] und bildet damit mit der Walzrichtung einen Winkel von 45°.

Abbbildung 4.5 Mitte zeigt den Einfluss von verschiedenen Glühungen (1 h / 800°C, 1 h / 1000°C, 1 h / 1300°C, 1 h / 2000°C) auf die Kristallorientierung der Wolframfolie. Wie erwartet, wachsen die Körner mit zunehmender Glühtemperatur an und erreichen nach einer Wärmebehandlung von 1 h / 2000°C eine Größe von ca. 30 μm x 30 μm in der Bildebene. Es überrascht allerdings, dass sich durch die Wärmebehandlungen die Textur nicht ändert und keine Rekristallisation stattfindet. Die Textur wird mit zunehmender Glühtemperatur sogar noch ausgeprägter. Die Körner wachsen, aber es findet keine Rekristallisation statt. Durch das Glühen von Folie lässt sich also ein Quasi-Einkristall herstellen (siehe auch *Pintch*-Verfahren bei Wolframdrähten [115]).

Durch das Kaltumformen stellt sich in der Wolframfolie eine Textur in $\{100\}\langle 011\rangle$ ein. Doch wie kommt diese Textur zustande? Ist es ein Abgleiten der Versetzungen im bevorzugten Gleitsystem $\{110\}\langle 111\rangle$ [116] oder drehen sich die Kristalle? Ist die Textur bei einer 100 μm Wolframfolie schon gesättigt oder drehen sich die Kristalle bei weiterem Kaltumformen weiter? Um diese Frage zu beantworten wurde an 0.025 μm Wolframfolie die Textur bestimmt (siehe Abbildung 4.5 unten) und gezeigt, dass 0.025 μm Wolframfolie ebenfalls eine Textur in $\{100\}\langle 011\rangle$ aufweist.

Es lässt sich zusammenfassend sagen, dass sich die Kristalle während des Kaltumformens in die bevorzugte $\{100\}\langle 011\rangle$ Orientierung ausrichten. Sobald die Kristalle diese Orientierung erreicht haben, drehen sie sich nicht mehr. Die $\{100\}\langle 011\rangle$ Textur stellt also den energetisch günstigsten, den Sättigungszustand dar (siehe auch [117, 118, 119]). Durch eine nachfolgende Wärmebehandlung wird die Textur noch ausgeprägter und es lässt sich ein Quasi-Einkristall herstellen.

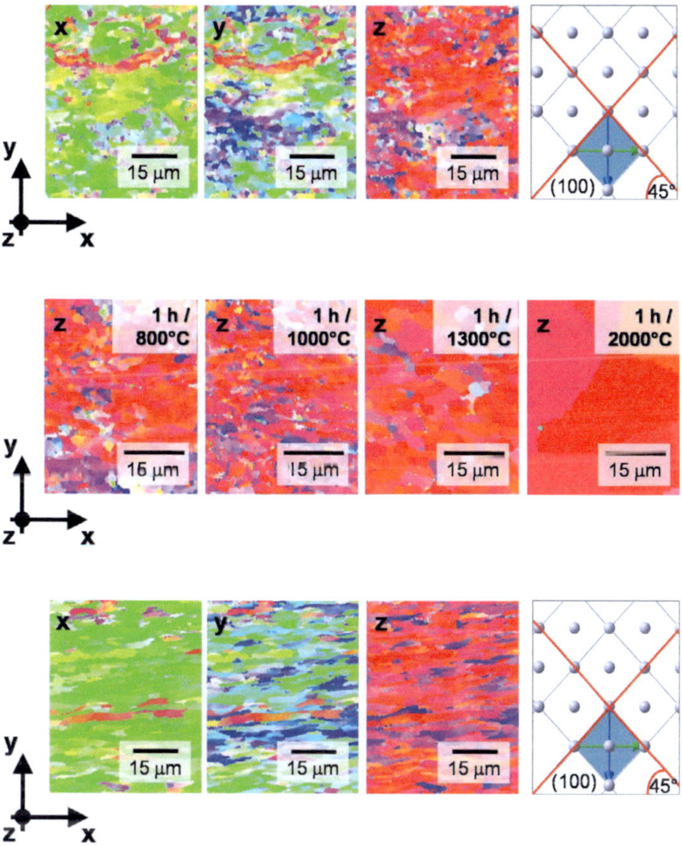

Bild 4.5.: Kristallorientierung von Wolframfolie, 100 μm, 1 h / 800°C (oben). Es zeigt sich eine ausgewiesene Textur in $\{100\}\langle 011\rangle$. Mit zunehmender Glühtemperatur wird die Textur noch ausgeprägter. Es findet keine Rekristallisation statt (Mitte). Die Textur in $\{100\}\langle 011\rangle$ scheint die energetisch günstigste Kristallorientierung zu sein, die sich auch bei weiterer Kaltumformung nicht mehr ändert. Dies macht das EBSD Bild von Wolframfolie, 25 μm, im Lieferzustand deutlich (unten). Zur Definition: Die x-y-Ebene stellt die Oberfläche der Wolframfolie dar und die x-Richtung ist die Walzrichtung. Die z-Richtung ist aus der Bildebene heraus gerichtet. Rot ist die $\langle 100\rangle$ (aus der Ebene heraus), grün ist die $\langle 110\rangle$ und blau ist die $\langle 111\rangle$-Richtung). (*David Armstrong*, Oxford).

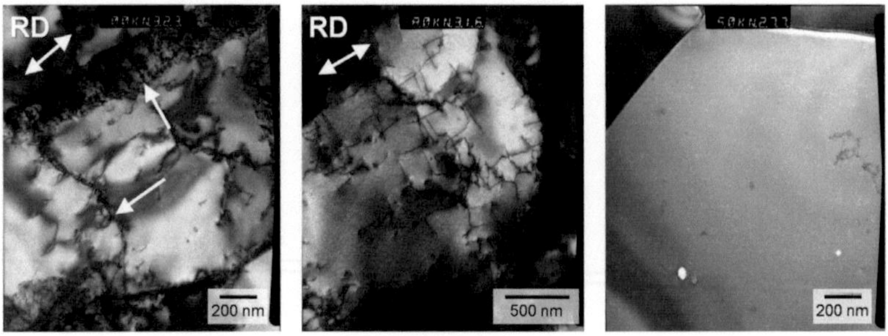

Bild 4.6.: TEM Analyse von 100 μm Wolframfolie im Lieferzustand (links, Mitte) und nach einer Wärmebehandlung (20 h / 1400°C, rechts). Im Lieferzustand sind die Körner im Allgemeinen fast frei von Versetzungen (links). Körner mit einem Versetzungsnetzwerk stellen die Ausnahme dar (Mitte). (*Yi Xiaoou*, Oxford).

Nachdem nun Kornform, Korngröße und Kristallorientierung bekannt sind, wird in einem nächsten Schritt eine TEM Analyse durchgeführt. Ziel ist es, einen Eindruck über die Versetzungsverteilung in den Körnern sowie der Art der Korn- und Subkorngrenzen zu bekommen. Abbildung 4.6 zeigt eine TEM Aufnahme von 100 μm Wolframfolie. Im Lieferzustand (Abbildung 4.6 links und Mitte) hat die Wolframfolie dicke Korngrenzen (200 nm) und Subkörner lassen sich erkennen. Im Allgemeinen sind die Körner fast frei von Versetzungen (Abbildung 4.6 links). Manche Körner weisen jedoch ein Versetzungsnetzwerk auf (Abbildung 4.6 Mitte). Dies stellt jedoch die Ausnahme dar. Der Vergleich von Wolframfolie im Lieferzustand mit Wolframfolie nach einer Glühung von 20 h / 1400°C ist eindrucksvoll (Abbildung 4.6 rechts). Die Korngrenzen sind jetzt sehr scharf definiert und das Innere der Körner ist annähernd versetzungs- und defektfrei.

Die Härtemessung stellt ebenfalls eine Möglichkeit dar, um mikrostrukturelle Änderungen zu messen. Dabei gilt: Je mehr Korngrenzen und Versetzungen in einem Material vorliegen, desto größer die Härte. Durch die Härtemessung lässt sich zum Beispiel die Rekristallisationstemperatur bestimmen. Im Folgenden soll nun die Rekristallisationstemperatur von 25

μm, 100 μm und 200 μm Wolframfolie verglichen werden. Geht man davon aus, dass bei reinem Wolfram mit steigendem Umformgrad die Rekristallisationstemperatur sinkt, so müsste 25 μm Wolframfolie die niedrigste Rekristallisationstemperatur haben.

Abbildung 4.7 zeigt den Verlauf der Härte in Abhängigkeit der Glühtemperatur (jeweils 1 h). Aus dem Schaubild geht hervor, dass alle drei Kurven in ihrer Charakteristik ähnlich sind und annähernd aufeinander liegen. Eine Verschiebung der Rekristallisationstemperatur in Abhängigkeit von der Foliendicke tritt nach den Ergebnissen der Härtemessung nicht auf. Im Lieferzustand haben alle drei getesteten Folien eine *Vickers*härte von 600 $HV0,1$ ($HV0,03$ bei 25 μm Folie). Sind die Folien 1 h bei 1000°C geglüht, so sinkt die *Vickers*härte leicht auf 570 $HV0,1$ ab. Zwischen den Glühtemperaturen von 1000°C und 1400°C sinkt die *Vickers*härte stark ab. Ab einer Glühtemperatur von 1500°C sinkt die *Vickers*härte nicht mehr. Sie erreicht für alle drei Folien einen Sättigungswert von ca. 400 $HV0.1$. Schwankungen in den Härtemesswerten sind insbesondere bei rekristallisierter Folie dadurch begründet, dass einmal auf einer Korngrenze und einmal in einem Korn der Härteeindruck gesetzt wurde.

4.1.2. Drei-Punkt-Biegeversuche

Wolframfolie, 100 μm, ist im Lieferzustand bei einem Biegeversuche bei RT duktil. Aber ist Wolframfolie auch duktil bei einem Biegeversuch in flüssigem Stickstoff, also bei $-196°C$? Und ab welcher Glühtemperatur verliert die Folie ihre duktilen Eigenschaften? Diese Fragen sind hinsichtlich der Prozesstemperatur der Laminatsynthese, aber auch hinsichtlich der späteren Einsatztemperatur des Laminats von Bedeutung. Durch Drei-Punkt-Biegeversuche werden diese Fragestellungen untersucht.

Das verwendete Material ist Wolframfolie, 100 μm, im Lieferzustand und nach verschiedenen Glühungen: 1 h / 800°C, 1 h / 900°C, 1 h / 1000°C,

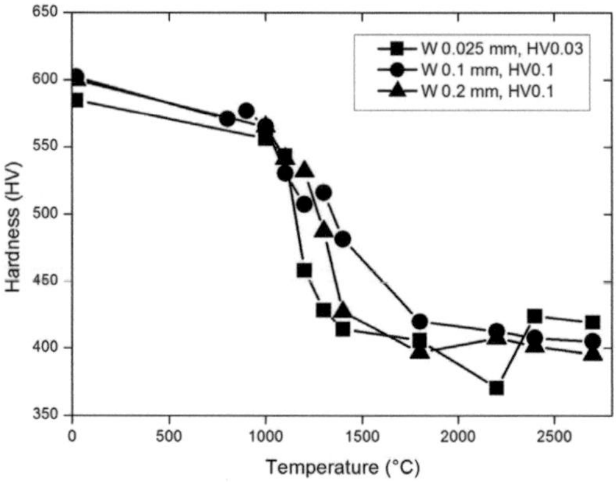

Bild 4.7.: Härteverlauf von Wolframfolie. Prinzipiell gibt es keinen Unterschied in den Härteverläufen zwischen 25 μm, 100 μm und 200 μm Wolframfolie. Die größte mikrostrukturelle Veränderung findet zwischen $1000°C$ und $1400°C$ statt.

1 h / $1100°C$, 1 h / $1200°C$, 1 h / $1300°C$, 1 h / $1400°C$, 1 h / $2000°C$, 1 h / $2700°C$.

Wolframfolie, 100 μm, ist im Lieferzustand bei einem Drei-Punkt-Biegeversuch in flüssigem Stickstoff spröde. Das heißt, dass die Duktilität der Wolframfolie ein thermisch aktivierter Prozess ist. Durch diesen Versuch wurden zwei Grenzen des Spröd-duktil-Übergangs bestimmt. Spröde bei $-196°C$, duktil bei RT.

Glüht man die 100 μm Wolframfolie bei verschiedenen Temperaturen und führt anschließend Drei-Punkt-Biegeversuche bei RT durch, so zeigt Folie, die 1 h bei $900°C$ geglüht wurde, duktile Eigenschaften, Folie, die 1 h bei $1000°C$ geglüht wurde, bricht spröde (siehe Abbildung 4.8). Dieser Versuch provoziert die Frage: Was passiert mit der Mikrostruktur, wenn die Glühtemperatur auf $1000°C$ erhöht wird?

Betrachtet man den Härteverlauf in Abbildung 4.7, so lässt sich im relevanten Temperaturintervall also zwischen $900°C$ und $1000°C$ kein großer Unterschied der gemessenen Härte feststellen. Ähnlich fällt die Auswer-

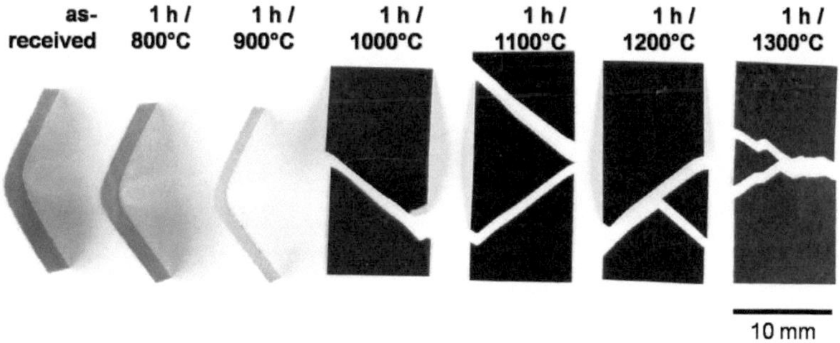

Bild 4.8.: Drei-Punkt-Biegeversuche bei RT mit Wolframfolie, 100 μm, nach verschiedenen Glühungen. Die Walzrichtung ist von unten nach oben. Was passiert zwischen 900°C und 1000°C? Außerdem auffällig: Die Risse verlaufen nicht entlang der erwarteten Ebene sondern haben einen charakteristischen Zickzack-Verlauf.

tung der EBDS-Bilder aus Abbildung 4.5 aus. Untersucht man die 1 h bei 900°C und 1 h bei 1000°C geglühten Proben mit dem TEM, so stellt man fest, dass statistisch gesehen die Anzahl der Körner, die ein Versetzungsnetzwerk in sich tragen, mit steigender Glühtemperatur zurückgeht. Es scheint, als bewegen sich die Versetzungen aus dem Inneren der Körner Richtung Korngrenze und werden von dieser aufgenommen. Nach diesem Ansatz ist die Reduzierung der Anzahl der Körner mit einem Versetzungsnetzwerk für das oben beschriebene Materialverhalten verantwortlich. Die mikrostrukturelle Änderung im diskutierten Temperaturintervall ist damit marginal. Dies erklärt auch, warum weder durch die Auswertung der Härtemessung noch durch die EBDS-Analysen ein Unterschied in der Mikrostruktur festgestellt werden kann. Eine Auswahl von TEM Bildern zu dieser Untersuchung findet sich im Anhang (A.3).

Weitere Aufschlüsse zu dieser Problematik liefert der während der Drei-Punkt-Biegeversuche gemessene Kraft-Weg-Verlauf (siehe Abbildung 4.9). Hieraus geht hervor, dass sich die mechanischen Eigenschaften bei einer Glühung von 1 h bei 800°C im Vergleich zum Material im Liefer-

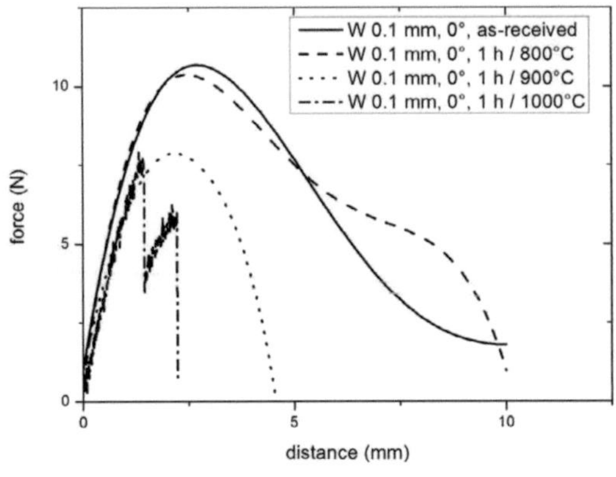

Bild 4.9.: Kraft-Weg-Verlauf von Drei-Punkt-Biegeproben aus Wolframfolie, 100 μm, nach verschiedenen Glühungen, getestet bei RT.

zustand nicht ändert. Aber schon bei einer Glühung von 1 h bei 900°C nimmt die Festigkeit der Folie ab, das Materialverhalten ist im Drei-Punkt-Biegeversuch aber immer noch duktil.

Wolframfolie, 100 μm, ist nach einer Wärmebehandlung von 1 h bei 1000°C bei einem Drei-Punkt-Biegeversuch bei RT spröde. Führt man den Drei-Punkt-Biegeversuch bei 100°C durch, so ist das Material wieder duktil. Gleiches gilt für Folie die 1 h bei 1100°C, 1200°C, 1300°C, und 1400°C gelüht wurde. Mit diesen Versuchen wurden zwei weitere Grenzen für den Spröd-duktil-Übergang, diesmal von geglühter Folie, bestimmt. Schließlich wurden Drei-Punkt-Biegeversuche an rekristallisierter Folie durchgeführt. Die Ergebnisse zeigen für Folie die 1 h bei 2000°C bzw. 1 h bei 2700°C geglüht wurde sprödes Materialverhalten bei 100°C bzw. 150°C und duktiles Materialverhalten bei 150°C bzw. 200°C. Eine Zusammenstellung der Grenzen des Spröd-duktil-Übergangs von Wolframfolie, 100 μm, nach verschiedenen Glühungen zeigt Abbildung 4.10.

Das Bruchverhalten der Wolframfolie ist auffällig. Bei den gebrochenen Folien in Abbildung 4.8 geht der Bruch nicht entlang der bei einem Drei-Punkt-Biegeversuch erwarteten Bruchebene. Der Bruch verläuft nicht

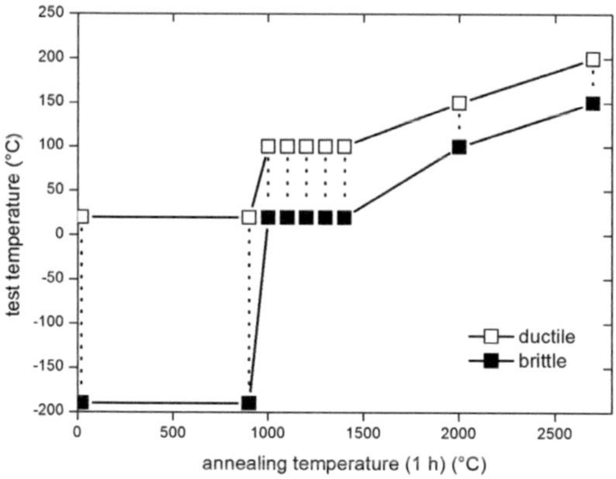

Bild 4.10.: Grenzen zwischen sprödem und duktilem Materialverhalten von Wolframfolie, 100 μm, nach verschiedenen Glühungen.

gerade in der Mitte, sondern zeigt ein charakteristisches Zickzack-Muster. Analysiert man die Bruchflächen mit einem REM, so zeigt sich für die in flüssigem Stickstoff getesteten Proben ein transkristallines Bruchbild. Gleiches gilt für die Bruchflächen der Proben, die vor dem Test 1 h bei $1000°C, 1100°C, 1200°C, 1300°C$, und $1400°C$ geglüht wurden. Mit zunehmender Glühtemperatur (hier 1 h bei $2000°C$) ändert sich der Bruchcharakter und der Anteil von interkristallinen Brüchen wird größer. Die Bruchfläche einer 1 h bei $2700°C$ geglühten Probe ist schließlich rein interkristallin (siehe Abbildung 4.11). Eine Aufstellung aller Bruchflächen findet sich im Anhang (siehe Abbildung A.4).

Die Ergebnisse der Drei-Punkt-Biegeversuche sind erstaunlich und geben Anlass zu Diskussion. Aufgrund der extrem unterschiedlichen Mikrostruktur von Wolframfolie im Lieferzustand (Korngröße $0,5$ μm x 3 μm x 15 μm, Textur in $\{100\}\langle 011\rangle$, Versetzungsdichte hoch, Anzahl der Korngrenzen hoch, Bruchverhalten transkristallin) und geglühter Wolframfolie (1 h bei $2700°C$: Korngröße 100 μm x 100 $\mu m x$ 100 μm, Textur in $\{100\}\langle 011\rangle$, Versetzungsdichte niedrig, Anzahl der Korngrenzen gering, Bruchverhalten interkristallin) muss man davon ausgehen, dass das duktile

Materialverhalten auf unterschiedliche Mechanismen zurückzuführen ist.

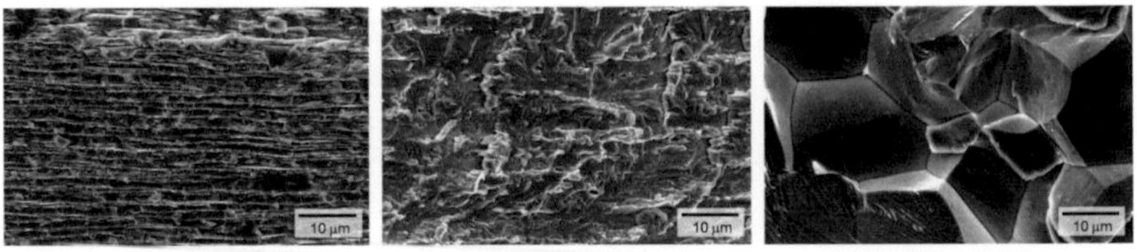

Bild 4.11.: Bruchfläche von 100 μm Wolframfolie. Links: Wolframfolie im Lieferzustand, getestet in flüssigem Stickstoff. Mitte: Wolframfolie geglüht 1 h bei 1000°C, getestet bei RT. Rechts: Wolframfolie geglüht 1 h bei 2000°C, getestet bei 100°C.

Selbstverständlich ist es erfreulich, dass Wolframfolie, 100 μm, im Lieferzustand bei RT in einem Biegeversuch duktil ist. Stapelt man jedoch die Folien übereinander, verbindet diese und führt jetzt einen Biegeversuch durch, so lässt sich die Spannungsverteilung des Biegeversuchs als eine Sequenz von Zugversuchen deuten. Das heißt, dass mit zunehmender Dicke des Folienlaminats nicht mehr die Biegeeigenschaften der Folie relevant sind, sondern eher die Zugeigenschaften. Daher stellt sich die Frage ob Wolframfolie, 100 μm, im Lieferzustand auch bei einem Zugversuch bei RT duktil.

4.1.3. Zugversuche an Wolframfolie

In diesem Kapitel wird gezeigt, dass Wolframfolie, 100 μm, im Lieferzustand auch bei einem Zugversuch bei RT duktil ist. Die Duktilität ist jedoch richtungsabhänig, also anisotrop. Doch ab welcher Foliendicke bzw. Blechdicke können duktile Materialeigenschaften in einem Zugversuch bei RT nachgewiesen werden? Und wie verhält sich die Anisotropie in Abhängigkeit der Folie- bzw. Blechdicke? Um diese Fragen zu beantworten, wurde Wolframfolie im Lieferzustand mit einer Dicke von 100 μm, 200 μm, 300 μm, 500 μm und 1 mm bei RT und bei 600°C getestet. Herausragende Ergebnisse wurden bei Zugversuchen mit rekristallisierter Wolframfolie erzielt. Die Zugversuche wurden in Walzrichtung, quer zur Walzrichtung und unter einem Winkel von 45° zur Walzrichtung durchgeführt. Dabei gilt die folgende allgemein verwendete Nomenklatur: 0° bedeutet in Walzrichtung, 90° bedeutet quer zur Walzrichtung und 45° unter einem Winkel von 45° zur in Walzrichtung.

Wolframfolie, 100 μm, im Lieferzustand ist bei einem Zugversuch bei RT duktil. Wie erwartet ist der E-Modul isotrop [38] aber das plastische Materialverhalten ist anisotrop. In Walzrichtung (0°) wurde 1,5 % plastische Dehnung gemessen und ca. 4 % unter einem Winkel von 45°. Quer zur Walzrichtung konnte fast keine Duktiltät gemessen werden. Auch die Zugfestigkeit ist anisotrop und außerordentlich hoch. In und quer zur Walzrichtung ist die Zugfestigkeit ca. 2000 MPa, unter einem Winkel von 45° ist sie ca. 10 % geringer (siehe Abbildung 4.12).

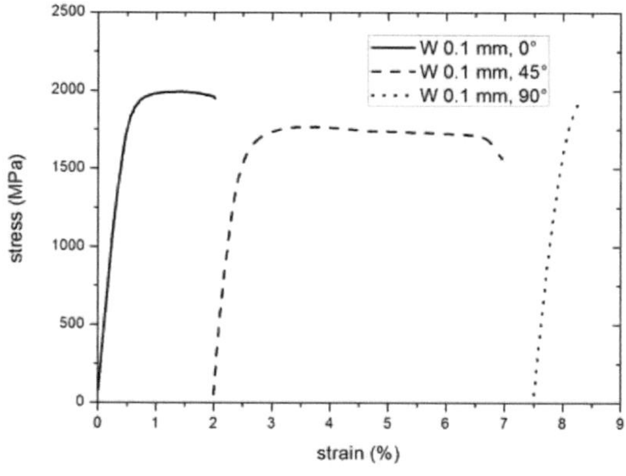

Bild 4.12.: Zugversuche von Wolframfolie, 100 μm, im Lieferzustand bei RT. Wie erwartet ist Wolframfolie elastisch istotrop. Im plastischen Bereich zeigt sich jedoch eine ausgeprägte Anisotropie.

Abbildung 4.13 zeigt die Analyse der Bruchflächen der Zugproben. Alle Proben, die duktile Materialeigenschaften zeigten (0° und 45° Orientierung), haben ein ähnliches Bruchbild, das sich durch eine ausgeprägte

Bild 4.13.: Bruchflächen von Zugproben aus 100 μm Wolframfolie im Lieferzustand, getestet bei RT. Von links nach rechts: 0°, 45° und 90° Orientierung. Alle Proben, die duktil gebrochen sind, zeigen ein Auffacettieren und Delaminieren.

Delamination sowie ein Auffacettieren des Materials darstellt. Die quer zur Walzrichtung getestete Probe zeigt das klassische Bruchbild eines Sprödbruchs.

Die unter 45° getesteten Proben zeigen die größte Duktilität zusammen mit der geringsten Zugfestigkeit aller Orientierungen. Dies ist wahrscheinlich auf die Folientextur in $\{100\}\langle 011\rangle$ zurückzuführen. Diese Textur erlaubt es, dass die Hauptgleitrichtung von kubisch-raumzentrieten Metallen, die $\langle 111\rangle$ Richtung, unter einem Winkel von 45° zur Zugrichtung steht. Aus dem *Mohr*schen Spannungskreis ist bekannt, dass die maximale Schubspannung unter einem Winkel von 45° auftritt. Bei in 45° orientierten Zugproben fallen die Richtung mit der größten Schubspannung und die bevorzugte Gleitebene zusammen. Damit wird die plastische Verformbarkeit von in 45° orientierten Proben bevorzugt.

Die Textur von 100 μm Wolframfolie, $\{100\}\langle 011\rangle$, ist symmetrisch für eine Drehung um 90° um die z-Achse (Achse senkrecht zu Folienoberfläche). Demnach müsste die Duktilität sowohl in als auch quer zur Walzrichtung in der selben Größenordnung liegen. Da dies jedoch nicht der Fall ist, muss in die Diskussion um die Duktilität noch die Form der Korngrenzen mit einbezogen werden. Aufgrund der Kornform ($0,5\ \mu m\ x\ 3\ \mu m\ x\ 15\ \mu m$) sind bei einer Zugprobe in 90° Orientierung viel mehr Korngrenzen senkrecht zur Zugrichtung vorhanden als bei einer unter 0° orientierten Probe. Das anisotrope plastische Materialverhalten begründet sich daher zum einen aus der Textur, zum anderen aber auch aus der Form der Körner sowie der Anzahl der Korngrenzen quer zur Zugrichtung.

An dieser Stelle sei wieder ein kleiner Exkurs in die Welt des Stahls erlaubt. Eine Möglichkeit Stahl zu härten stellt die Kaltverfestigung dar. Durch Kaltumformen wie zum Beispiel Walzen, erhöht sich die Versetzungsdichte. Damit erreicht man eine Erhöhung der Zugfestigkeit, allerdings auf Kosten der Duktiliät. Der mikrostrukturelle Grund hierfür ist, dass sich aufgrund der hohen Versetzungsdichte die Versetzungen in ihrer Bewegung behindern.

Schauen wir nun auf Wolfram und den Einfluss der Kaltumformung auf das Platten- bzw. Folienmaterial. Abbildung 4.14 stellt dazu die Ergebnisse von Zugversuchen bei RT von 100 μm, 200 μm, 300 μm, 500 μm und 1 mm Folien- bzw. Plattenmaterial zusammen. (Statistisch belastbare Ergebnisse liefern jedoch nur die Proben aus 100 μm und 1 mm Material. Der Charakter der Zugversuche mit 200 μm, 300 μm und 500 μm Material ist stichprobenhaft, lässt aber eine eindeutige Tendenz erkennen.) Wie erwartet nimmt die Zugfestigkeit mit zunehmendem Umformgrad, also mit abnehmender Foliendicke, zu. Beträgt die Zugfestigkeit bei 1 mm Plattenmaterial noch 1400 MPa, so wird bei 100 μm Folie ein Wert von 2000 MPa erreicht. Anders als man es aus den Überlegungen von Stahl erwarten könnte, nimmt die Duktilität mit zunehmendem Umformgrad jedoch nicht ab. Über alle gemessenen Platten- bzw. Foliendicken hinweg konnte duktiles Materialverhalten nachgewiesen werden. Was alle Zugversuche eint, ist die Duktilität in Walzrichtung sowie sprödes Materialverhalten quer zur Walzrichtung.

Zugversuche wurden nicht nur bei RT sondern auch bei 600°C durchgeführt. Abbildung 4.15 zeigt die Spannungs-Dehnungs-Kurven von Wolframfolie, 100 μm, im Lieferzustand bei 600°C. Wie aufgrund der 90° Rotationssymmetrie der Textur $\{100\}\langle011\rangle$ zu erwarten war, wird sowohl in als auch quer zur Walzrichtung das gleiche Materialverhalten gemessen. Der Einfluss der Korngrenzen auf das Materialverhalten in und quer zur

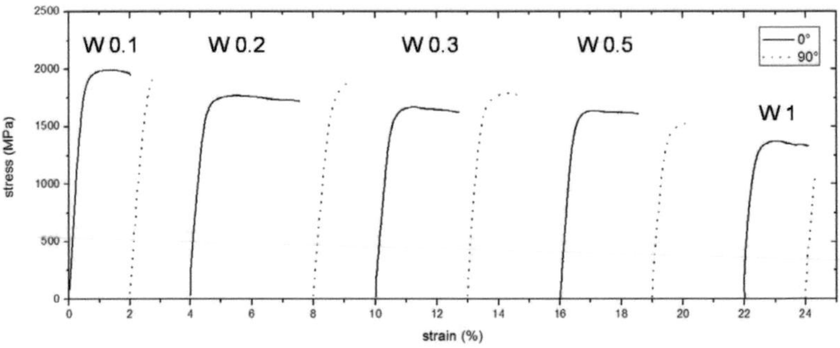

Bild 4.14.: Wie erwartet nimmt mit zunehmendem Umformgrad die Zugfestigkeit zu. Erstaunlich ist jedoch, dass die Duktiltät über alle Probendicken hinweg nahezu gleich bleibt.

Zugrichtung scheint bei 600° nicht mehr gegeben. Wie schon bei den Zugversuchen bei RT zeigt eine Probe, die unter einem Winkel von 45° zur Walzrichtung getestet wurde, die größte plastische Dehnung sowie eine um 10 % geringere Festigkeit. Es gilt die gleiche Argumentation wie oben.

Als Fazit bleibt festzuhalten, dass bei einer Prüftemperatur von $600°C$ die Anisotropie der Plastizität allein auf die Textur zurüchzuführen ist. Korngrenzen haben hier scheinbar keinen Einfluss mehr. Weiterhin bleibt festzuhalten, dass bei allen bisher getesteten Proben nahezu keine Einschnürung des Materials stattfindet und dass damit die Gleichmaßdehnung gleich der plastischen Gesamtdehnung ist. Das an 100 μm Wolframfolie beschriebene Materialverhalten konnte an 200 μm Folie exakt bestätigt werden.

Wolframfolie, 100 μm, zeigt bei einem Zugversuch in Walzrichtung bei RT $1,5$ % plastische Dehnung, die bei einem Zugversuch bei $600°C$ auf $2,5$ % ansteigt. Bei einer Wolframplatte, 1 mm, im Lieferzustand stellt sich die Situation anders dar. Wie aus Abbildung 4.16 ersichtlich wird, ist das Materialverhalten bei RT anisotrop, bei einem Zugversuch bei $600°C$ allerding isotrop. Die Spannungs-Dehnung-Kurven sind kongruent. Noch

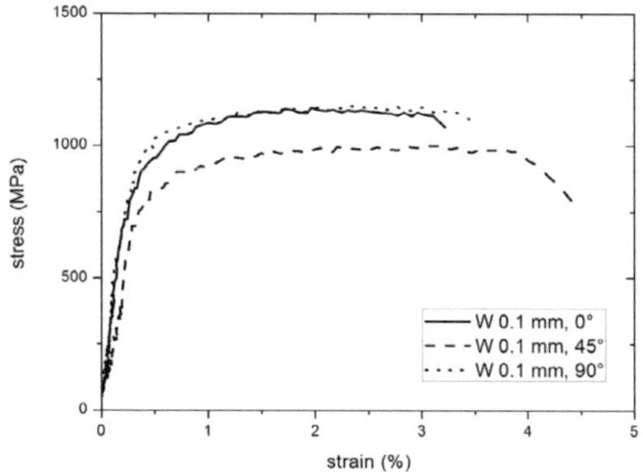

Bild 4.15.: Zugversuche von 100 μm Wolframfolie, im Lieferzustand, bei 600°C. Die Spannungs-Dehnungs-Kurve in, als auch quer zur Walzrichtung sind bei 600° deckungsgleich. Die charakteristisch gleichen Ergebnisse wurden auch mit 200 μm Wolframfolie erzielt.

wichtiger ist allerdings, dass die plastische Dehnung bis zum Bruch 11 % beträgt. Dies ist im Vergleich zu 100 μm Wolframfolie eine Steigerung um mindestens Faktor vier. Der Grund hierfür könnte sein, dass sich Wolframfolie im Zugversuch nicht einschnürt. Die Gleichmaßdehnung ist damit gleich der plastischen Gesamtdehnung. Anders die Situation bei 1 mm Plattenmaterial. Hier kommt es zu einer massiven Einschnürung der Zugprobe. Die Gleichmaßdehnung beträgt nur ca. 0,5 %, die plastische Gesamtdehnung beträgt jedoch 11 %.

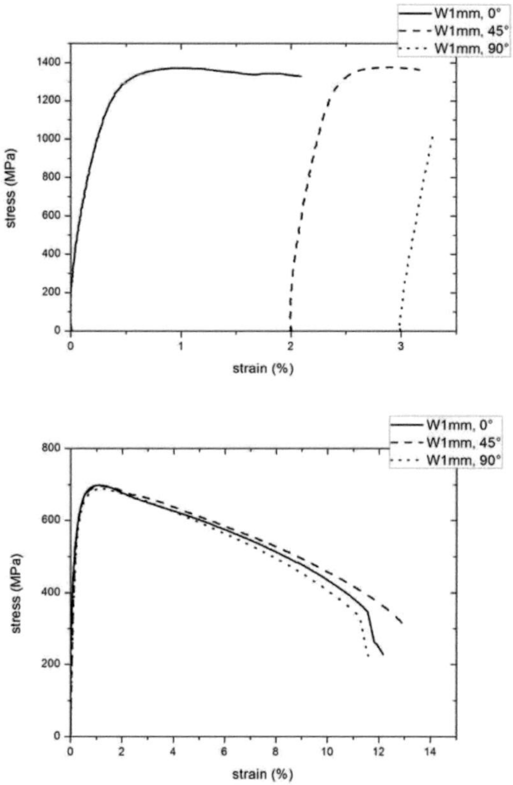

Bild 4.16.: Vergleich von Zugversuchen von 1 *mm* Wolframplattenmaterial, im Lieferzustand. Oben: bei RT. Unten: bei 600°*C*. Alle Spannungs-Dehnungs-Kurven sind deckungsgleich. Das Materialverhalten ist isotrop.

Bisher wurde Wolframfolie im Lieferzustand gezogen. In einer neuen Versuchsserie wird nun geglühte Wolframfolie mit einer Dicke von 100 μm untersucht. Die Glühkonditionen waren 1 h / 2000°C und 1 h / 2700°C. Die mikroskopische Analyse dieser Folien wurde bereits in Kapitel 4.1.1 beschrieben. Um die sehr spröden Zugproben vor dem Versuch nicht zu schädigen wurden die Messtaster nicht direkt an der Probe angesetzt, sondern auf der Stahleinspannung. Die Messwerte müssen daher wie bereits beschrieben rückgerechnet werden. Der dazu notwendige E-Modul wurde mit 375000 MPa festgelegt und stammt von [1].

Wie in Abbildung 4.17 ersichtlich, zeigt die rekristallisierte Wolframfolie enorme plastische Dehnungen bei einem Zugversuch bei 600°C. Zwischen 25 % $-$45 % plastische Dehnung wird erreicht. Vergleicht man die Ergebnisse von Wolframfolie im Lieferzustand mit jenen von rekristallisierter Wolframfolie bei einen Zugversuch bei 600°C, so erhöht sich die plastische Dehnung um ca. Faktor zehn bei gleichzeitiger Abnahme der Festigkeit um Faktor fünf. Die Abnahme der Festigkeit von rekristallisierter Wolframfolie war zu erwarten. Hier gilt die allgemein bekannte Begründung, dass mit der Reduzierung der Anzahl der Korngrenzen, bei großen Körnern und einer geringen Versetzungsdichte auch die Festigkeit geringer wird. Erstaunlich ist jedoch die enorme plastische Dehnung der rekristallisierten Wolframfolie. Grund hierfür könnte sein, dass über die gesamte Messstrecke hinweg die Versetzungen aus der Folienoberfläche treten können. Diese Annihilation der Versetzungen kann der Grund für die enorme plastische Dehnung sein. Bestätigt wird diese Annahme durch eine Analyse der Folienoberfläche nach dem Zugversuch. Die Oberfläche ist rau und mit bloßem Auge ist ein Unterschied zur Folienoberfläche im Lieferzustand zu erkennen (siehe Abbildung 4.18).

Wünschenswert wäre es an dieser Stelle, an den gezogenen rekristallisierten Folienproben auf der Oberfläche Gleitspuren zu erkennen. Abbildung 4.19 gibt einen Eindruck der Folienoberfläche unter einem Elektronenmikroskop. Die Oberfläche zeigt wellenförmige Spuren, die sich unab-

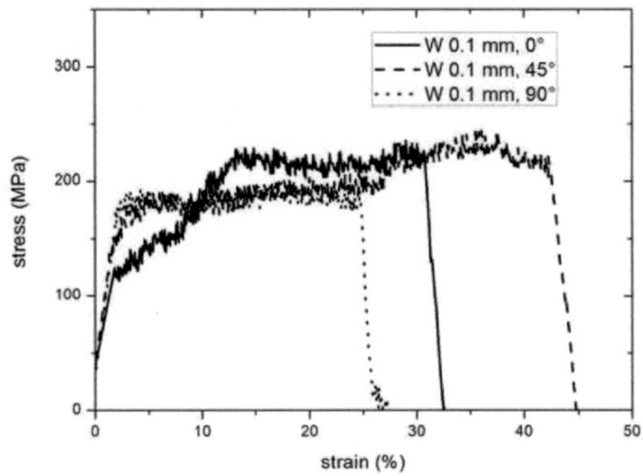

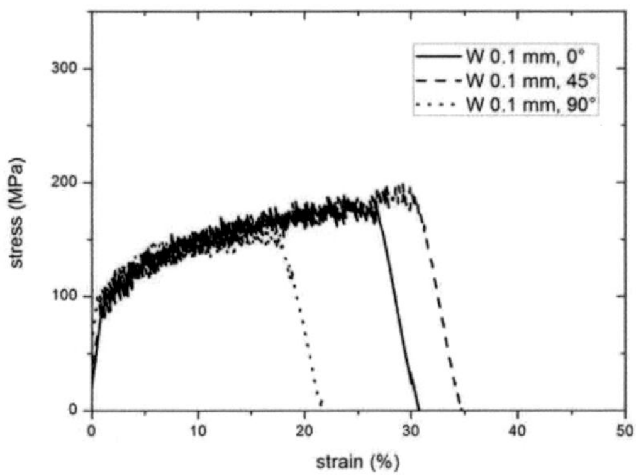

Bild 4.17.: Rekristallisierte Wolframfolie, 100 μm, ist bei einem Zugversuch bei $600°C$ enorm duktil. Oben: Folie die vor dem Versuch 1 h bei $2000°C$ geglüht wurde. Unten: Folie die vor dem Versuch 1 h bei $2700°C$ geglüht wurde.

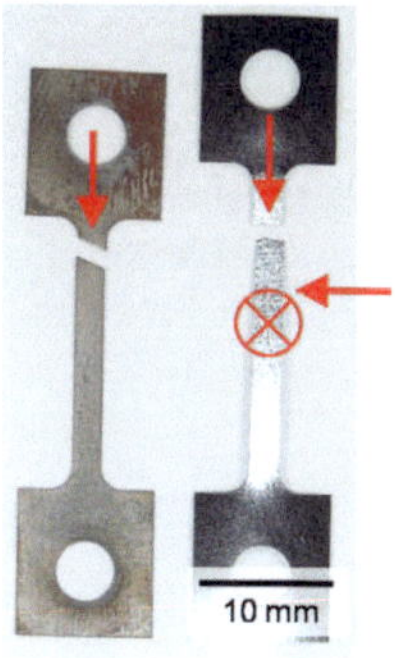

Bild 4.18.: Wolframfolie, 100 μm, nach einem Zugversuch bei $600°C$. Links: Folie im Lieferzustand. Rechts: Folie wurde vor dem Versuch geglüht (1 h bei $2000°C$). Man erkennt eine deutliche Längen- und Oberflächenänderung der rekristallisierten Wolframfolie. Grund hierfür könnte das Austreten der Versetzungen aus der Folie sein (Versetzungsannihilation).

hängig von den Korngrenzen darstellen. Wie aus den Arbeiten von *Seeger* bekannt [3], erscheinen die sichtbaren Gleitspuren von krz-Metallen an der Probenstirnfläche wellenförmig und lassen sich nicht eindeutig auf die Gleitebenen des krz-Gitters ($\{110\}$, $\{112\}$ oder $\{123\}$) zurückführen.

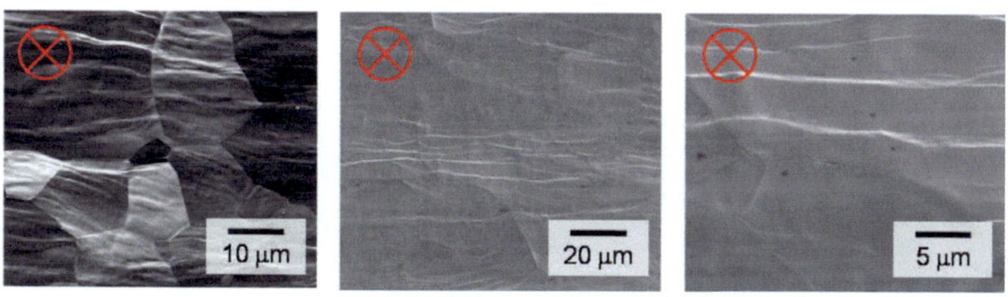

Bild 4.19.: Oberfläche einer bei $600°C$ gezogenen Wolframfolie. Die Folie war geglüht 1 h bei $2000°C$. Man kann wellenförmige Gleitspuren ausmachen, die unabhängig von den Korngrenzen verlaufen.

Abbildung 4.20 zeigt die Kante einer Zugprobe nach dem Versuch. Da die Zugprobengeometrie erodiert wurde, ist die Kantenoberfläche schon vor dem Zugversuch beschädigt. Dennoch lassen sich Gleitspuren in der Hauptgleitrichtung krz-Metalle, in der $\langle 111 \rangle$ Richtung erkennen. Auch dieses Ergebnis ist konform mit den Ergebnissen von *Seeger* [3]. Sowohl die wellenförmigen Gleitspuren auf der Probenoberfläche, als auch die Gleitspuren in $\langle 111 \rangle$ Richtung an der Kante stimmen exakt mit den Ergebnissen

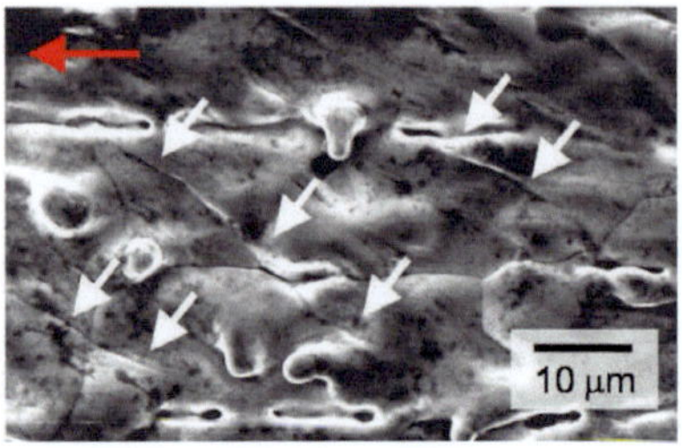

Bild 4.20.: Kante einer bei 600°C gezogenen Wolframfolie, 100 μm. Die Folie war geglüht, 1 h bei 2000°C. Es lassen sich Gleitspuren in $\langle 111 \rangle$ Richtung erahnen.

von *Seeger* überein [3].

Vergleicht man schließlich die Bruchflächen von Zugproben im Lieferzustand mit Zugproben, die nach einer Glühung von 1 h / 2000°C getestet wurden, so stellt man fest, dass eine ausgeprägte Auffacettierung und Delamination nur bei Zugproben im Lieferzustand auftritt. Dies gilt sowohl für Proben die bei RT, als auch für Proben die bei 600°C getestet wurden. Bei geglühten Zugproben ist die Bruchfläche spitz zulaufend (siehe Abbildung 4.21).

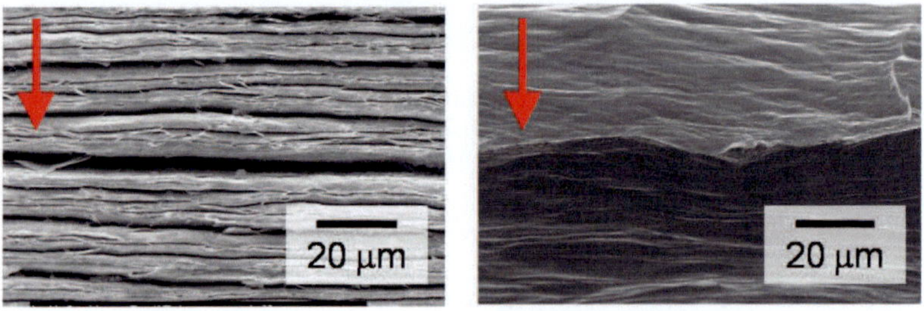

Bild 4.21.: Bruchfläche von 100 μm Wolframfolie. Links: Im Lieferzustand, getestet bei RT. Rechts: Nach einer Glühung, 1 h / 2000°C, getestet bei 600°C. Bei letzterer ist die Bruchfläche ein schmaler Grat. Alle Proben wurden in Walzrichtung getestet, 0°.

In dieser Arbeit wurde bis zu dieser Stelle nur über Wolframfolie berichtet. Im nächsten Kapitel erfolgt nun die Analyse eines weiteren Refraktärmetalls: Molybdän. Wann immer möglich, ist Molybdän Wolfram vorzuziehen. Grund hierfür sind Preis, Verfügbarkeit und Bearbeitbarkeit. Erst wenn die Materialgrenzen von Molybdän erreicht werden, muss über den Einsatz von Wolfram nachgedacht werden. Speziell bei nuklearen Anwendungen ist aufgrund der Aktivierung Wolfram Molybdän vorzuziehen.

4.1.4. Vergleich mit Molybdänfolie

Der hier vorgestellte kurze Abriss über Molybdänfolie verfolgt zum einen das Ziel, einen Vergleich des Materialverhaltens von Wolframfolie und Molybdänfolie zu liefern. Zum anderen soll hiermit die Grundlage einer Abschätzung der Frage, ob die Ergebnisse des Wolframlaminats auch auf ein Molybdänlaminat übertragen werden können, gelegt werden.

Dazu werden in diesem Kapitel die Ergebnisse von Drei-Punkt-Biegeversuchen an Molybdänfolie denen von Wolframfolie gegenübergestellt. Schließlich erfolgt ein Vergleich der Zugversuchskurven von Molybdän- und Wolframfolie, jeweils 100 μm, im Lieferzustand, getestet bei RT.

Die größte Überraschung zu Beginn: Molybdänfolie ist bei einem Drei-Punkt-Biegeversuch bei RT immer duktil und das unabhängig davon, ob im Lieferzustand oder nach einer Wärmebehandlung von bis zu max. 1 h / 2000°C (siehe Abbildung 4.22). Molybdänfolie wird nicht spröde. Zwar verliert die Molybdänfolie ab einer Glühung von 1 h / 1100°C massiv an Festigkeit, das duktile Materialverhalten bleibt aber erhalten.

Der massive Abfall der Festigkeit ab einer Glühung von 1 h bei 1100°C geht einher mit mikrostrukturellen Änderungen, die sich durch Grobkornbildung ausdrücken. Wie aus dem Härteverlauf in Abbildung 4.23 zu erkennen ist, gibt es einen scharfen Abfall der Härte ab einer Glühung von 1 h bei 1100°C. Der Beginn der Rekristallisation liegt also bei 1000°C, was mit den Angaben aus der Literatur übereinstimmt [1]. Auch hier überrascht, dass die Rekristallisationstemperatur des Folienwerkstoffs gleich ist mit der von Massivmaterial. Aufgrund des höheren Umformgrads der Folie war eine Reduzierung der Rekristallisationstemperatur erwartet worden.

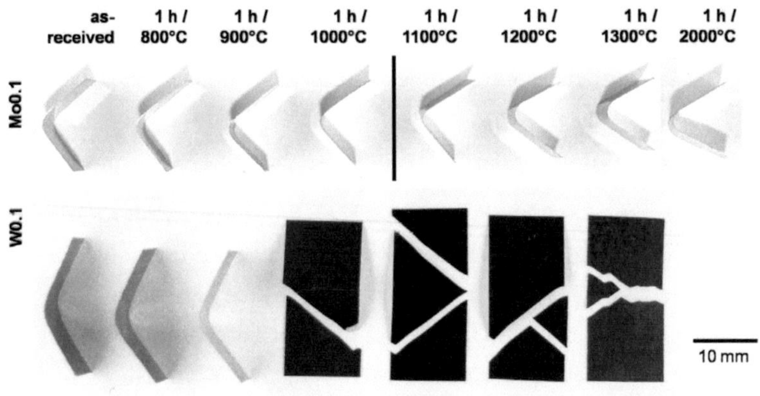

Bild 4.22.: Vergleich der Ergebnisse der Drei-Punkt-Biegeversuche an Molybdän- (oben) und Wolframfolie (unten). Die Dicke war jeweils 100 μm. Die Walzrichtung ist von unten nach oben. Der Strich markiert die Glühtemperatur, ab welcher im Drei-Punkt-Biegeversuch die Festigkeit der Molybdänfolie drastisch zurückgegangen ist.

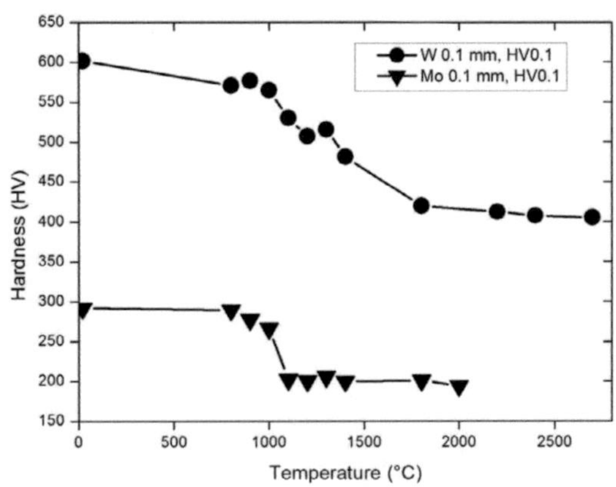

Bild 4.23.: Vergleich des Härteverlaufs von Wolframfolie, 100 μm, und Molybdänfolie, 100 μm. Bei den Molybdänfolien finden die größten mikrostrukturellen Änderungen zwischen einer Glühung von 1 h bei $1000°C$ und 1 h bei $1100°C$ statt.

Nun sollen die Ergebnisse der Zugversuche von Molybdänfolie und Wolframfolie verglichen werden (siehe Abbildung 4.24). Die Foliendicke ist jeweils 100 μm, im Lieferzustand. Dabei kann man davon ausgehen, dass auch die Molybdänfolie eine ausgewiesene Textur in $\{100\}\langle 011\rangle$ hat [49]. Es wurde bereits erklärt, dass sich diese Textur bei einer Rotation um 90° um die z-Achse auf sich selbst abbildet. Demnach müssten rein aus Texturüberlegungen die Materialeigenschaften in als auch quer zur Walzrichtung gleich sein. Und genau dieses Bild bestätigen die Zugversuche an Molybdänfolie bei RT: sowohl in als auch quer zur Walzrichtung wird nicht nur die gleiche plastische Dehnung (4 %), sondern auch die gleiche Festigkeit (700 MPa) gemessen. Ein Einfluss der Kornform bzw. der unterschiedlichen Anzahl der Korngrenzen quer zur Zugrichtung, wird bei Molybdänfolie im Gegensatz zur Wolframfolie nicht bestätigt. Das Verhalten der Molybdänfolie im Zugversuch bei RT ist damit in seiner Charakteristik gleich dem Verhalten von Wolframfolie im Zugverusch bei 600°C: deckungsgleiche Kurven sowohl in als auch quer zur Walzrichtung, maximale plastische Dehnung unter einem Winkel von 45° kombiniert mit einem Festigkeitsabfall um 10 %, vernachlässigbarer Einfluss der Anzahl der Korngrenzen quer zur Zugrichtung, unterschiedliches Materialverhalten rein Textur bedingt.

Wie bereits in Abbildung 4.18 links zu sehen, ist das Bruchverhalten von Wolframfolien im Zugversuch auffällig, da sich charakteristische Bruchwinkel einstellen, die sich durch einen geraden Verlauf auszeichnen. Das gleiche Bruchverhalten gilt auch für Molybdänfolien. In den Tabellen 4.1 und 4.2 sind alle Zugproben mit deren Bruchwinkel aufgeführt. Auffällig ist, dass die charakteristischen Brüche hauptsächlich bei in 45° zur Walzrichtung getesteten Proben auftreten. Quer zur Walzrichtung ist das Bruchbild immer unbestimmt, zeigt also keinen geradlinigen Verlauf.

Mit diesem Vergleich endet das Kapitel der Analyse von W-Folie. Nachdem nun wesentliche Eigenschaften der Folie bekannt sind, wird in einem nächsten Schritt die Synthese eines Laminats aus W-Folie thematisiert.

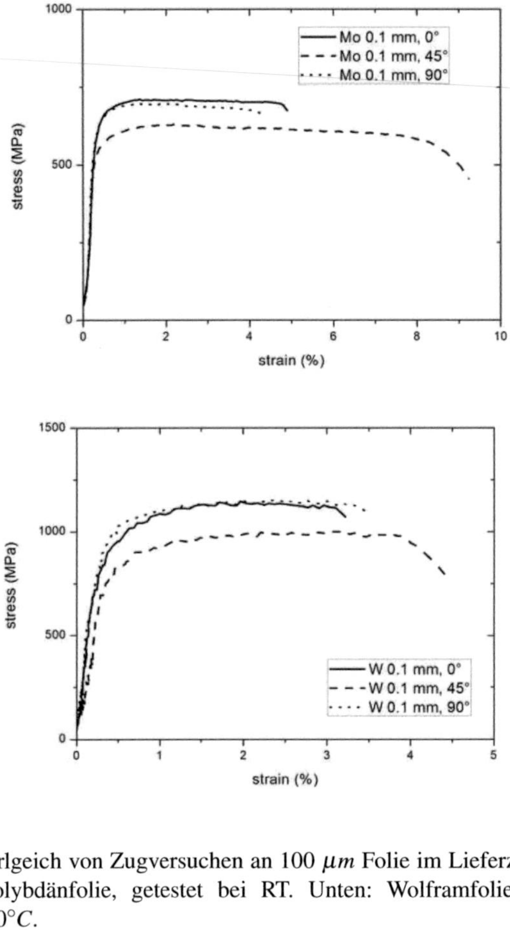

Bild 4.24.: Verlgeich von Zugversuchen an 100 μm Folie im Lieferzustand. Oben: Molybdänfolie, getestet bei RT. Unten: Wolframfolie, getestet bei $600°C$.

Tabelle 4.1.: Zugproben aus Wolframfolie, 100 μm, und deren Bruchwinkel.

W, 100 μm	0°-Orientierung	45°-Orientierung	90°-Orientierung
im Lieferzustand, getestet bei RT	unbestimmt	unbestimmt	unbestimmt
	unbestimmt	unbestimmt	unbestimmt
	unbestimmt	50°	unbestimmt
im Lieferzustand, getestet bei 300°C	unbestimmt	60°	unbestimmt
	unbestimmt	60°	unbestimmt
	70°	65°	unbestimmt
im Lieferzustand, getestet bei 600°C	65°	55°	unbestimmt
	unbestimmt	55°	unbestimmt
	65°	55°	unbestimmt
geglüht, 1 *Woche* / 1000°C, getestet bei 600°C	70°	65°	unbestimmt
	unbestimmt	65°	unbestimmt
	unbestimmt	65°	unbestimmt
geglüht, 1 h / 2000°C, getestet bei 600°C	unbestimmt	unbestimmt	unbestimmt
	unbestimmt	unbestimmt	unbestimmt
	unbestimmt	unbestimmt	unbestimmt

Tabelle 4.2.: Zugproben aus Molybdänfolie, 100 μm, und deren Bruchwinkel.

Mo, 100 μm	0°-Orientierung	45°-Orientierung	90°-Orientierung
im Lieferzustand, getestet bei RT	unbestimmt	55°	unbestimmt
	unbestimmt	55°	unbestimmt
	unbestimmt	unbestimmt	unbestimmt
im Lieferzustand, getestet bei 600°C	unbestimmt	55°	unbestimmt
	unbestimmt	55°	unbestimmt
	unbestimmt	55°	unbestimmt

4.2. Synthese von Wolframlaminaten

Ausgangspunkt der Synthese eines Wolframlaminats ist ein außergewöhnliches Halbzeug: Wolframfolie. Diese besitzt im Lieferzustand in Dickenrichtung nanoskalige Körner und weist sowohl im Lieferzustand als auch nach extremen Glühungen erstaunliche duktile Eigenschaften auf. Ziel der Synthese eines Wolframlaminats ist es, diese außergewöhnlichen Eigenschaften auf ein Massivbauteil zu übertragen.

In einem best-case Scenario muss die Materialsynthese folgenden Anforderungen genügen: (i) Die Prozesstemperatur muss unterhalb der Rekristallisationstemperatur der Wolframfolie liegen, (ii) die Diffusion von Elementen der Zwischenschicht in die Wolframfolie ist zu vermeiden, da dies schlimmstenfalls zur Bildung von intermetallischen Phasen, bestenfalls zur Bildung von Wolframmischkristall führen kann (reines Wolfram ist das duktilste Wolfram, gemessen im Kerbschlagbiegeversuch, mit Ausnahme von WRe und ggfs. WIr, siehe 2.2) und (iii) die verwendete Zwischenschicht muss die Versetzungsannihilation an der Folienoberfläche ermöglichen, wozu sich eine weiche Zwischenschicht aus einem kubischflächenzentrierten Metall eignen könnte.

Für die Materialsynthese eines duktilen Wolframlaminats sind daher folgende Themen entscheidend: (i) die Wahl der Zwischenschicht und (ii) die Wahl der Verbindungstechnik.

In dieser Arbeit wird die Materialsynthese jeweils mit einer Zwischenschicht durchgeführt (es ginge auch ohne Zwischenschicht) und die Verbindungstechnik ist ein Lötprozess. In den folgenden zwei Kapiteln wird die Wahl der Zwischenschicht diskutiert sowie die mikrostrukturellen Analysen der Lötverbindungen präsentiert.

4.2.1. Wahl der Zwischenschicht und der Verbindungstechnik

Als Empfehlung zum Löten von Wolfram und Molybdän werden die SCP-Lote genannt (engl.: silver, copper, palladium, SCP) [1]. Schmelzen von

Silber und Kupfer haben die Eigenschaft, Wolfram exzellent zu benetzen aber fast nicht in Wolfram zu diffundieren. Die Bildung von Wolfram-mischkristallen oder intermetallischen Phasen kann somit ausgeschlossen werden. In Tabelle 4.3 sind die in der Literatur empfohlenen Wolframlot-werkstoffe sowie deren Verhalten mit Wolframbasismaterial aufgeführt.

Tabelle 4.3.: Lotwerkstoffe, Schmelztemperaturen und Reaktion von Schmelzen mit Wolfram. Auswahl der Lotwerkstoffe [1, 70, 91, 121], Schmelz-temperaturen [91, 120, 121] sowie die Reaktion der Schmelzen mit Wolfram [38, 120] finden sich in der Literatur.

Lotwerkstoff	Schmelz-temperatur	Reaktion mit Wolfrarm
72 wt.% Ag, 28 wt.% Cu	780°C	
Ag	960°C	keine Reaktion
Cu	1085°C	keine Reaktion
82 wt.% Cu, 18 wt.%Pd	1100°C	
Pd	1555°C	Mischkristall + (inter-met. Phase?)
82 wt.% Au, 18 wt.%Ni	955°C	
Au	1065°C	keine Reaktion
Ni	1455°C	intermetallische Phase
Fe	1540°C	intermetallische Phase
Ti	1670°C	Mischkristall
Pt	1770°C	intermetallische Phase
Zr	1855°C	intermetallische Phase
V	1910°C	Mischkristall
Rh	1960°C	intermetallische Phase
Ru	2330°C	intermetallische Phase

Das Ziel, die Diffusion von Elementen der Zwischenschicht in die Wolf-ramfolie zu vermeiden, wird mit Silber oder Kupfer erreicht. Ist eine wei-tere Zielvorgabe die Höhe der Re Melting-Temperatur, so ist bei reinem Kupfer bei 1085°C die maximale Temperatur erreicht. Höher schmelzende

Elemente aus Tabelle 4.3 haben alle die Eigenschaft, in Wolfram zu diffundieren. Mit Ausnahme von Titan und Vanadium zeigen die Phasendiagramme dieser Elemente intermetallische Phasen. Daher wird für Hochtemperaturanwendungen Titan oder Vanadium als Lötwerkstoff empfohlen, wobei bei einer Lötung mit Vanadium der *Kirkendall*-Effekt beachtet werden muss. Die diffusionsbedingte Bildung eines Wolframmischkristalls führt zudem dazu, dass sich im allgemeinen die Re-Melting-Temperatur der Verbindung erhöht. Dies muss im Einzelfall mit dem Phasendiagramm verifiziert werden.

Neben kristallinen Loten kann man auch über die Verwendung von amorphen Loten nachdenken. Diese Lote werden durch das rasche Abkühlen einer Schmelze mit Hilfe einer Meltspin-Anlage gewonnen. Da die meisten Meltspin-Anlagen die Schmelze in einem Quarzzylinder führen, muss die Temperatur der Schmelze unterhalb von ca. $1150°C$ liegen. Dies wird realisiert, in dem man eine eutektische Schmelze herstellt. Dazu eignet sich die Zugabe von Silizium, Bor oder Phosphor. Diese Elemente wiederum wirken sich negativ auf die Duktilität von Wolfram aus (siehe 2.1.2). Die in dieser Arbeit durchgeführten Vorversuche mit amorphen Loten lieferten äußerst schlechte Ergebnisse, so dass diese Untersuchungen eingestellt wurden.

Neben der Wahl der Zwischenschicht hat auch die Verbindungstechnik entscheidenden Einfluss auf die Materialeigenschaften des synthetisierten Laminats. Als Verbindungstechniken sind denkbar: (i) Löten, (ii) Solid-State-Bonding wie Walzplattieren oder Kaltlöten, (iii) Diffusionsschweißen [92], (iv) Plasma Pulse Sintering (PPS) [93], (v) Explosionsschweißen, (vi) die elektromagnetische Pulstechnik (EMPT) [95, 96, 97], (vii) HIPen und andere.

Im Rahmen dieser Arbeit werden die Wolframlaminate durch Löten hergestellt. Als Lötfolie bzw. als Zwischenschicht wird ein eutektisches Silber-Kupfer-Lot (*BraceTec 6488*: 64 wt. % Ag, 26 wt. % Cu, 6 wt. % In, 2 wt. % Mn, 2 wt. % Ni) mit einer Dicke von $0,1\ mm$, reines Kupfer (Cu-OFE,

CW009A, >99,99 wt. % Cu) mit einer Dicke von 0,01 *mm*, 0,025 *mm* und 0,1 *mm*, reines Titan mit einer Dicke von 0,15 *mm* sowie reines Zirkonium mit einer Dicke von 0,1 *mm* verwendet. Die Materialsynthese ist pragmatisch. Wolframfolie und Lötfolie werden zugeschlagen, gereinigt, alternierend übereinandergeschichtet, beschwert, mit Draht fixiert und dann gelötet. Ein Beispiel für ein gelötetes Wolframfolienlaminat zeigt Abbildung 4.25.

Bild 4.25.: Kerbschlagbiegeprobe eines Wolframlaminats (KLST, 3 *mm x* 4 *mm x* 27 *mm*, 1 *mm* Kerbe). Das Laminat besteht aus 20 Schichten Wolframfolie und 19 Schichten einer eutektischen Silber-Kupfer-Lötfolie mit einer Dicke von jeweils 100 μm. Die Verbindungstechnik ist Löten.

Beim Löten mit einem eutektischen Silber-Kupfer-Lot wird erwartet, (i) dass sich aufgrund der niedrigen Löttemperatur (780°*C*) die Mikrostruktur der Wolframfolie nicht ändert, (ii) dass sich weder ein Mischkristall noch eine intermetallische Phase bildet, (iii) dass die Versetzungsannihilation an der Grenzfläche Lot-Wolframfolie ermöglicht wird, und (iv) dass die Re-melting-Temperatur des Laminats der Schmelztemperatur des Lots entspricht.

Aus diesen Überlegungen geht hervor, dass eine Lötung mit einem eutektischen Silber-Kupfer-Lot ein best-case Scenario hinsichtlich der Duktilität eines Wolframlaminats darstellt. Die Ergebnisse der Charakterisierung dieser Laminate dienen daher als best-case Benchmark. Der Nachteil von Laminaten aus einem eutektischen Silber-Kupfer-Lot ist allerdings die sehr niedrige Einsatztemperatur des Laminats, die durch die Schmelztemperatur des Lots bestimmt wird und bei ca. $600°C$ liegt. Die mikrostrukturellen Untersuchungen der Lötverbindungen werden im nächsten Kapitel thematisiert.

Folgendes sei hier am Rande erwähnt: Eine in einem Kooperationsprojekt mit der Universität Warschau hergestellte Kerbschlagbiegeprobe eines Wolframlaminats (KLST, 3 *mm x* 4 *mm x* 27 *mm*, 1 *mm* Kerbe) wurde mittels PPS hergestellt und findet sich im Anhang A.7. Zudem ist mit dem Fraunhofer-Institut für Chemische Technologie, ICT, im Pfinztal, ein Projekt zur Synthese von Wolframrohren aus Wolframfolie durch Explosionsschweißen angelaufen. Der aktuelle Stand in Bildern findet sich ebenfalls im Anhang A.8. Des Weiteren besteht zusammen mit dem Institut für Transurane, ITU, Karlsruhe, ein Projekt zur Synthese von Wolframrohren aus Wolframfolie mit Hilfe der elektromagnetischen Pulstechnik (siehe Anhang A.9).

4.2.2. Mikrostrukturelle Analyse der Lötverbindungen

Abbildung 4.26 gibt einen Überblick über die in diesem Abschnitt untersuchten Lötverbindungen von Wolfram mit einem eutektischen Silber-Kuper-Lot, Kupfer, Titan, Zirkonium und zeigt deutlich, wie vielfältig sowohl die Wolframfolie als auch die Grenzfläche Lot-Wolframfolie nach einer Lötung aussehen kann. Die einzelnen Mikrostrukturen werden im Folgenden einzeln diskutiert.

Wie erwartet, ändert sich die Mikrostruktur der Wolframfolie bei einer Lötung mit einem eutektischen Silber-Kupfer-Lot ($780°C$) nicht (siehe Ab-

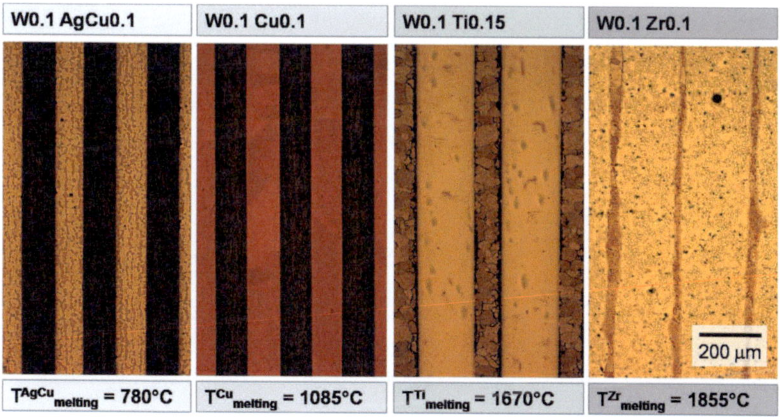

Bild 4.26.: Mikrostrukturanalyse der Lötverbindungen von Wolframfolie mit einem eutektischen Silber-Kupfer-Lot, Kupfer, Titan und Zirkonium (von links nach rechts). Die Abbildungen entstanden in einem Lichtmikroskop.

bildung 4.27). Außerdem ist die Grenzfläche von Wolframfolie zu Lot klar und scharf getrennt. Damit zeigt sich, dass die Lotschmelze Wolfram benetzt aber nicht in Wolfram diffundiert. Im Lotwerkstoff selbst sind, wie bei einem eutektischen Lot zu erwarten war, Inseln zu erkennen.

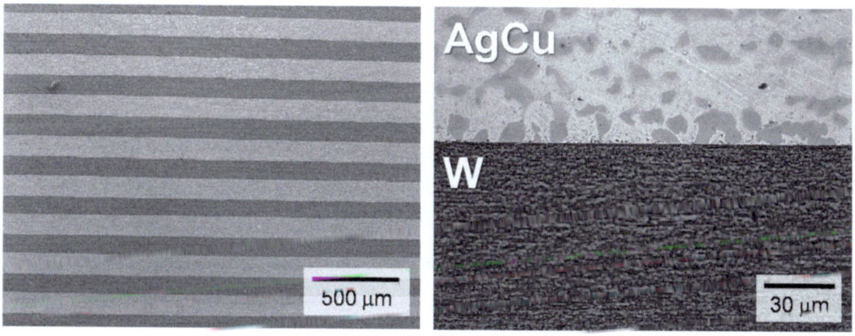

Bild 4.27.: Mikrostrukturanalyse einer Lötverbindung von Wolframfolie mit einem eutektischen Silber-Kupfer-Lot (Schmelztemperatur 780°C). Die Folien waren jeweils 100 μm dick. Die Abbildungen entstanden in einem REM.

Ein ähnliches Bild liefert die Mikrostruktur einer Lötung mit Kupfer ($1085°C$). Auch hier ist der Übergang von Lot zu Wolframfolie scharf und klar getrennt. Auch hier findet keine Diffusion statt. Allerdings ist die Mikrostruktur der Wolframfolie leicht verändert (siehe Abbildung 4.28).

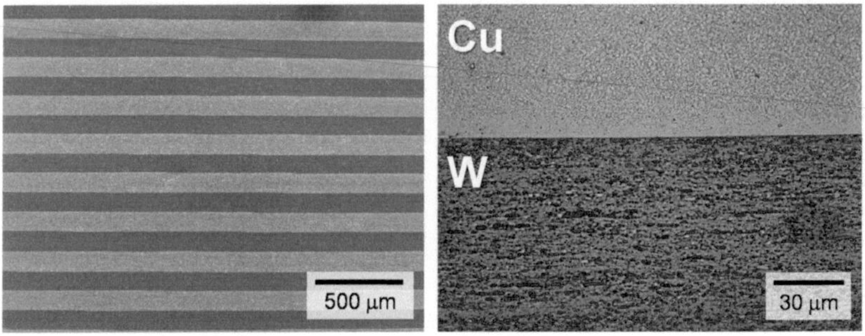

Bild 4.28.: Mikrostrukturanalyse einer Lötverbindung von Wolframfolie mit Kupfer (Schmelztemperatur $1085°C$). Die Folien waren jeweils 100 μm dick. Die Abbildungen entstanden in einem REM.

Eine massive Änderung der Mikrostruktur der Wolframfolie erfolgt durch die Lötung mit Titan ($1670°C$). Die Wolframfolie ist jetzt rekristallisiert und hat nun Körner von der Größe der Foliendicke. Außerdem zeigt Wolfram, wie zu erwarten war, eine gewisse Löslichkeit für Titan und so zeigt die Grenzfläche Titan-Wolfram einen ca. 10 μm breiten Diffusionsbereich (siehe Abbildung 4.29).

Die extremste Löslichkeit in Wolfram zeigt Zirkonium ($1860°C$). Nach der Lötung ist die Wolframfolie von 100 μm auf nur noch 10 μm geschrumpft und das Zirkonium hat sich unter Bildung intermetallischer W-Zr Phasen im Wolfram aufgelöst (siehe Abbildung 4.30).

Nachdem nun die Wahl der Zwischenschicht diskutiert, die Materialsynthese beschrieben und die Lötverbindungen analysiert wurden, steht im nächsten Kapitel die mechanische Charakterisierung von Wolframlaminaten im Mittelpunkt.

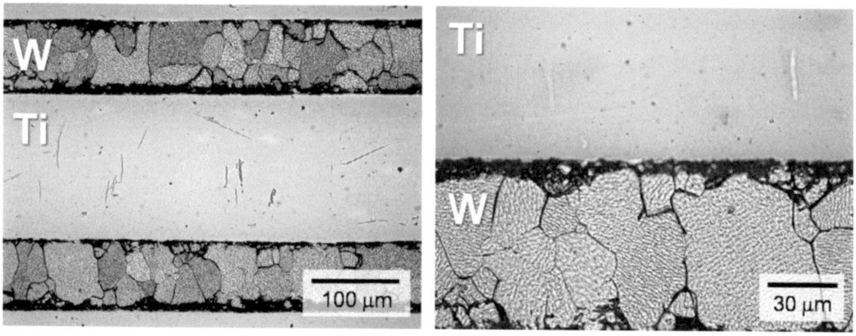

Bild 4.29.: Mikrostrukturanalyse einer Lötverbindung von Wolframfolie mit Titan (Schmelztemperatur 1670°*C*). Die Wolframfolie war 100 μm und die Titanfolie 150 μm dick. Die Abbildungen entstanden in einem REM.

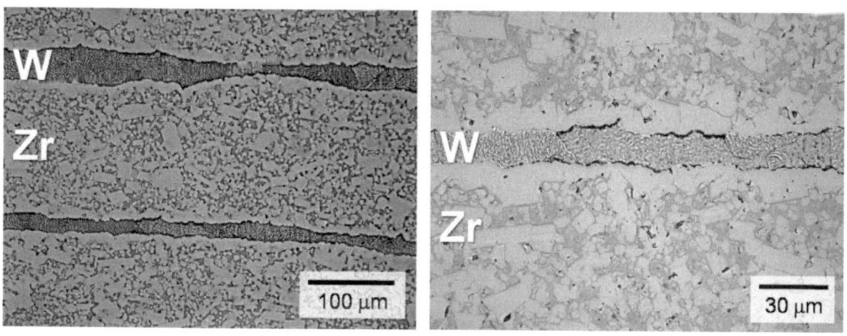

Bild 4.30.: Mikrostrukturanalyse einer Lötverbindung von Wolframfolie mit Titan (Schmelztemperatur 1860°*C*). Die Folien waren jeweils 100 μm dick. Die Abbildungen entstanden in einem REM.

4.3. Charakterisierung von Wolframlaminaten

Die Charakterisierung der Wolframlaminate erfolgt durch Drei-Punkt-Biegeversuche sowie durch Kerbschlagbiegeversuche. Ziel der Drei-Punkt-Biegeversuche ist es, die Schadenstoleranz des Laminats nachzuweisen. Der für diese Arbeit wichtigste Versuch ist der Kerbschlagbiegeversuch. Die Ergebnisse aus den Kerbschlagbiegeversuchen sollen zeigen, dass die Idee, die duktilen Eigenschaften der Folie durch Synthese eines Folienlaminats auf ein Massivbauteil zu übertragen, erfolgreich war. Alle Ergebnisse werden mit den Ergebnissen von Wolframplattenmaterial verglichen. Reines Wolframplattenmaterial ist der momentan duktilste Wolframwerkstoff. Die Ergebnisse dienen als Benchmark.

Bei den Kerbschlagbiegeproben werden verschiedene Parameter variiert: (i) Die Probenorientierung (0° (L-S), 45°, 90° (T-S), siehe Abbildung 3.5), (ii) das Lotmaterial (eutektisches Silber-Kupfer-Lot, reines Kupfer) und (iii) die Dicke der Lötfolie (bei Kupferlot: 100 μm, 25 μm, 10 μm). Der Einfluss dieser Parameter auf das Verhalten der Kerbschlagbiegeproben wird diskutiert. Das Kapitel schließt mit einer Analyse der Bruchbilder von Wolframplattenmaterial und Wolframlaminaten, einer Diskussion über die Mechanismen der Energiedissipation von Laminaten sowie einer Abschätzung des Potenzials von Laminaten aus Wolfram und Titan.

4.3.1. Drei-Punkt-Biegeversuche

Das Laminat besteht aus acht Schichten Wolframfolie, 100 μm, verlötet mit sieben Schichten eines eutektischen Silber-Kupfer-Lots, 100 μm. Die Dimensionen dieses Laminats sind $1,5$ *mm x* 10 *mm x* 20 *mm*. Die Orientierung ist in 0°, (L-S). Abbildung 4.31 zeigt eindrucksvoll wie das Folienlaminat in Etappen bricht. Mindestens vier Bruchvorgänge lassen sich ausmachen. Durch dieses Bruchverhalten wird katastrophales Versagen verhindert. Zudem bedingt dieses Bruchverhalten, dass sich die Menge der von der Probe dissipierten Energie erhöht, was sich durch die Fläche unter der Kraft-Verschiebungskurve ausdrückt. Abbildung 4.31 zeigt zudem einen Vergleich mit Wolframplattenmaterial, Dicke 1 *mm*, auch in 0° Orientierung (L-S). Um die Ergebnisse des Wolframlaminats mit Plattenmaterial vergleichen zu können, wurde darauf geachtet, dass die maximale Kraft im Drei-Punkt-Biegeversuch bei beiden Proben gleich groß ist. Dies kann erreicht werden indem man ein Laminat mit der Dicke von $1,5$ *mm* und eine Platte mit einer Dicke von 1 *mm* verwendet. Die Ergebnisse zeigen, dass das gebogene Plattenmaterial katastrophal bricht, d.h. schlagartig. Die Fläche unter der Kraft-Dehnungs-Kurve, also die dissipierte Energie, ist damit deutlich geringer als bei einem Folienlaminat.

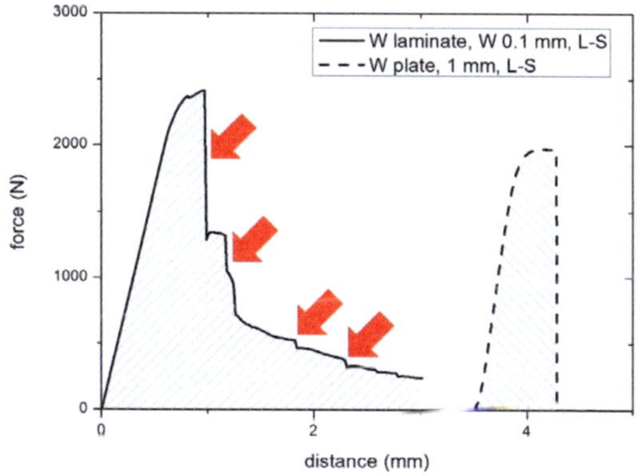

Bild 4.31.: Drei-Punkt-Biegeversuche bei RT. Links: Folienlaminat in 0° Orientierung zeigt eine hohe Schadenstoleranz und bricht in mehreren Stufen (Material: 8 *x* *W*0.1, 7 *x* *AgCu*0.1. Rechts: Eine Wolframplatte, 1 *mm*, 0° Orientierung bricht dagegen katastrophal, d.h. schlagartig.

Analog zu den Zugversuchen aus dem vorherigen Kapitel soll nun der Einluss der Probenorientierung auf die Ergebnisse der Drei-Punkt-Biegeversuche untersucht werden. Die Drei-Punkt-Biegeversuche werden bei RT durchgeführt. Das Laminat besteht aus sechs Schichten Wolframfolie, 100 μm, verlötet mit fünf Schichten eines eutektischen Silber-Kupfer-Lots, 100 μm. Die Dimensionen dieses Laminats sind 1,1 *mm x* 10 *mm x* 20 *mm*. Die getesteten Orientierungen sind 0°, (L-S), 45°, 90°, (T-S). Wie in Abbildung 4.32 zu sehen, zeigt das Folienlaminat in jeder Probenorientierung eine gewisse Schadenstoleranz. Im Gegensatz zu den Ergebnissen der Wolframfolie im Zugversuch zeigt die unter 45° orientierte Probe nicht die größte Duktilität. Im Drei-Punkt-Biegeversuche ist die in 0° orientierte Probe am duktilsten.

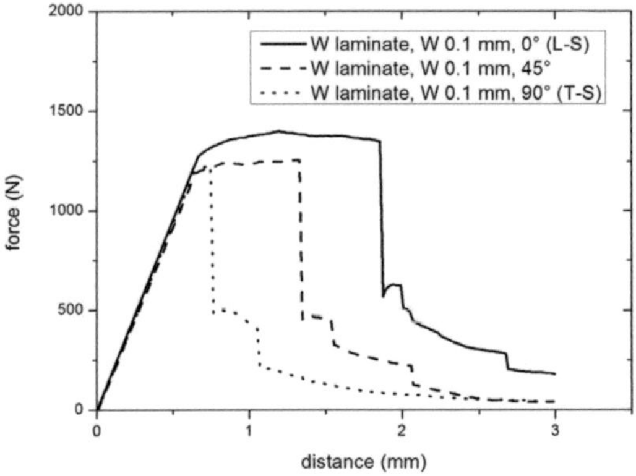

Bild 4.32.: Einfluss der Orientierung von Drei-Punkt-Biegeproben getestet bei RT. Im Gegensatz zu den Ergebnissen der Zugversuche an Wolframfolie zeigt das Laminat in 0° (L-S) Orientierung das beste Materialverhalten. Material: Sechs Schichten Wolframfolie, 100 μm verlötet mit fünf Schichten eutektischem Silber-Kupfer-Lot, 100 μm.

Auffällig ist zudem das Bruchverhalten der Folienlaminate, insbesondere die Bruchgeometrie. Die in 0° orientierten Proben brechen in einem auffälligen Zickzack-Muster, während die in 45° orientierten Proben auffallend gerade brechen (siehe Abbildung 4.33). Es wurde bereits in Kapitel 2.1.2 erwähnt, dass bei RT die $\{100\}$ Ebene die bevorzugte Rissebene von Wolfram darstellt. In Kombination mit der Textur der Wolframfolie in $\{100\}\langle 011\rangle$ lässt sich daher sowohl das Zickzack-Muster der in 0° orientierten, als auch das exakt gerade Bruchbild der in 45° orientierten Proben erklären. Aufgrund der Textur der Wolframfolie müssten die Ergebnisse der in 0° und der in 90° orientierten Proben gleich sein. Analog zur Argumentation bei den Zugversuchen scheint hier bei RT der Einfluss der Kornform für das unterschiedliche Bruchverhalten verantwortlich zu sein.

Das nächste Kapitel wird zeigen, dass sich die Bruchbilder der Drei-Punkt-Biegeproben auch auf die Bruchbilder von Kerbschlagbiegeproben übertragen lassen.

Bild 4.33.: Charakteristische Bruchflächen von Drei-Punkt-Biegeproben (10 *mm x* 20 *mm*). Die unter 0° orientierten Proben zeigen einen gezackten Bruchverlauf, die unter 45° getesteten Proben brechen auffallend gerade. Material: Vier Schichten Wolframfolie, 100 μm verlötet mit drei Schichten eutektischem Silber-Kupfer-Lot, 100 μm.

4.3.2. Kerbschlagbiegeversuche

In diesem Kapitel werden Kerbschlagbiegeversuche von Laminatproben mit der Dimension von 1 *mm x* 3 *mm x* 27 *mm* ohne Kerbe, 3 *mm x* 3 *mm x* 27 *mm* ohne Kerbe und 3 *mm x* 4 *mm x* 27 *mm* mit Kerbe (KLST) untersucht. Eine detaillierte Aufstellung der Versuchsmatrix findet sich in Tabelle 4.4.

Die Ergebnisse der Kerbschlagbiegeversuche an Laminaten werden mit Ergebnissen von reinem Wolframplattenmaterial verglichen. Das dazu verwendete Material ist gewalztes, 99,97 % reines Wolfram mit einer Dicke von 1 *mm*, 3 *mm* und 4 *mm*. Dieses kommerziell erhältliche Material wurde von der PLANSEE Metall GmbH, Reutte, pulvermetallurgisch hergestellt und nach dem Sintern warm und kalt umgeformt.

Brucharten von Wolframlaminaten

Bevor in den nachfolgenden Kapiteln die Ergebnisse der Kerbschlagbiegeversuche vorgestellt werden soll am Beispiel von in 0° orientierten Laminaten ein Eindruck über die Brucharten von Laminaten im Kerbschlagbiegeversuch gegeben werden. Wie man sich vorstellen kann, sind diese

Tabelle 4.4.: Versuchsmatrix

<table>
<tr><th>Geometrie</th><th>Lötwerkstoff</th><th>Wolframfolie</th><th>Orientierung</th></tr>
<tr><td rowspan="3">1 mm x 3 mm x 27 mm</td><td rowspan="3">AgCu, 0,1 mm</td><td rowspan="3">W, 0,1 mm</td><td>0°</td></tr>
<tr><td>45°</td></tr>
<tr><td>90°</td></tr>
<tr><td rowspan="4">3 mm x 3 mm x 27 mm</td><td rowspan="4">AgCu, 0,1 mm</td><td rowspan="3">W, 0,1 mm</td><td>0°</td></tr>
<tr><td>45°</td></tr>
<tr><td>90°</td></tr>
<tr><td>Wrxx, 0,1 mm</td><td>0°</td></tr>
<tr><td rowspan="7">3 mm x 4 mm x 27 mm</td><td rowspan="4">AgCu, 0,1 mm</td><td rowspan="3">W, 0,1 mm</td><td>0°</td></tr>
<tr><td>45°</td></tr>
<tr><td>90°</td></tr>
<tr><td>Wrxx, 0,1 mm</td><td>0°</td></tr>
<tr><td>Cu, 0,1 mm</td><td rowspan="3">W, 0,1 mm</td><td rowspan="3">0°</td></tr>
<tr><td>Cu, 0,025 mm</td></tr>
<tr><td>Cu, 0,01 mm</td></tr>
</table>

aufgrund des schichtweisen Aufbaus vielfältig. Speziell bei in 0° orientierten Proben lassen sich jedoch drei Charakteristika feststellen, welche in Abbildung 4.34 aufgezeigt werden. Die drei vorgestellten Bruchbilder zeichnen sich durch folgende Eigenschaften aus: (i) Im niedrigen Temperaturbereich versagen die Proben hauptsächlich spröde. Einige Folienlagen bleiben jedoch stets intakt. Zudem verläuft der Riss stufenweise, wird vielfach abgelenkt, so dass selbst diese Proben eine gewisse Menge an Energie dissipieren (siehe Abbildung 4.34 links). (ii) Im mittleren Temperaturbereich herrscht duktiles Materialverhalten. Die am meisten unter Zug beanspruchten Folienlagen brechen gelegentlich (siehe Abbildung 4.34 Mitte). (iii) Schließlich gibt es noch eine Versagensform, bei der der Riss nicht ausgehend von der Kerbe startet. Vielmehr delaminiert die Probe, einzel-

Bild 4.34.: Kerbschlagbiegeproben (3 *mm x* 4 *mm x* 27 *mm*, 1 *mm* Kerbe) mit Wolframfolie, 100 μm, verlötet mit einem eutektischen Silber-Kupfer-Lot, 100 μm. Rechts: Ein Versagen der Probe durch Delamination (Type B) ist die Ausnahme. Sollten Messwerte von delaminierten Proben (Type B) in dieser Arbeit aufgeführt sein, so ist die ausdrücklich erwähnt.

ne Schichtenbündel schieben sich voneinander ab (siehe Abbildung 4.34 rechts). Diese Versagensform stellt die Ausnahme dar. Die bei diesen Proben gemessene dissipierte Energie ist stets gering (ca. $2\,J - 5\,J$). Messwerte von Laminatproben, die im Kerbschlagbiegeversuch delaminieren, werden in dieser Arbeit ausdrücklich erwähnt.

Zur Nomenklatur „Delamination“: Da sich diese Art der Delamination von der bei Wolframstab- oder Plattenmaterial bekannten Delamination unterscheidet, gilt ab jetzt folgende Definition: Delaminationsversagen, welches, wie bei Platten- oder Stabmaterial bekannt, in der Nähe der Kerbe startet wird weiterhin mit „Delamination“ bezeichnet. Ein Delaminationsversagen, wie es in Abbildung 4.34 rechts zu sehen ist, wird mit „Delamination (Type B)“ gekennzeichnet.

Probengeometrie: 1 *mm x* 3 *mm x* 27 *mm*, **ohne Kerbe**

In diesem Abschnitt werden Proben mit der Dimension 1 *mm x* 3 *mm x* 27 *mm*, ohne Kerbe untersucht. Benchmarkexperimente stellen Versuche an Proben aus 1 *mm* Plattenmaterial dar. Diese sind in 0° (L-S) und 90° (T-S) orientiert. Das untersuchte Wolframlaminat besteht aus sechs Schichten Wolframfolie, 100 μm, und fünf Schichten eines eutektischen Silber-Kupfer-Lots, 100 μm. Der Verbindungsprozess ist Löten. Die Proben des

Laminats sind orientiert in 0° (L-S), 45° und 90° (T-S). Sowohl die Wolframfolie als Halbzeug, als auch das Wolframplattenmaterial ist im Lieferzustand. Die Ergebnisse der Kerbschlagbiegeversuche finden sich in Abbildung 4.35.

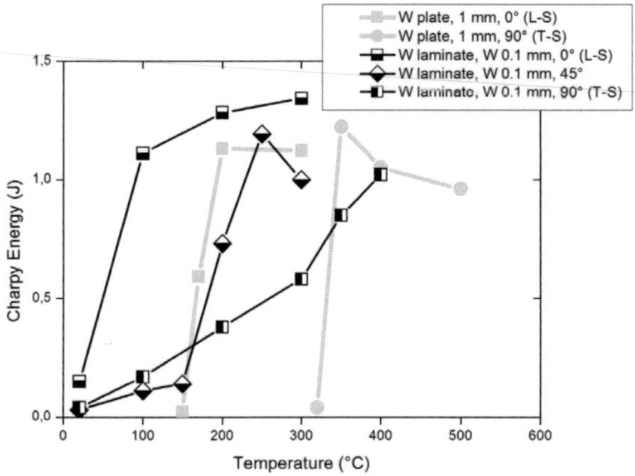

Bild 4.35.: Kerbschlagbiegeversuche an Proben mit der Geometrie: 1 *mm x* 3 *mm x* 27 *mm*.

Als erstes bleibt festzuhalten, dass der Spröd-duktil-Übergang bei Wolframplattenmaterial eine Funktion der Walzrichtung ist. In Walzrichtung (0° oder L-S) ist der Übergang bei $150°C$, quer zur Walzrichtung (90° oder T-S) bei $350°C$. Die Aktivierungsenergie des Spröd-duktil-Übergangs kann dennoch für beide Orientierungen gleich sein, jedoch liegen die Graphen in einem Diagramm T_{BDT} über Dehnrate nicht übereinander sondern parallel und gegeneinander verschoben. Als zweites bleibt festzuhalten, dass Wolframplattenmaterial sowohl in Walzrichtung als auch quer zur Walzrichtung das klassische Erscheinungsbild eines Spröd-duktil-Übergangs zeigt: sehr geringe Energieaufnahme im spröden Bereich, ein scharfer Übergang von sprödem zu duktilem Materialverhalten, gefolgt von einer leichten Energieabnahme bei weiter ansteigenden Testtemperaturen. Es findet hier keine Delamination der Wolframproben statt und es wird sich später bestätigen, dass alle ungekerbten Proben aus Wolframplattenmaterial nicht delaminieren. Grund hierfür ist ohne Zweifel der dreiachsige Spannungszustand von gekerbten Proben, welcher die maximale Spannung in Rissausbreitungsrichtung nicht in der Kerbe, sondern kurz nach der Kerbe vorsieht [122].

Die Proben der Wolframlaminate sind hochgradig anisotrop. Proben mit einer Orientierung in 0° (L-S) zeigen einen scharfen Übergang von sprödem zu duktilem Materialverhalten. In 45° orientierte Proben zeigen im spröden Bereich ein auffällig geradliniges Bruchbild (siehe auch Drei-Punkt-Biegeversuche). Bei steigender Versuchstemperatur gibt es einen scharfen Übergang von sprödem zu duktilem Materialverhalten. Die unter 90° orientierte Proben zeigen eine eigenwillige Art der Energiedissipation, die sich völlig von den zuvor diskutierten Orientierungen unterscheidet. Die dissipierte Energie steigt linear mit der Temperatur an, es gibt keinen scharfen Übergang von sprödem zu duktilem Materialverhalten. Bei der Frage nach dem unterschiedlichen Materialverhalten von in 0° (L-S) und in 90° (T-S) orientierten Proben gilt die gleiche Argumentation, die bereits bei Zugversuchen und Drei-Punkt-Biegeversuchen diskutiert wurde.

Drei erfreuliche Ergebnisse lassen sich aus dem Vergleich mit Wolframplattenmaterial festhalten: (i) Es ist gelungen, die duktilen Eigenschaften der Folie auf ein Massivbaueil zu übertragen, (ii) im Vergleich zum Plattenmaterial findet die Energiedissipation schon bei niedrigen Temperaturen statt und (iii) die maximal dissipierte Energie liegt bei Laminaten in der gleichen Größenordnung wie bei reinem Plattenmaterial. Allerdings ist die obere Einsatztemperatur des Wolframlaminats bedingt durch die Schmelztemperatur des eutektischen Silber-Kupferlots auf ca. $600°C$ begrenzt. Es handelt sich hierbei also nicht mehr um einen Hochtemperaturwerkstoff.

Probengeometrie: 3 *mm x* 3 *mm x* 27 *mm*, **ohne Kerbe**

In diesem Abschnitt werden Proben mit der Dimension 3 *mm x* 3 *mm x* 27 *mm*, ohne Kerbe untersucht. Benchmarkexperimente stellen Versuche an Proben aus 3 *mm* Plattenmaterial dar. Diese sind in 0° (L-S) und in 90° (T-S) orientiert. Das untersuchte Wolframlaminat besteht aus 15 Schichten Wolframfolie, 100 μm, und 14 Schichten eines eutektischen Silber-Kupfer-Lots, 100 μm. Der Verbindungsprozess ist Löten. Die Proben des Laminats sind orientiert in 0° (L-S), 45° und in 90° (T-S). Die Wolframfolie als Halbzeug liegt sowohl im Lieferzustand als auch nach einer Glühung von 1 h / 1800°C vor. Ebenso liegt das Wolframplattenmaterial sowohl im Lieferzustand als auch nach einer Glühung von 1 h / 2000°C vor. Die Ergebnisse der Kerbschlagbiegeversuche von Platten im Lieferzustand bzw. von Laminaten aus Folie im Lieferzustand finden sich in Abbildung 4.36.

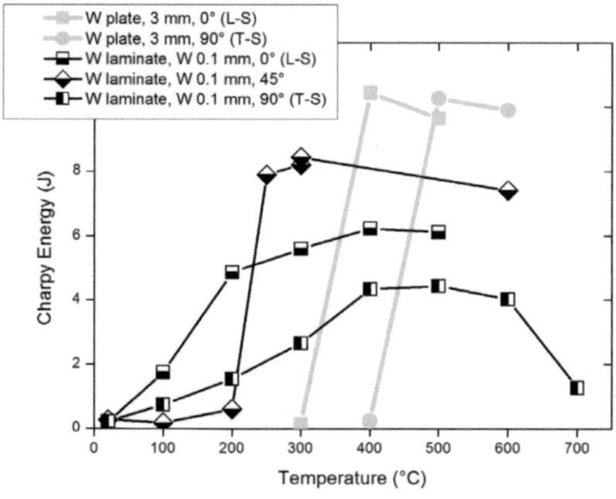

Bild 4.36.: Kerbschlagbiegeversuche an Proben mit der Geometrie: 3 *mm x* 3 *mm x* 27 *mm*.

Analog zu den Ergebnissen von 1 *mm* Plattenmaterial bestätigt sich auch hier, dass der Spröd-duktil-Übergang eine Funktion der Walzrichtung ist.

In Walzrichtung (0° oder L-S) liegt die Übergangstemperatur bei 300°C, quer zur Walzrichtung (90° oder T-S) bei 400°C. Die Erhöhung der Übergangstemperatur im Vergleich zum 1 *mm* Plattenmaterial begründet sich zum einen in der höheren Dehnung und daraus resultierend der höheren Dehnrate, sowie des geringeren Umformgrads. Eine weitere Analogie zu den Ergebnissen von 1 *mm* Plattenmaterial ist der klassische Spröd-duktil-Übergang sowie die Tatsache, dass die Proben nicht delaminieren.

Wie nach den Versuchsergebnissen von 1 *mm x* 3 *mm x* 27 *mm* Laminatproben zu erwarten war, sind auch die 3 *mm x* 3 *mm x* 27 *mm* Wolframlaminate hochgradig anisotrop. Proben mit einer Orientierung in 0° (L-S) zeichnen sich aus durch einen linearen Anstieg der dissipierten Energie, der schon ab 200° in einen Sättigungsbereich übergeht.

In 45° orientierte Proben zeigen im spröden Bereich ein auffällig geradliniges Bruchbild. Bei steigender Versuchstemperatur gibt es einen scharfen Übergang von sprödem zu duktilem Materialverhalten, welcher einhergeht mit einem Wechsel im Bruchcharakter der Folien. Diese brechen nun nicht mehr geradlinig, sondern in einer charakteristischen Zickzack-Form (siehe Abbildung 4.37). Es sei hier ergänzt, dass im duktilen Bereich nicht alle Folienschichten intakt bleiben, sondern dass immer die am meisten unter Zug beanspruchten Lagen reißen.

Die Kurve der Energiedissipation der unter 90° orientierten Proben zeigt die zu erwartende eigenwillige Form: Linearer Anstieg der dissipierten Energie mit ansteigender Temperatur, kein scharfer Übergang von sprödem zu duktilem Materialverhalten. Eine bei 700°C getestete Probe versagte aufgrund der weichen Lötschicht (Löt- und Schmelztemperatur des eutektischen Silber-Kupferlots ist 780°C). Bilder der getesteten Laminatkerbschlagbiegeproben finden sich im Anhang.

Im Vergleich zu Wolframplattenmaterial lässt sich festhalten: (i) Die maximale dissipierte Energie ist um Faktor zwei geringer, (ii) das Bruchverhalten ist hochgradig anisotrop und (iii) schon bei niedrigen Temperaturen dissipieren die Laminatproben Energie. Allerdings (iv) ist die obere Ein-

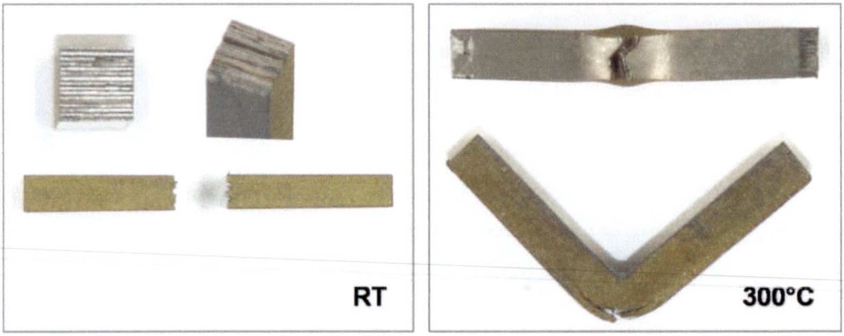

Bild 4.37.: Kerbschlagbiegeproben aus 15 Schichten Wolframfolie, 100 μm, verlötet mit 14 Schichten eines eutektischen Silber-Kupfer-Lots, 100 μm. Die Probe ist in 45° orientiert. Am Bruchbild der Folien wird der Wechsel des Bruchcharakters von bei RT zu bei $300°C$ getesteten Proben deutlich.

satztemperatur des Wolframlaminats auf ca. $600°C$ begrenzt.

Bisher wurden Platten und Laminate aus Folie im Lieferzustand untersucht. Im nächsten Abschnitt soll das Verhalten von rekristallisierten Wolframplatten und Laminaten aus rekristallisierter Folie analysiert werden.

Die Ergebnisse der Kerbschlagbiegeversuche von Platten nach Glühungen von 1 h / $2000°C$ bzw. von Laminaten aus Folie nach Glühungen von 1 h / $1800°C$ finden sich in Abbildung 4.38. Untersucht wurden jeweils Proben in 0° bzw. L-S Orientierung.

Die Kurve der Versuche mit rekristalliserten Proben aus Plattenmaterial besteht lediglich aus einem Punkt. Selbst bei einem Kerbschlagbiegeversuch bei $1000°C$ konnte diese Probe kaum Energie aufnehmen. Die Probe bricht absolut spröde, interkristalliner Bruch. Dieses Ergebnis ist verheerend und zeigt, dass bei Verwendung von reinem Wolframplattenmaterial als Strukturwerkstoff die Rekristallisation über die Betriebsdauer ausgeschlossen werden muss. Wie aber ist das Verhalten von Laminaten aus rekristallisierter Wolframfolie, 100 μm, Glühung 1 h / $1800°C$? Das Ergebnis ist erstaunlich. Es findet hier tatsächlich ein Übergang von sprödem zu duktilem Materialverhalten statt, und das schon bei $400°C$ (siehe Abbil-

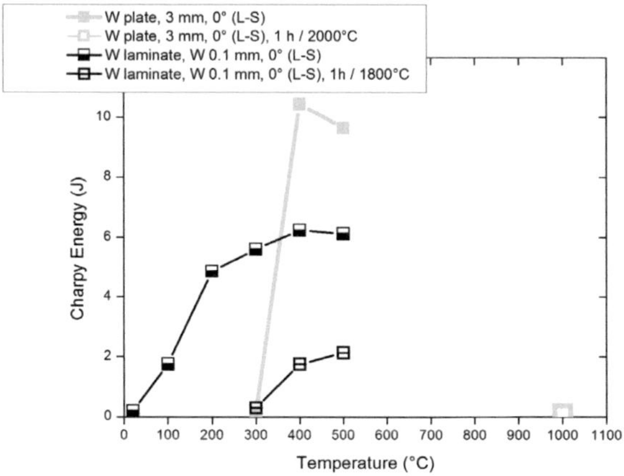

Bild 4.38.: Kerbschlagbiegeversuche an Proben mit der Geometrie: 3 *mm x* 3 *mm x* 27 *mm*.

dung 4.39) (Hinweis: Probenversagen durch Delamination (Type B), siehe 4.3.2).

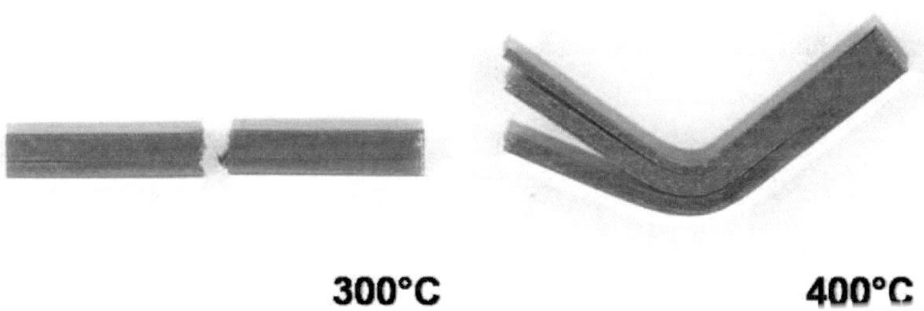

Bild 4.39.: Kerbschlagbiegeproben (3 *mm x* 3 *mm x* 27 *mm*) aus 15 Schichten Wolframfolie, 100 μm, geglüht (1 *h* / 1800°*C*), verlötet mit 14 Schichten eines eutektischen Silber-Kupfer-Lots, 100 μm. Orientierung in 0° (L-S). Der Spröd-duktil-Übergang findet bei 400°*C* statt.

Damit liegt der Übergang im selben Temperaturbereich wie bei reinem Wolframplattenmaterial im Lieferzustand. Können sich die Eigenschaften des Laminats aus rekristallisierter Folie noch verschlechtern? Eigentlich nicht. Der rekristallisierte Zustand nach einer extremen Glühung von 1 *h* / 1800°*C* stellt einen worst case Zustand dar. Der geringere Betrag an dissipierter Energie von Laminaten aus rekristallisierter Folie im Gegensatz zu Laminaten aus Folie im Lieferzustand liegt zum einen in der Mikrostruktur der Folie begründet, zum anderen aber auch im Bruchverhalten. Diese versagten durch Delamination (Type B). Bilder der Laminatkerbschlagbiegeproben finden sich im Anhang.

Im Vergleich zu Wolframplattenmaterial lässt sich festhalten: (i) Bei Plattenmaterial (3 *mm*, Probenorientierung 0° (L-S)) ist der Spröd-duktil-Übergang im best case (Lieferzustand) bei 400°*C* und im worst case (Glühung 1 *h* / 2000°*C*) bei über 1000°*C*. (ii) Bei Laminaten aus Folie (Probenorientierung 0° (L-S)) ist der Spröd-duktil-Übergang im best case (Laminat aus Folie im Lieferzustand) bei 300°*C* und im worst case (Laminat aus rekristallisierter Folie, Glühung 1 *h* / 1800°*C*) bei nur 400°*C*. Dieses Ergebnis ist hervorragend. Man kann zudem davon ausgehen, dass rekristallisierte Folie nun symmetrische Körner hat und die Eigenschaften sowohl in 0° als auch in 90° jetzt gleich sind. Fazit: Die Möglichkeit zur Energiedissipation nach extremen Glühungen stellt sicher einen der bedeutendsten Unterschiede zwischen Wolframplattenmaterial und Laminaten dar.

Im nächsten Abschnitt werden nun die klassischen KLST Proben (3 *mm x* 4 *mm x* 27 *mm*, 1 *mm* Kerbe) untersucht. Vor der Untersuchung ging man davon aus, dass die Proben im Versuch im Kerbgrund delaminieren, wodurch sich eine „neue“ Probengeometrie von 3 *mm x* 3 *mm x* 27 *mm* einstellen würde. Daher wurden im Vorfeld 3 *mm x* 3 *mm x* 27 *mm* Proben getestet. Nach dem oben skizzierten Gedanken müsste das Verhalten von gekerbten Proben (3 *mm x* 4 *mm x* 27 *mm*) ähnlich dem von ungekerbten Proben (3 *mm x* 3 *mm x* 27 *mm*) sein. Der folgende Abschnitt wird zeigen, dass dem aber nicht so ist.

Probengeometrie: 3 *mm x* 4 *mm x* 27 *mm*, 1 *mm* **Kerbe (KLST)**

In diesem Abschnitt werden Proben mit der Dimension 3 *mm x* 4 *mm x* 27 *mm*, 1 *mm* Kerbe (KLST) untersucht. Benchmarkexperimente stellen Versuche an Proben aus 4 *mm* Plattenmaterial dar. Diese sind in 0° (L-S) und in 90° (L-T) orientiert. Das untersuchte Wolframlaminat besteht aus 20 Schichten Wolframfolie, 100 μm, und 19 Schichten eines eutektischen Silber-Kupfer-Lots, 100 μm. Der Verbindungsprozess ist Löten. Die Proben des Laminats sind orientiert in 0° (L-S), 45° und in 90° (T-S). Die Wolframfolie als Halbzeug liegt sowohl im Lieferzustand als auch nach einer Glühung von 1 h / 1800°C vor. Ebenso liegt das Wolframplattenmaterial sowohl im Lieferzustand als auch nach einer Glühung von von 1 h / 2000°C vor. Die Ergebnisse der Kerbschlagbiegeversuche von Platten im Lieferzustand bzw. von Laminaten aus Folie im Lieferzustand finden sich in Abbildung 4.40.

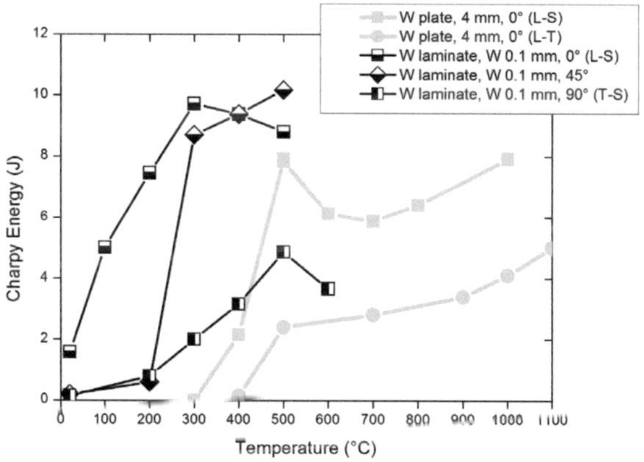

Bild 4.40.: Kerbschlagbiegeversuche an Proben mit der Geometrie: 3 *mm x* 4 *mm x* 27 *mm*, 1 *mm* Kerbe (KLST).

Als erstes bleibt festzuhalten, dass das Bruchverhalten von Wolframplattenmaterial hochgradig anisotrop ist. In L-T getestete Proben (Quelle [48]) dissipieren bei gleicher Temperatur ein Drittel weniger Energie als in L-S orientierte Proben. Zudem zeigen die in L-S orientierten Proben das von Wolfram bekannte Delaminationsverhalten. Die Proben delaminieren selbst bei einer Testtemperatur von 1000°*C* noch (siehe Abbildung 4.41). Von dem klassischen Bild eines Spröd-duktil-Übergangs kann hier nicht die Rede sein. Vielmehr bestätigt sich die Aussage, dass Wolfram zwei Übergänge hat: (i) von spröde zu Delamination und (ii) von Delamination zu duktil.

Bild 4.41.: Kerbschlagbiegeversuche an Proben mit der Geometrie: 3 *mm x* 4 *mm x* 27 *mm*, 1 *mm* Kerbe (KLST) aus Plattenmaterial, 4 *mm*, im Lieferzustand, 0° Orientierung (L-S).

Wie erwartet sind die Proben der Wolframlaminate hochgradig anisotrop. Proben mit einer Orientierung in 0° (L-S) dissipieren Energie schon bei niedrigen Temperaturen: fast 2 *J* bei RT, 5 *J* bei 100°*C*, 8 *J* bei 300°*C*. Die Hochlage wird schon bei 300°*C* erreicht und die USE (engl.: upper shelf energy) beträgt ca. 10 *J*. Alle Bruchbilder der in 0° (L-S) orientierten Proben finden sich in Abbildung 4.42. In 45° orientierte Proben zeigen den schon von Proben der Geometrie 1 *mm x* 3 *mm x* 27 *mm* und 3 *mm x* 3 *mm x* 27 *mm* bekannten scharfen Übergang von sprödem zu duktilem Materialverhalten, welcher einhergeht mit einem Wechsel des Bruchcharakters der Laminatfolien (von gerade zu zickzack). Auch hier ist die USE hoch: 10 *J*. Und auch die in 90° (T-S) orientierten Proben bestätigen das Bild, welches sich durch 1 *mm x* 3 *mm x* 27 *mm* und 3 *mm x* 3 *mm x* 27 *mm* Proben abgezeichnet hat: Ein mit der Temperatur linearer Anstieg der dissipierten Energie.

Bild 4.42.: Kerbschlagbiegeversuche an Proben mit der Geometrie: 3 *mm x* 4 *mm x* 27 *mm* aus Laminaten hergestellt aus Wolframfolie, 100 μm, im Lieferzustand, gelötet mit einem eutektischen Silber-Kupfer-Lot, 100 μm. Orientierung 0°, (L-S).

Die anfangs formulierte Befürchtung, dass die gekerbten 3 *mm x* 4 *mm x* 27 *mm* Laminatproben im Kerbgrund delaminieren und man dadurch "quasi"3 *mm x* 3 *mm x* 27 *mm* Proben testet, ist nicht der Fall. Die gekerbten Proben delaminieren nicht. Vergleicht man alle drei untersuchten Probengeometrien (1 *mm x* 3 *mm x* 27 *mm* ohne Kerbe, 3 *mm x* 3 *mm x* 27 *mm* ohne Kerbe, und 3 *mm x* 4 *mm x* 27 *mm* mit Kerbe) so stellt man fest, dass die Graphen Energie über Temperatur analog sind und man festhalten kann: (i) In 0° (L-S) orientierte Proben zeichnen sich durch einen linearen Anstieg der dissipierten Energie aus, welcher schon bei niedrigen Temperaturen in einen Sättigungszustand übergeht. (ii) In 45° orientierte Proben zeigen einen scharfen Übergang von sprödem zu duktilem Materialverhalten, einhergehend mit einem Wechsel des Bruchbilds der Folie. (iii) In 90° (T-S) orientierte Proben dissipieren Energie linear mit ansteigender Temperatur. Bilder der Laminatkerbschlagbiegeproben finden sich im Anhang.

Ein Vergleich der Ergebnisse von Folienlaminaten mit Plattenmaterial fällt äußerst positiv aus. Vergleicht man die in 0° (L-S) orientierten Proben, so verschiebt sich der Spröd-duktil Übergang um mehrere hundert Grad hin zu niedrigeren Temperaturen. Auch die bei diesem Probentyp dissipierte Energie ist bei Folienlaminaten größer als bei Plattenmaterial. Dies liegt auch darin begründet, dass die Folienlaminate nicht delaminieren. Dies stellt einen weiteren Vorteil von Laminaten gegenüber Plattenmaterial dar

Die Ergebnisse der Kerbschlagbiegeversuche von Platten nach Glühungen von 1 h / 2000°C bzw. von Laminaten aus Folie nach Glühungen von 1 h / 1800°C finden sich in Abbildung 4.43. Untersucht wurden jeweils Proben in 0° bzw. L-S Orientierung.

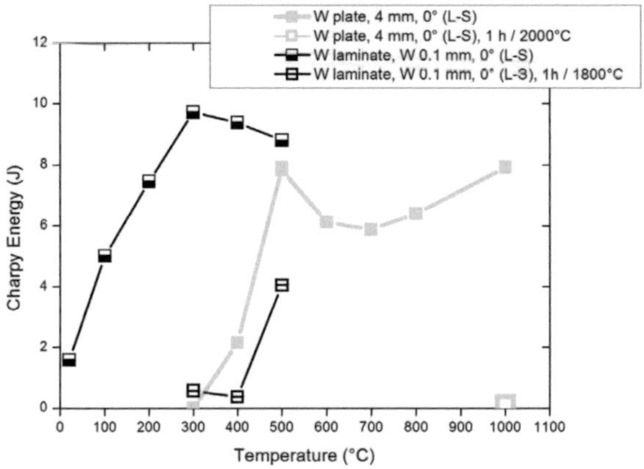

Bild 4.43.: Kerbschlagbiegeversuche an Proben mit der Geometrie: 3 mm x 4 mm x 27 mm, 1 mm Kerbe, KLST.

Auch hier kann eine Probe aus rekristallisiertem Plattenmaterial selbst bei einer Prüftemperatur von 1000°C kaum Energie dissipieren. Viel besser ist dagegen das Verhalten von Laminaten aus rekristallisierter Wolframfolie, 100 μm, Glühung 1 h / 1800°C. Hier findet tatsächlich ein Spröd-duktil-Übergangs statt - und das schon bei 500°C. Dieses Ergebnis ist eine Verbesserung bzw. Verschiebung der Spröd-duktil-Übergangstemperatur um mindestens 500°C. Damit befindet sich der Spröd-duktil-Übergang im selben Temperaturbereich wie bei reinem Wolframplattenmaterial im Lieferzustand.

Im Vergleich zu Wolframplattenmaterial lässt sich festhalten: (i) Bei Plattenmaterial (4 mm, Probenorientierung 0° (L-S)) ist der Spröd-Delamination-Übergang im best case (Lieferzustand) bei 500°C und im worst case (Glühung 1 h / 2000°C) bei über 1000°C. (ii) Bei Laminaten aus Folie (Probenorientierung 0° (L-S)) ist der Spröd-duktil-Übergang im best case (Laminat aus Folie im Lieferzustand) bei 300°C und im worst case (Laminat aus rekristallisierter Folie, Glühung 1 h / 1800°C) bei nur 500°C. Diese best case, worst case Abschätzung bassiert auf der Annahme, dass sich die Spröd-duktil-Übergangstemperatur von Laminaten aus geglühter (1 h 1000°C bis 1 h 1800°C) 100 μm Wolframfolie im Temperaturintervall von 300°C - 500°C befindet. Dass dies so ist, wird im nächsten Abschnitt bestätigt.

Zuvor werden jedoch noch die Bruchflächen von zwei Laminatproben aus Folie im Lieferzustand und zwei Laminatproben aus rekristallisierter (1 h / 1800°C) Folie untersucht (siehe Abbildung 4.44 und 4.45).

Abbildung 4.44 zeigt die Bruchflächen von Kerbschlagbiegeproben aus Folie im Lieferzustand aus dem spröden Bereich (Abbildung 4.44 links) sowie aus dem duktilen Bereich (Abbildung 4.44 rechts). Bei letzterem macht man sich zu nutze, dass selbst im duktilen Bereich die am meisten unter Zug beanspruchten Folienlagen brechen. Bei der im spröden Bereich getesteten Probe zeigt das Bruchbild der Wolframfolie einen klassischen Sprödbruch, gleichzeitig lässt sich auch die lamellare Kornstruktur erkennen. Im duktilen Bereich (Abbildung 4.44 rechts) bricht die Wolframfolie charakteristisch: Es gibt keine Wabenstruktur wie man sie vom klassischen duktilen Bruchbild her kennt. Vielmehr sind die Waben extrem langegezogen, man kann auch sagen, die Folie zeigt im duktilen Bereich ein lamellares Bruchbild. Damit ist dieses Bruchbild äquivalent zu dem Bruchbild von Zugversuchsproben aus Wolframfolie, 100 μm, im Lieferzustand, die bei RT getestet wurden.

Abbildung 4.45 zeigt die Bruchflächen von Kerbschlagbiegeproben aus geglühter Folie (1 h / 1800°C) aus dem spröden Bereich (Abbildung 4.45 links) sowie aus dem duktilen Bereich (Abbildung 4.45 rechts). Auch hier macht man sich zu nutze, dass die am meisten unter Zug beanspruchten Lagen gebrochen sind. Das Bruchbild der im spröden Bereich gebrochenen

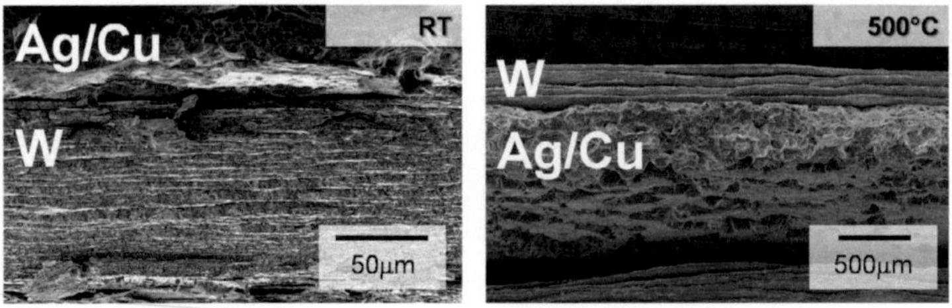

Bild 4.44.: Bruchflächen von Kerbschlagbiegeproben (3 mm x 4 mm x 27 mm, 1 mm Kerbe) aus 15 Schichten Wolframfolie, 100 μm, im Lieferzustand, verlötet mit 14 Schichten eines eutektischen Silber-Kupfer-Lots, 100 μm. Orientierung in 0° (L-S). Links: Probe im spröden Bereich. Rechts: Probe im duktilen Bereich.

Probe zeigt einen typischen Sprödbruch mit hohem Anteil an interkristallinem Bruch. Dieser erlaubt die Korngröße abzuschätzen: ca. 30 μm. Spannend ist das Bruchbild der Probe im duktilen Bereich, welches sich von dem der Probe aus Folie im Lieferzustand fundamental unterscheidet. Die Wolframfolie lamelliert nicht auf, vielmehr gibt es einen spitzen Grad. Damit ist auch dieses Bruchbild äquivalent zu dem von geglühten (1 h / 2000°C) Zugversuchsproben, die bei 600°C getestet wurden.

Bild 4.45.: Bruchflächen von Kerbschlagbiegeproben (3 mm x 4 mm x 27 mm, 1 mm Kerbe) aus 15 Schichten Wolframfolie, 100 μm, geglüht (1 h / 1800°C), verlötet mit 14 Schichten eines eutektischen Silber-Kupfer-Lots, 100 μm. Orientierung in 0° (L-S). Links: Probe im spröden Bereich. Rechts: Probe im duktilen Bereich.

Die bisher hergestellten Kerbschlagbiegeproben wurden alle mit einem eutektischen Silber-Kupfer-Lot hergestellt. Der Vorteil dieses Lotes ist, dass die geringe Löttemperatur ($780°C$) die Mikrostruktur der Wolframfolie nicht ändert und weder Kupfer noch Silber in die Wolframfolie diffundieren. Insbesondere Silber ist für nukleare Anwendungen jedoch nicht geeignet. Daher wird im nächsten Kapitel mit reinem Kupferlot gearbeitet. Anhand der Variation der Dicke des Kupferlots soll dann der Einfluss der Lotdicke auf die Eigenschaften der Kerbschlagbiegeproben untersucht werden.

Einfluss der Lotdicke

In diesem Abschnitt soll untersucht werden, inwiefern sich eine Varianz in der Lotdicke auf die Menge an dissipierter Energie der Kerbschlagbiegeproben auswirkt. Zudem soll untersucht werden ob und wie sich der Spröd-duktil-Übergang von Wolfram-Kupfer-Laminaten im Vergleich zu Laminaten die mit einem eutektischen Silber-Kupfer-Lot gelötet wurden verschiebt.

Bei erster Fragestellung geht man davon aus, dass mit steigendem Anteil an Wolfram im Laminat die Menge der dissipierten Energie steigen wird. Dem steht jedoch der Satz von *Steiner* entgegen, wonach hauptsächlich die äußeren Randschichten für die Größe des Trägheitsmoments verantwortlich sind, was man sich zum Beispiel im Leichtbau zu nutze macht. Bei zweiter Fragestellung soll der Einfluss einer Lötung mit Kupfer auf den Spröd-duktil-Übergang von Laminaten untersucht werden. Eine Kupferlötung findet bei ca. $1100°C$ statt. Damit - das haben die Drei-Punkt Beigeversuche gezeigt - ist man bereits in einem Temperaturbereich, in dem sich die Mikrostruktur der Wolframfolie marginal ändert.

Die Laminatproben haben die Dimension von 3 *mm x* 4 *mm x* 27 *mm*, mit Kerbe (KLST), in 0° Orientierung (L-S). Der Verbindungsprozess ist Löten, das verwendete Lot ist Kupfer, die Dicke des Kupferlots wird variiert: 100 μm, 25 μm und 10 μm.

Die untersuchten Wolframlaminate wurden hergestellt aus 24 Schichten Wolframfolie, 100 μm, und 23 Schichten Kupferlot, 100 μm, bzw. aus 34 Schichten Wolframfolie, 100 μm, und 33 Schichten Kupferlot, 25 μm, oder 38 Schichten Wolframfolie, 100 μm, und 37 Schichten Kupferlot, 10 μm. Nach der Materialsynthese wurde die exakte Dicke von 4 *mm* durch Schleifen eingestellt.

Benchmarkexperimente stellen Versuche an Laminatproben aus 20 Schichten Wolframfolie, 100 μm, und 19 Schichten eines eutektischen Silber-Kupfer-Lots, 100 μm, sowie Proben aus 4 *mm* Plattenmaterial in 0° (L-S) dar. Die Ergebnisse der Kerbschlagbiegeversuche von Laminaten mit unterschiedlicher Lotdicke finden sich in Abbildung 4.46.

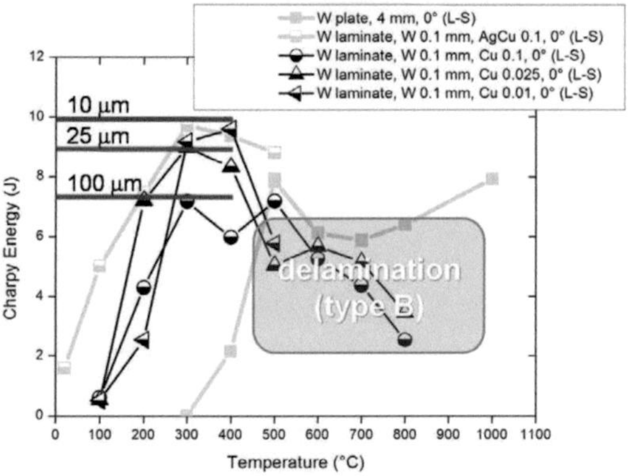

Bild 4.46.: Einfluss der Lotdicke sowie der Löttemperatur auf die Eigenschaften von Kerbschlagbiegeproben von Laminaten 3 *mm x* 4 *mm x* 27 *mm*, 1 *mm* Kerbe (KLST) aus Wolframfolie, 100μm, verlötet mit Kupfer. Variation der Kupferlotdicke: 100 μm, 25 μm, 10 μm.

Zur Frage nach dem Einfluss der Lotdicke: Die Lotdicke hat Einfluss auf die maximale dissipierte Energie. Bei Laminaten aus Schichten mit 100 μm Kupferlot ist die maximal dissipierte Energie 7 *J*, bei 25 μm Kupferlot 9 *J* und bei 10 μm Kupferlot 10 J. Alle Kurven haben gemein, dass ab einer Testtemperatur von $500°C$ leider alle Proben delaminierten (Type B). Die damit einhergehende niedrige dissipierte Energie ist damit dem Bruchcharakter dieser Proben zuzuschreiben. Die Bilder der Kerbschlagbiegeproben finden sich im Anhang.

Vergleicht man die Ergebnisse der Laminate aus Kupfer mit denen von Laminaten, die mit einem Silber-Kupfer-Lot hergestellt wurden, so sieht man sehr schön den Einfluss der höheren Löttemperatur ($1100°C$). Die Kurve verschiebt sich um $100°C$ hin zu höheren Temperaturen. Damit bestätigt sich auch die oben formulierte Annahme einer unteren und oberen Grenze.

Hinsichtlich der maximalen dissipierten Energie lässt sich festhalten, dass eine Laminatprobe mit Schichten aus einem eutektischen Silber-Kupfer-Lot, 100 μm, genau so viel Energie dissipiert wie eine Laminatprobe mit Schichten aus Kupferlot, 25 μm. Daraus kann man schließen, dass die höhere Festigkeit des eutektischen Silber-Kupfer-Lots ($R_m^{RT} \approx 350\ MPa$) einen positiven Einfluss auf die maximal dissipierte Energie der Laminatproben hat (Vergleich: $R_{m\ Kupfer}^{RT} \approx 250\ MPa$).

Aus diesen Ergebnissen folgt folgende Empfehlung: Die mikrostrukturelle Änderung durch die Kupferlötung bei $1100°C$ kann gegebenenfalls toleriert werden. Falls nicht, muss man die Verbindung zum Beispiel durch eine Kaltlötung realisieren. Eine Reduzierung der Lotdicke macht durchaus Sinn. Kleiner als 10 μm ist aufgrund der Welligkeit der Wolframfolie jedoch nicht zu empfehlen. Zudem ist es vorteilhaft, als Lotwerkstoff zum Beispiel einen mischkristallgehärteten Werkstoff einzusetzen. Setzt man diese Empfehlungen um, so scheint es realistisch ein Laminat herzustellen, welches bei $300°C$ 12 J dissipieren kann.

Die hier vorgestellten Ergebnisse und deren Interpretation gelten auch für Laminate mit der Dimension $3\ mm\ x\ 3\ mm\ x\ 27\ mm$, ohne Kerbe, (aus Wolframfolie und Kupferlotfolie, 100 μm) deren Ergebnisse aus Platzgründen in dieser Arbeit nicht aufgeführt werden.

Bisher wurden die Ergebnisse von Laminaten, die durch Lötungen mit einem eutektischen Silber-Kupfer-Lot (keine Änderung der Mikrostruktur der Wolframfolie, keine Diffusion von Lot in die Wolframfolie) und reinem Kupferlot (marginale Änderung der Mikrostruktur der Wolframfolie, keine Diffusion von Lot in die Wolframfolie) hergestellt wurden, vorgestellt. Der Nachteil von Laminaten mit Kupfer ist, dass die maximale Betriebstemperatur auf ca. $700°C$ bzw. $800°C$ beschränkt ist. Will man höhere Betriebstemperaturen realisieren, so kann man zum Beispiel mit einem Titanlot ($T_S = 1670°C$) die Materialsynthese realisieren.

Zum Potenzial von W-Ti Laminaten

Neben Kupfer, Silber und Palladium wird oft Titan als Lotwerkstoff nicht nur genannt, sondern auch verwendet. Insbesondere bei Hochtemperaturanwendungen hat man die Wahl zwischen Palladium ($T_S = 1555°C$) oder Titan ($T_S = 1670°C$). Im Gegensatz zu Palladium ($1\ kg = 17000\ Euro$) ist Titan ($1\ kg = 30\ Euro$) sehr viel günstiger und gilt als niedrigaktivierbares Element. Auch sind intermetallische Phasen aus Wolfram und Titan nicht bekannt. Nachteile von Titan sind der geringe Dampfdruck sowie die geringe Wärmeleitfähigkeit. Zudem ist Titan allotrop und ändert bei ca. $880°C$ seine Gitterstruktur von hexagonal zu kubisch-raumzentriert.

In diesem Abschnitt soll das Potenzial von Laminaten aus mit Titan verlöteten Wolframfolien an Proben mit der Geometrie 3 *mm x* 3 *mm x* 27 *mm*, ohne Kerbe, 0° (L-S) untersucht werden. Es wurde bereits in Kapitel 4.2.2 gezeigt, dass sich bei einer Lötung mit Titan die Mikrostruktur der Wolframfolie massiv ändert und diese rekristallisiert. Zudem bildet sich im Randbereich ein Wolfram-Titan-Mischkristall. Es stellt sich daher die Frage wo sich bei einer solchen Probe der Spröd-duktil-Übergang befindet.

Abbildung 4.47 vergleicht drei Laminatproben, wobei links eine mit Kupfer gelötete Probe zu sehen ist. Die Mikrostruktur der Wolframfolie bleibt annähernd unverändert, die Grenzfläche Lot-Wolframfolie ist scharf getrennt. Bei diesem Material findet der erste vollständig dukti-

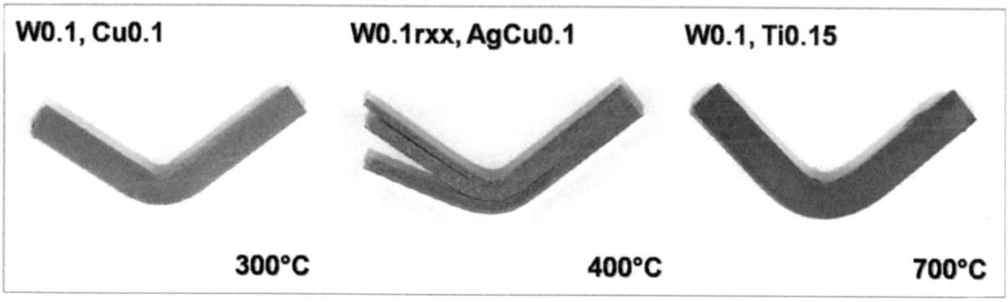

Bild 4.47.: Kerbschlagbiegeproben (3 *mm x* 3 *mm x* 27 *mm*). Links: Laminat aus Wolframfolie, 100 μm, verlötet mit Kupferlot, 100 μm. Mitte: Laminat aus Wolframfolie, 100 μm, geglüht (1 h / 1800°C), verlötet mit einem eutektischen Silber-Kupferlot, 100 μm. Rechts: Laminat aus Wolframfolie, 100 μm, verlötet mit Titan, 150 μm. Orientierung ist jeweils in 0° (L-S).

le Bruch schon bei 300°C statt. Abbildung 4.47 Mitte zeigt eine mit einem Silber-Kupfer-Lot gelötete Probe, die aus rekristallisierten Wolframfolien (1 h / 1800°C) aufgebaut ist. Auch hier ist die Grenzfläche Lot-Wolframfolie scharf getrennt. Die Mikrostruktur der Wolframfolie ist allerdings rekristallisiert. Trotzdem findet hier bereits bei 400°C der Spröd-duktil-Übergang statt. Abbildung 4.47 rechts zeigt eine mit Titan gelötete Probe. Ähnlich wie bei der zuvor beschriebenen Probe ist auch hier die Wolframfolie rekristallisiert. Findet auch hier der Spröd-duktil-Übergang bei 400°C statt? Nein. Der erste vollständig duktile Bruch ist bei 700°C. Daraus lassen sich zwei Rückschlüsse ziehen: (i) Es ist durchaus erfreulich, dass die rekristallisierte Wolframfolie, verlötet mit Titan, bei mäßigen Temperaturen einen vollständig duktilen Bruch zeigt. Vergleicht man dieses Ergebnis zum Beispiel mit Ergebnissen von Kerbschlagbiegeversuchen an Proben aus rekristallisiertem Plattenmaterial, so ist dies eine Verbesserung um mindestens 300°C. (ii) Geht man davon aus, dass bei der Probe in Abbildung 4.47 Mitte der Folieneffekt für das duktile Materialverhalten der Probe verantwortlich ist, so kann man feststellen, dass die Versetzungsannihilation an der Grenzfläche Wolfram-Kupfer leichter abläuft als an der Grenzfläche Wolfram-Titan, dass aber selbst an der Grenzfläche Wolfram-

Titan - eine Grenzfläche charakterisiert durch einen Bereich mit Wolfram-Titan Mischkristall - die Versetzungsannihilation stattfindet. Fazit: W-Ti Laminate haben Potenzial.

Bis zu dieser Stelle wurden in dieser Arbeit Wolframfolien sowie Laminate aus Wolframfolien untersucht. Im nächten Kapitel werden nun Rohre aus Wolframfolie analysiert.

4.4. Synthese und Charakterisierung von Wolframlaminatrohren

Ein unter Innendruck stehendes Rohr platzt immer in Längsrichtung. Der Grund dafür liefert die Kesselformel, nach welcher die Spannungen in einem Rohr in Umfangsrichtung, also in tangentialer Richtung, σ_t, mit

$$\sigma_t = \frac{p * r}{t} \tag{4.1}$$

um den Faktor zwei größer sind als die Spannungen in axialer Richtung, σ_a, nach

$$\sigma_a = \frac{p * r}{2 * t}. \tag{4.2}$$

In den Gleichungen 4.1 und 4.2 ist p der Innendruck, r der Radius und t die Wandstärke des Rohrs.

Es wurde bereits in Kapitel 2.2.1 erwähnt, dass Wolframstabmaterial in Achsrichtung langgezogene Körner aufweist, und Wolfram schwache Korngrenzen hat und daher zu Korngrenzenbrüchen neigt. Stellt man also ein Wolframrohr her, indem man in einen Stab ein Loch bohrt (das Strangpressen von Wolframrohren ist höchst anspruchsvoll und aufwendig), so treffen zwei unglückliche Zustände aufeinander: (i) Die in Achsrichtung schwachen Korngrenzen stellen die bevorzugte Rissrichtung dar und (ii) aufgrund der Spannungsverteilung in einem mit Innendruck belasteten Rohr ist auch hier die bevorzugte Rissrichtung in Achsrichtung (Abbildung 4.48 Mitte). Druckbelastete Wolframrohre durch Bohren eines Loches in einen Stab herzustellen ist daher der falsche Weg. Wie aber stellt man ein geeignetes Wolframrohr her? Wie sieht eine optimierte Mikrostruktur eines unter Innendruck stehenden Wolframrohrs aus? Welche Mikrostruktur erfüllt alle Anforderungen hinsichtlich Spannungsverteilung (größte Spannung in Umfangsrichtung) und Materialeigenschaften (schwache Korngrenzen)? Und schließlich: Wie kann ein Wolframrohr mit dieser Mikrostruktur hergestellt werden?

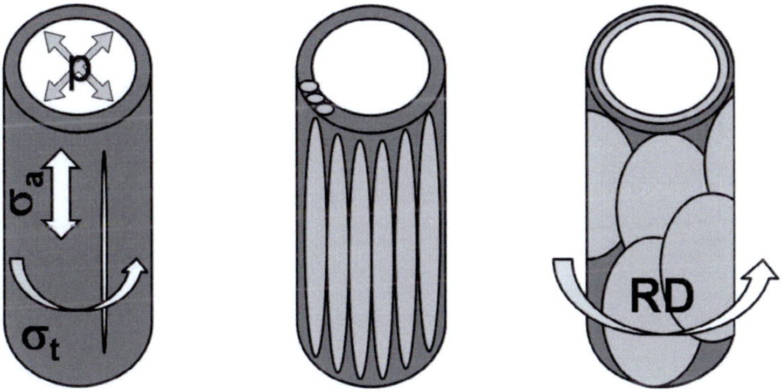

Bild 4.48.: Links: Ein Rohr unter Innendruck platzt immer in axialer Richtung. Mitte: Bei einem Rohr aus einem Wolframstab ist zudem aufgrund der schwachen Korngrenzen die Achsrichtung die bevorzugte Rissrichtung. Rechts: Folgen die Körner der Kontur des Rohrs, so werden bei einer Belastung durch Innendruck die schwachen Korngrenzen nicht beansprucht. Stellt man das Rohr durch Wickeln einer Wolframfolie her, so ist es aufgrund der anisotropen duktilen Eigenschaften der Wolframfolie vorteilhaft, die Walzrichtung (engl.: rolling direction, RD) der Folie in Umfangsrichtung zu orientieren.

Hinsichtlich der Spannungsverteilung bei unter Innendruck stehenden Rohren ist eine hohe Risszähigkeit in Achsrichtung und eine noch höhere Risszähigkeit in Umfangsrichtung erforderlich. In der dritten Richtung, in Dickenrichtung, ist die Risszähigkeit völlig irrelevant und kann gering sein. Hinsichtlich der Materialeigenschaften von Wolfram, und hier besonders der schwachen Korngrenzen, ist es erstrebenswert, dass sich die Körner der Kontur des Rohres anpassen. Die schwachen Korngrenzen liegen damit parallel zur Rohroberfläche und werden in diesem Zustand, bei einer Belastung durch Innendruck, nicht beansprucht.

Dieser Zustand lässt sich durch Wickeln und Verbinden einer Wolframfolie zu einem Rohr realisieren (siehe Abbildung 4.49). Ein aus Folie gewickeltes Rohr hat viele Vorteile. Ein Vorteil ist, dass sich die Körner der Wolframfolie der Kontur des Wolframrohrs anpassen. Dadurch erreicht man, dass bei einer Belastung des Rohrs durch Innendruck die schwachen Korngrenzen nicht beansprucht werden. Wählt man zudem die Walzrichtung der Wolframfolie als die Umfangsrichtung des Rohres, so fällt die durch den Spannungszustand am meisten beanspruchte Richtung mit einer im Zugversuch duktilen Folienrichtung zusammen.

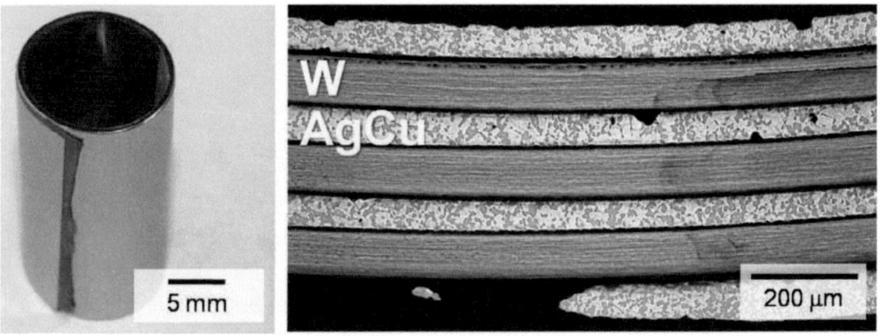

Bild 4.49.: Links: Durch Wickeln und Verlöten einer Wolframfolie lässt sich ein Wolframfohr herstellen. Rechts: Metallographischer Schliff eines Wolframrohrs, hergestellt aus einer Wolframfolie, 100 μm, verlötet mit einem eutektischen Silber-Kupfer-Lot, 100 μm.

Im nächsten Kapitel werden nun verschiedene Wolframrohre durch Kerbschlagbiege- und Berstversuche charakterisiert.

4.4.1. Kerbschlagbiegeversuche

Alle Wolframrohre werden durch Löten synthetisiert wobei als Lote (i) ein eutektisches Silber-Kupfer-Lot, (ii) reines Kupfer, (iii) Titan oder (iv) Zirkonium verwendet werden. Die Lotdicke ist immer 100 μm, Ausnahme ist Titan mit einer Dicke von 150 μm. Die Walzrichtung der Folie (0°) ist immer in Umfangsrichtung des Rohrs. Benchmarkversuche stellen Versuche an Rohrproben dar, die durch Bohren eines Loches in einen Wolframstab (Durchmesser = 25 mm) hergestellt wurden. Alle Rohrproben haben eine Länge von 27 mm, einen Außendurchmesser von 15 mm und eine Wandstärke von 1 mm. Pro Versuchstemperatur wurde eine Probe getestet, die Ergebnisse haben damit Stichprobencharakter. Die Versuche fanden in Normalatmosphäre statt. Maximale Prüftemperatur war 700°C. Abbildung 4.50 zeigt alle hier beschriebenen Rohrproben.

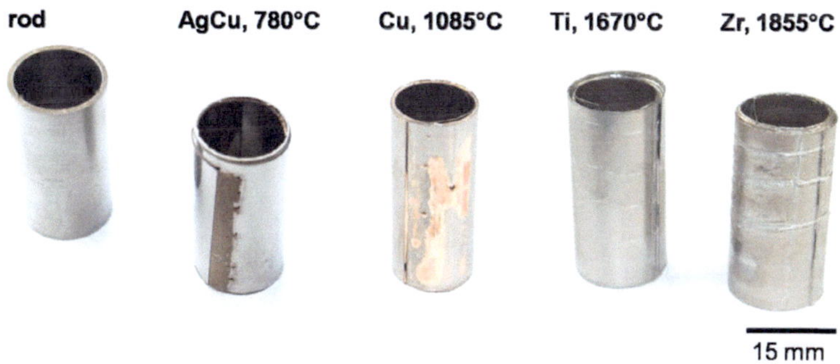

Bild 4.50.: Diese Rohrproben wurden durch Kerbschlagbiegeversuche untersucht.

Die Ergebnisse der Kerbschlagbiegeversuche an Rohrproben sind in Abbildung 4.51 zusammengefasst. Verheerend ist das Ergebnis einer aus einem Wolframstab gebohrten Rohrprobe. Selbst bei maximaler Testtemperatur von 700°C wird kaum Energie dissipiert, das Bruchbild sind Scherben (siehe Abbildung 4.52 links). In der gleichen Liga spielen Rohrproben, die mit Zirkonium hergestellt wurden. Eine Lötung mit Zirkonium kann daher für Strukturkomponenten ausgeschlossen werden. Nicht ganz so schlecht schneiden Laminatrohrproben ab, die mit Titan hergestellt wurden. Diese dissipieren immerhin schon ab Raumtemperatur Energie, auch wenn sich

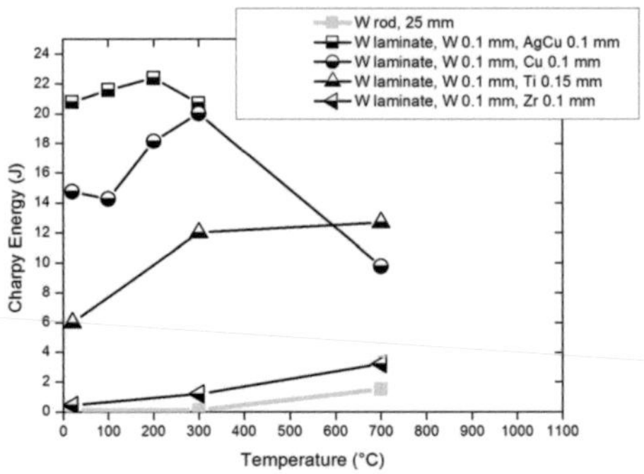

Bild 4.51.: Plot dissipierte Energie über Temperatur von Kerbschlagbiegeversuchen an Rohrproben. Alle Rohrproben haben eine Länge von 27 *mm*, einen Außendurchmesser von 15 *mm* und eine Wandstärke von 1 *mm*. Die Walzrichtung der Folien ist immer in Umfangsrichtung der Rohrprobe.

das Versagensbild dieser Proben bei niedrigen Temperaturen durch viele Scherben darstellt (siehe Anhang). Das Ergebnis ist durchaus erstaunlich (im positiven Sinne), ist doch die Mikrostruktur der Wolframfolie durch den Lötprozess völlig rekristallisert. Um dieses Ergebnis zu interpretieren muss man hier auch den Beitrag des Titanlots an der Energiedissipation beachten. Äußerst erfreulich ist das Verhalten von mit Kupfer gelöteten Laminatrohrproben. Diese bestechen durch eine hohe Energiedissipation sowie einem völlig duktilen Bruch schon ab $200°C$. Allerdings lässt bei Kupfer die Festigkeit mit steigender Temperatur nach, so dass bei einer Testtemperatur von $700°C$ bereits ein deutlicher Rückgang der dissipierten Energie gemessen wird. Erstaunlich sind die Ergebnisse von mit einem eutektischen Silber-Kupfer-Lot gelöteten Laminatrohren. Die Finne der Kerbschlagbiegeanlage kann eine maximale Arbeit von ca. 20 J auf die Probe übertragen. Kann die Probe mehr als 20 J dissipieren, so bleibt die Finne in der Probe stecken. So geschehen ist dies bei Laminatrohren aus einem eutektischen Silber-Kupfer-Lot (siehe Abbildung 4.52 rechts). Der erste vollständig duktile Bruch ist schon bei $200°C$. Die Energiedissipation aller getesteten Proben ist um 20 J und damit an der Obergrenze der von der Finne maximal aufzubringenden Arbeit. Im Anhang finden sich die Bruchbilder aller getesteten Rohrproben.

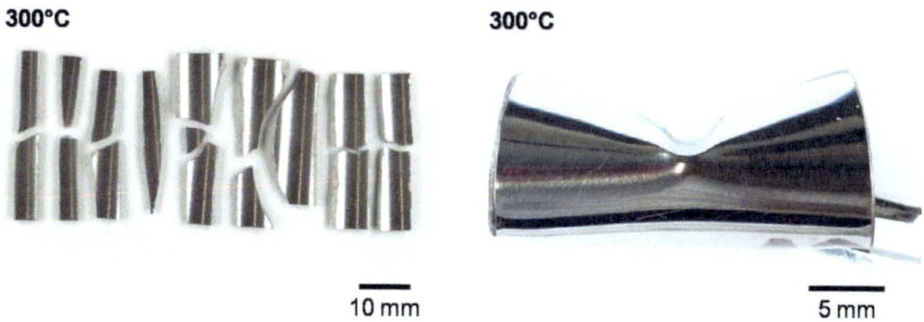

Bild 4.52.: Links: Wolframrohrprobe, die durch Bohren eines Lochs in einen Stab hergestellt wurde. Prüftemperatur 300°C. Rechts: Wolframlaminatrohrprobe, gewickelt und verlötet mit einem eutektischen Silber-Kupfer-Lot. Prüftemperatur 300°C. Die dissipierte Energie war mindestens 20 J, die Finne blieb stecken.

Alle hier vorgestellten Laminatrohrproben wurden durch Löten hergestellt. Dabei ergibt sich folgender Zielkonflikt: Lötet man bei niedrigen Temperaturen und schützt damit die Mikrostruktur der Wolframfolie, so ist die Einsatztemperatur des Wolframrohrs gering. Lötet man hingegen bei hohen Temperaturen so ist zwar die Einsatztemperatur des Wolframrohrs hoch, die Mikrostruktur ist durch die hohe Löttemperatur jedoch stark verändert. Lösungen für dieses Problem werden im Kapitel „Diskussion“ am Ende dieser Arbeit vorgestellt.

Nach der Charakterisierung von Rohrproben mit dem Kerbschlagbiegeversuch wird im nächsten Abschnitt eine Innendruckprüfung, also ein Berstversuch, an einer Rohrprobe durchgeführt.

4.4.2. Innendruckprüfung, Berstversuch

Rohre sind zumeist drucktragende Bauteile. Die Eigenschaften von Laminatrohren im Kerbschlagbiegeversuch überzeugen. Es stellt sich jetzt aber die Frage, wie sich Laminatrohre im Berstversuch verhalten. In diesem Abschnitt soll untersucht werden, bei welchem Innendruck ein Laminatrohr platzt und vor allem wie es platzt. Dabei ist besonders interessant, ob das Laminatrohr schlagartig versagt oder ob es das „leak before failure“-Prinzip ermöglicht.

Um diesen Fragen nachzugehen wurde ein Prüfling gebaut (siehe Abbildung 4.53). Dieser besteht aus einem Laminatrohr aus Wolframfolie, 100 μm, verlötet mit einem eutektischen Silber-Kupfer-Lot, 100 μm. Die Dimensionen der Laminatrohrprobe sind: Länge 30 *mm*, Außendurchmesser 15 *mm* und Wandstärke 1 *mm*. Dieses Laminatrohr wurde an beiden Enden in ein Rohr aus Edelstahl gelötet (eutektisches Silber-Kupfer-Lot), an welchen wiederum Swagelok®-Anschlüsse befestigt wurden. Eine Klammer schützt den Prüfling bei Ein- und Ausbau. Der Versuch wurde bei PLANSEE SE, Reutte, durchgeführt. Der Versuch fand bei Raumtemperatur statt und der Innendruck wurde mit Wasser aufgebracht.

Ergebnis: Das gewickelte Laminatrohr ist bei Raumtemperatur selbst bei 1000 *bar* nicht geplatzt. Der Versuch wurde bei 1000 *bar* erfolgreich beendet. Die Laminatprobe ist noch völlig intakt. Aus diesem Ergebnis lassen sich drei wesentliche Rückschlüsse ziehen: (i) Es scheint gelungen, ein für hohe Drücke geeignetes Rohr aus einem Refraktärmetall herzustellen. (ii) Der Übergang von Wolfram auf Stahl ist aufgrund der unterschiedlichen thermischen Ausdehnungskoeffizienten beider Materialien ein Problem. Hier ist es jedoch gelungen, einen Übergang von einem gewickelten Wolframrohr auf einen austenitischen Stahl nicht nur zu realisieren, sondern auch zu prüfen. Der Innendrucktest hat nicht nur die Laminatrohrprobe getestet, sondern auch die Lötverbindung und damit den Übergang von Laminatrohr zu Edelstahlrohr. Auch dieser Übergang hält bei Raumtempe-

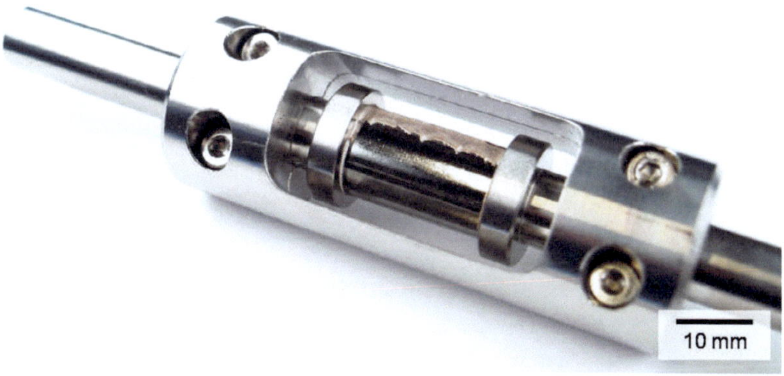

Bild 4.53.: Aufbau des Prüflings für den Berstversuch. Ein gewickeltes Laminatrohr, hergestellt durch Löten mit einem eutektischen Silber-Kupfer-Lot, ist an beiden Enden mit einem Edelstahlrohr verlötet. Eine Klammer um das Laminatrohr ermöglicht einen sicheren Ein- und Ausbau des Prüflings in den Innendruckversuchsstand.

ratur der Innendruckprüfung von 1000 *bar* stand. Es scheint als sei hiermit ein weiterer Lösungsansatz für das Problem „Übergang Wolfram auf Stahl" gefunden. (iii) Bei dem eutektischen Silber-Kupfer-Lot kann man von einer Zugfestigkeit bei RT von $R_m^{RT} = 350\ MPa$ ausgehen. Wendet man die oben beschrieben Kesselformel auf die Versuchsparameter an, so ergibt sich eine Spannung in Umfangsrichtung, σ_t, von

$$\sigma_t = \frac{p * r}{t} = \frac{100\ MPa * 7,5\ mm}{1\ mm} = 750\ MPa. \tag{4.3}$$

Bei dieser Spannung müsste das eutektische Silber-Kupfer-Lot schon längst versagt haben. Dies tut es aber nicht, es gewährt weiterhin den Kraftfluss zwischen den einzelnen Wolframlagen, so dass man daraus schließen kann: Die Kraft wird von der Wolframfolie aufgenommen, das Lot dient hauptsächlich als Dichtung. Eventuell steckt hinter diesem Ergebnis der Mechanismus der „Selbsthaftung" (für Details zur Selbsthaftung sei auf die allgemeine Fachliteratur verwiesen).

Als Fragen bleiben hier offen, ab welchem Druck die Laminatrohre bei höheren Temperaturen ($600°C$ - $1000°C$) platzen und vor allem wie sie platzen.

In dieser Arbeit wurden bisher Laminatplatten sowie Laminatrohre hergestellt. Im nächsten Abschnitt soll untersucht werden, inwiefern sich Laminattiegel herstellen lassen.

4.5. Tiefziehen von Wolframlaminaten

Komplexe Geometrien wie Winkel, U-Profile oder Tiegel können durch Abkanten, Drücken oder Tiefziehen hergestellt werden. Das Tiefziehen eines Tiegels stellt dabei die größte Herausforderung dar, da hier das Material die größte Gestaltänderung zulassen muss. Die Frage, der in diesem Kapitel auf den Grund gegangen wird, ist, ob es gelingt Ronden aus Wolframlaminaten tiefzuziehen und dadurch Tiegel herstellen.

Beim Umformen und speziell beim Tiefziehen von Wolframlaminaten kann man sich zwei Fertigungsrouten vorstellen: (i) Einzelne Wolframfolien, gestapelt, tiefziehen und dann verlöten oder (ii) Laminat löten und dann tiefziehen. Beide Fertigungswege werden vorgestellt. Benchmarkexperimente stellen Umformversuche an Wolframplattenmaterial, 1 mm, dar. Alle Umformprozesse werden bei $600°C$ im Vakuum durchgeführt. Die Geschwindigkeit des Dorns ist $0,1\ mm/s$. Abbildung 4.54 gibt einen Überblick über erfogreich umgeformte Wolframplatten. Für Details wird auf meine Veröffentlichung verwiesen [123].

Ausgehend von den positiven Ergebnissen der Kerbschlagbiegeversuche an Wolframlaminaten, insbesondere der Ergebnisse von Proben ohne Kerbe, wird an dieser Stelle angenommen, dass das Biegen eines Winkels sowie das Tiefziehen eines U-Profils von Wolframlaminaten funktioniert. Bleibt die offene Frage, ob auch das Tiefziehen eines Tiegels gelingt.

Abbildung 4.55 links zeigt die Ergebnisse von einzelnen tiefgezogenen Wolframfolien, 100 μm. Dabei tritt das Problem auf, dass sich die Wolfram-

Bild 4.54.: Umformversuche an Wolframplattenmaterial, 1 mm. Verschiedene Winkel, Profile und Tiegel lassen sich Tiefziehen. Prozessparameter: $600°C$, Geschwindigkeit: $0,1\ mm/s$, Vakuum.

folie im Randbereich zusammenfaltet. Diese Art der Umformung verdient den Namen „Tiefziehen“ nicht. Versucht man alternativ ein Wolframlaminat tiefzuziehen (hier: Laminat bestehend aus sechs Schichten Wolframfolie, 100 μm, verlötet mit fünf Schichten eines eutektischen Silber-Kupfer-Lots, 100 μm, Rondendurchmesser 22 mm), so treten gleich zwei Probleme auf. Zum einen faltet sich auch hier die Wolframfolie im Randbereich zusammen, zum anderen reißt zudem die äußerste Laminatschicht auf.

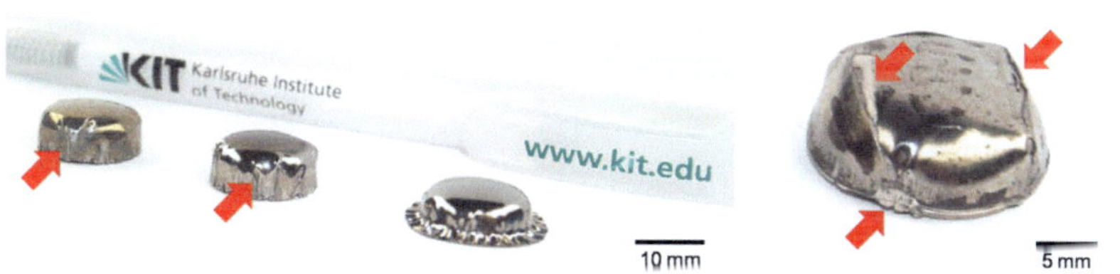

Bild 4.55.: Links: Das Tiefziehen von einzelnen Wolframfolienlagen, 100 μm, führt zur Bildung von Falten. Rechts: Auch beim Tiefziehen von Wolframlaminaten bilden sich Falten, zudem reißen die äußeren Wolframfolien ein.

In diesem Zusammenhang stellt sich die Frage, warum sich Wolframplatten tiefziehen lassen, Wolframfolie bzw. Wolframfolienlaminate hingegen nicht. Ein Grund könnte in den Zugversuchsergebnissen zu finden sein. Wolframplattenmaterial, 1 mm, getestet bei $600°C$, zeigt hierbei eine plastische Dehnung von ca. 12%, wohingegen Wolframfolie, 100 μm, im Lieferzustand, auch getestet bei $600°C$, nur eine plastische Dehnung von 3% aufweist. Bleibt als noch offene Option, das Tiefziehen mit rekristallisierter Wolframfolie zu versuchen.

Das vorliegende Kapitel gab einen Eindruck über die Eigenschaften von Wolframfolien und Wolframlaminaten. Im nächsten Kapitel soll nun untersucht werden, inwiefern Wolframlaminate in der Fusionsenergietechnik Einsatz finden könnten. Dazu wird eine technologische Studie am Beispiel eines Divertors durchgeführt. Die technologische Studie beinhaltet zum einen die Simulation von Divertoren und zum anderen die Machbarkeitsstudien zur Fertigung von testbaren Mockups.

5. Technologische Studie: Simulation, Bau und Test von Divertorkomponenten

Während in den bisherigen Kapiteln Wolframfolie analysiert, Wolframlaminate und Wolframrohre hergestellt und charakterisiert wurden, so widmet sich dieses Kapitel nun der Anwendung von Wolframlaminaten. Dazu wird eine technologische Studie am Beispiel einer thermisch hoch belasteten Komponenten eines zukünftigen Fusionsreaktors, eines Divertors, durchgeführt. Divertoren sind Bauteile der Brennkammer eines zukünftigen Fusionreaktors. Ihre Aufgabe ist es, das Plasma von Reaktionsprodukten (z.B. Helium bei der Deuterium-Tritium Reaktion) und Verunreinigungen zu befreien. Dabei werden ca. 15% der Fusionsenergie thermisch umgesetzt.

Das Kapitel beschreibt in einem ersten Teil den Stand der Technik zum Thema Divertor und stellt die Konfigurationsmatrix aus Kühlmedium (Wasser $100°C - 120°C$, 40 *bar*; Wasser $275°C - 325°C$, 160 *bar* und Helium $600°C - 700°C$, 100 *bar*) und Strukturmaterialien (Kupfer, austenitischer Stahl, ferritisch-martensitischer Stahl und Wolfram) vor. Dabei werden die Strukturmaterialien hinsichtlich ihrer Materialgrenzen diskutiert. Bestehende wasser- und heliumgekühlte Divertorkonzepte werden vorgestellt und deren Potenzial für einen DEMO Reaktor (Demonstrationsreaktor) abgeschätzt.

In einem zweiten und dritten Teil wird gezeigt, inwiefern Wolframlaminate und Wolframlaminatrohre bei Divertoren Einsatz finden könnten. Dies ist zum einen (i) als Zwischenschicht zwischen Stahlrohr und Wolfziegel. Das Wolframlaminat als Zwischenschicht ist hier als Funktionswerkstoff zu sehen und hat die Aufgabe, die unterschiedlichen thermischen

Ausdehnungskoeffizienten zwischen Wolfram und Stahl zu kompensieren. Zum anderen kann man sich auch vorstellen, (ii) das Laminatrohr als Strukturbauteil und damit als drucktragende Komponente eines heliumgekühlten Divertors einzusetzen.

Durch numerische Simulation von wasser- und heliumgekühlten Divertoren soll schließlich untersucht werden, welche Wärmelasten sich bei welcher Kombination von Kühlmedium und Strukturwerkstoff abführen lassen und welche Temperaturen und Spannungen sich dabei ergeben. Schließlich wird durch den Bau von testbaren Komponenten die Fertigbarkeit nachgewiesen und erste Ergebnisse von HHF-Tests (engl.: high heat flux) vorgestellt.

5.1. Stand der Technik: Divertor für DEMO

Die Konfiguration eines Divertors für ITER (engl.: international thermonuclear experimental reactor) besteht aus einem Rohr aus einer Kupferlegierung (CuCrZr) als Strukturbauteil, welches von einer Kupferschicht sowie von Wolframziegeln im Monoblock-Design umgeben ist [124]. Das Kühlmedium ist Wasser mit einer Eingangstemperatur von $100°C$, einer Ausgangstemperatur von $120°C$ sowie einem Druck von $40\ bar$. In dieser Konfiguration kann ein Divertor eine Wärmelast von $20\ MW/m^2$ abführen. Die Frage, die sich nun stellt, ist, ob diese Konfiguration eines ITER Divertors den Anforderungen an einen Divertor eines Demonstrationsreaktors (DEMO) genügt.

Der Hauptunterschied zwischen den Betriebsarten des ITER und DEMO Divertors ist die unterschiedliche Neutronenbelastung (ITER: $0,37 - 0,47\ MW/m^2$; DEMO: $1,8 - 2,4\ MW/m^2$ [2, 125]). Unter ITER Betriebsbedingungen ist die Neutronenbelastung gering, bei einem DEMO Reaktor ist die Neutronenbelastung hoch und wird damit zu einem bedeutenden Aspekt. Aufgrund der hohen Neutronenstrahlung treten Materialschädigungen auf wie (i) die akkumulierte Versetzungsschädigung als Folge der Verschiebungen pro Atom, dpa (engl.: displacement per atom) und (ii) Transmutationseffekte. Daher müssen bei der Materialauswahl Themen wie Schwellen, Strahlungsversprödung sowie die Bildung von Helium (He) und Wasserstoff (H) diskutiert werden. Die Anforderungen an mögliche Strukturmaterialien sind damit hoch, die Auswahl anspruchsvoll. In den nächsten Abschnitten werden daher die Materialgrenzen von verschiedenen Strukturmaterialien aufgezeigt und möglichen Kühlmedienkonfigurationen gegenübergestellt.

5.1.1. Kühlmedien und deren Konfiguration

Hier diskutierte Kühlmedien sind Wasser im unterkritischen Zustand und Helium. Wasser wird meist in den folgenden beiden Konfigurationen verwendet: (i) $100°C - 120°C$, 40 *bar* (siehe ITER Divertor) oder (ii) $275°C - 325°C$, 160 *bar* (siehe Druckwasserreaktoren). Wasser hat den Vorteil, dass hohe Wärmeübergangskoeffizienten realisiert werden können ($\alpha = 100\ kW/(m^2K)$). Nachteil ist jedoch die geringe Energiekonversion. Um den Wirkungsgrad einer Anlage zu steigern muss der *Carnot*-Prozess bei hohen Temperaturen stattfinden. Hier kommen die Vorteile einer Heliumkühlung zum tragen. Eine mögliche Konfiguration einer Heliumkühlung könnte sein: (iii) $600°C - 700°C$, 100 *bar* [126]. Im Vergleich zur Wasserkühlung ist der Wärmeübergangskoeffizient bei der Heliumkühlung geringer, kann jedoch durch gezieltes Beschleunigen des Heliums in Form einer Prallkühlung auf Werte von $\alpha = 30\ kW/(m^2K)$ angehoben werden [127, 128]. Zudem ist aus Sicherheitsgründen die Heliumkühlung der Wasserkühlung vorzuziehen.

5.1.2. Materialgrenzen der Strukturmaterialien

In diesem Abschnitt werden die am häufigsten diskutierten Materialien vorgestellt. Diese sind Kupfer und Kupferlegierungen, austenitische Stahle wie zum Beispiel der 316Ti, die niedrigaktivierbaren Stähle wie zum Beispiel

Eurofer oder das japanische Pendant F82H sowie Wolfram und Wolframlegierungen.

Kupfer

Der unschlagbare Vorteil von Kupfer ist dessen hohe Wärmeleitfähigkeit ($\lambda = 305\,W/(mK)$ bei RT) [129], wodurch sich Kupferwerkstoffe exzellent zur Abfuhr von Wärmelasten eignen. Die größten Strahlenschädigungen sind Versprödung bei niedrigen Bestrahlungstemperaturen und Schwellen, wobei bei reinem Kupfer der Schwellpeak bei Bestrahlung mit einem Spaltreaktorneutronenspektrum in einem Temperaturintervall zwischen $300°C - 350°C$ auftritt [130]. Für weitere Details sei auf die Literatur verwiesen [130, 131, 132, 133]. Ein mögliches Anwendungsfenster könnte daher zwischen RT und $200°C$ liegen. Insbesondere drei Kupferwerkstoffe dominieren die Diskussion: (i) OFHC Kupfer (engl.: oxygen free high conductivity), (ii) Kupferlegierungen, wie das ausscheidungsgehärtete CuCrZr (Cu, $0,5 - 1,2$ wt.% Cr und $0,03 - 0,3$ wt. %Zr, siehe Norm [129]), oder (iii) oxidgehärtete Kupferwerkstoffe.

Austenitischer Stahl

Der Nachteil von austenitischen Stählen wie 316Ti (1.4571) oder 15/15Ti (1.4970) ist deren schlechte Wärmeleitfähigkeit ($\lambda = 15\,W/(mK)$ bei RT). Daher wurden diese Materialien als Strukturwerkstoff für Divertorkomponenten nur gelegentlich in die Diskussion eingebracht. Im Vergleich zu Eurofer ist das Schwellverhalten um Größenordnungen schlechter. Für austenitische Stähle spricht jedoch deren nicht vorhandene Spröd-duktil-Übergangstemperatur, so dass hiermit ein Anwendungsfenster von RT bis $200°C$ und von $400°C$ bis $600°C$ vorgeschlagen wird.

Ferritisch-martensitischer Stahl

Hier werden zwei niedrigaktivierbare ferritisch-martensitische Stähle, RA-FM Stähle (engl.: reduced activation ferritic martensitic) vorgestellt. Diese sind Eurofer (Fe, 9 wt.% Cr, 1,1 wt.% W, 0,2 wt.% V und 0,12 wt.% Ta) und Eurofer ODS [134]. Die Wärmeleitfähigkeit von Eurofer ist schlechter als die von Kupfer und Wolfram, aber besser als die von austenitischen Stählen ($\lambda = 30\ W/(mK)$ bei $500°C$) [135]. Das Anwendungsfenster dieser Stähle wird nach unten begrenzt durch die Spröd-duktil-Übergangstemperatur und nach oben durch die Kriechfestigkeit. Für Eurofer ergibt sich damit ein Anwendungsfenster von $350°C - 550°C$ und für Eurofer ODS von $350°C - 650°C$.

Die Kerbschlagbiegeeigenschaften verschlechtern sich bei einer Neutronenbestrahlung von 70 dpa bei $330°C$ immens. Dies hat zur Folge, dass sich die Spröd-duktil-Übergangstemperatur zu höheren Temperaturen und die Hochlage zu einer niedrigeren dissipierten Energie verschieben. Durch eine Wärmebehandlung ($500°C$ / 3 h) nach Bestrahlung können jedoch die ursprünglichen Kerbschlagbiegeeigenschaften weitestgehend wieder hergestellt werden [136].

Wolfram

Wolfram ist aufgrund seiner Hochtemperaturfestigkeit, Hochtemperaturkriechbeständigkeit und hohen Wärmeleitfähigkeit ($\lambda = 183\ W/(mK)$ bei RT) als Strukturwerkstoff für Hochtemperaturanwedungen interessant. Über die Vor- und Nachteile von Wolframwerkstoffen wurde im Literaturteil ausführlich berichtet. Bestrahlungsdaten von Wolfram sind rar [72]. Man muss jedoch davon ausgehen, dass Wolfram bei einer Bestrahlungstemperatur unterhalb $800°C$ versprödet. Die Rekristallisationstemperatur von reinem Wolfram wird mit $1200°C$ angegeben. Dieser Wert stammt allerdings aus Messungen, bei denen das Material jeweils nur 1 h geglüht wurde. Bei Langzeitglühungen (20000 h) muss man mit einer niedrigeren Rekristallisationstemperatur rechnen. Das Rekristallisationsverhalten von Wolfram lässt sich durch Dotieren von Lanthanoxid oder Kalium verbessern, allerdings neigen diese Materialien noch mehr zu Delaminationsbrüchen [48]. Aufgrund dieser Überlegungen kann für reines Wolframplattenmaterial ein Anwendungsfenster von $800°C - 1100°C$ angegeben werden.

Will man nun eine Wolframkomponente mit einer Stahlkomponente (Eurofer) verbinden, so müssen sich die Anwendungsfenster beider Materialien überschneiden. Nimmt man das Anwendungsfenster von Eurofer ODS mit $350°C - 650°C$ als gegeben an, so müsste das Anwendungsfester eines Wolframwerkstoffs an dessen unterer Grenze bei maximal 550° liegen. Mit den bisher bekannten Wolframwerkstoffen ist das unmöglich. Mit dem in dieser Arbeit beschriebenen Wolframlaminat kann man bei einem Laminat aus Wolframfolie und Kupferfolie nach den bisherigen Ergebnissen ein Anwendungsfenster von $400°C - 800°C$, unter Vorbehalt der Ergebnisse aus dem Bestrahlungsprogramm, annehmen.

Im Folgenden Abschnitt wird gezeigt, welche Kombinationen aus Strukturmaterialien und Kühlmedienkonfigurationen bestehen, und abgeschätzt, inwiefern sich diese Divertoren für den Einsatz in einem DEMO Reaktor eignen.

5.1.3. Vor- und Nachteile bestehender Divertorkonzepte

Die im Folgenden vorgestellten Divertorkonzepte werden beurteilt nach (i) ihrem Potenzial Wärmelasten abzuführen, (ii) dem Verhalten der Strukturmaterialien unter Neutronenbestrahlung, (iii) dem Zusammenspiel zwischen Kühlmediumkonfiguration und Einsatzfenster des verwendeten Strukturmaterials und (iv) der Höhe der Energiekonversion.

Bei einem ITER Divertor wird Wasser mit einer Ein- und Auslasstemperatur von $100°C$ bzw. $120°C$ bei einem Druck von 40 *bar* verwendet. Das Strukturbauteil ist aus einer Kupferlegierung, CuCrZr [124]. Mit der Kombination aus Wasserkühlung und Kupfer können sehr große Wärmelasten abgeführt werden. Nachgewiesen wurde bis zu 20 MW/m^2. Der Einsatz von Kupfer unter Neutronenbestrahlung wird insbesondere bei reinem Kupfer und CuCrZr kritisch gesehen. Die Energiekonversion ist gering.

Aus Japan stammt ein Ansatz, nach welchem das Kupfer durch einen niedrigaktivierbaren ferritischmartensitischen Stahl, F82H, ersetzt wird [137]. Als Kühlmedium ist Wasser vorgesehen. Doch sowohl Wasser im Temperaturbereich zwischen $100°C - 120°C$ als auch zwischen $275°C - 325°C$ liegt außerhalb des Anwendungsfensters von F82H, welches sich von $350°C$ bis $550°C$ erstreckt. Eventuell wird hier darauf spekuliert, den bei $300°C$ bestrahlten F82H durch gelegentliche Wärmebehandlungen wieder auszuheilen. Ein weiterer kritischer Punkt ist die Korrosion von 9-Cr Stählen in Wasser. Wie bei jedem wassergekühlten Divertor wäre auch hier die Energiekonversion gering.

Um eine hohe Energiekonversion zu erzielen muss das Kühlmedium eine hohe Temperatur haben. Dies lässt sich durch eine Heliumkühlung realisieren. Bei dem HEMJ (engl.: helium-cooled modular divertor with jet cooling) Konzept ist die Ein- und Auslasstemperatur $600°C$ bzw. $700°C$ bei einem Druck von 100 *bar* [126]. Durch den Einsatz einer Prallkühlung lässt sich der Wärmeübergangskoeffizient erhöhen und somit eine Wärmelast von 10 MW/m^2 abführen. Als Strukturwerkstoff ist Wolfram vorgesehen. Nach diesem Konzept besteht ein Divertor aus mehreren hunderttausend Kühlfingern (ca. 300000), welche aus einer Wolframkappe bestehen die jeweils mit einem Stahlrohr aus Eurofer ODS verbunden werden müssen. Leider überschneiden sich die Einsatzfenster von Wolfram und Eurofer ODS nicht. Zudem ist die Kühlmediumtemperatur für den Einsatz von Wolfram als Strukturmaterial zu gering.

Bei einem Ansatz aus den USA versucht man daher die Heliumtemperatur auf $800°C$ zu erhöhen und zudem durch ein Plattenkonzept die Anzahl der Kühlfinger zu reduzieren. Als Übergang von verlöteten Woframplatten zum Eurofer ODS wird in diesem Konzept ein Verbindungsstück aus Tantal vorgeschlagen [138].

Der Stand der Technik kann wie folgt zusammengefasst werden: Die vorgeschlagenen Divertorkonzepte, bestehend aus Kühlmediumkonfiguration und Strukturmaterial, sind nicht für den Einsatz in einem DEMO Reaktor geeignet.

In den folgenden Abschnitten sollen nun Divertorkonzepte vorgestellt werden, bei welchen jeweils ein Wolframlaminat zur Anwendung kommt. Das Wolframlaminat wird dabei dazu eingesetzt, um (i) die thermischen Ausdehnungskoeffizienten zwischen Wolfram und Stahl auszugleichen, oder (ii) als Strukturbauteil insbesondere in der Form eines gewickelten Rohres. In den folgenden zwei Abschnitten werden daher die Ergebnisse der Studien zur Verwendung des Wolframlaminates einmal als Zwischenschicht und einmal als Strukturbauteil vorgestellt. Ziel ist dabei durch Simulation die Frage zu beantworten, welche Wärmelasten bei welcher Kombination von Külmedium und Strukturmaterial abgeführt werden können. Zudem soll durch den Bau von testbaren Mockups der Nachweis der Fertigbarkeit erbracht werden.

5.2. Wolframlaminat als Zwischenschicht zwischen Wolfram und Stahl

Man kann sich vorstellen, die Problematik der unterschiedlichen thermischen Ausdehnungskoeffizienten von Wolfram und Stahl durch ein Wolframlaminat als Zwischenschicht zu reduzieren. In der Ausführung von mehreren Schichten von Wolframfolie, verlötet mit Kupferfolie, soll so eine duktile Zwischenschicht entstehen, die als Pufferschicht dient. In diesem Abschnitt werden nun Divertoren gerechnet, die alle an der Geometrie des ITER Divertors angelehnt sind: ein Rohr umgeben von Wolframziegeln. Das verwendete Rohr, das drucktragende Strukturbauteil, ist dabei aus Stahl und zwischen Stahlrohr und Wolframziegel kommt das Wolframlaminat zum Einsatz.

5.2.1. Konzept

Es werden zwei Stähle untersucht, austenitischer Stahl und RAFM Stahl. Ebenso werden zwei Ausführungen der Wolframziegel gerechnet. Einmal in der Form eines Monoblocks, einmal als Saddle-Type Variante. Zudem stehen drei Kühlmedienkonfigurationen zur Verfügung. Wasser bei $100°C$, $120°C$, $40\ bar$, Wasser in der Druckwasserreaktorausführung $275°C$, $325°C$, $160\ bar$, sowie Helium bei $400°C$, $600°C$, $100\ bar$. Das macht in Summe $2\ x\ 2\ x\ 3\ = 12$ Kombinationsmöglichkeiten, die gerechnet und diskutiert werden (Rechenergebnisse siehe Anhang).

5.2.2. Simulation: Wärmeabfuhr und Spannungen

Die Geometrie besteht aus einem Wolframmonoblock, $27\ mm\ x\ 27mm$, mit einer Bohrung mit einem Durchmesser von $16\ mm$ sowie einem Stahlrohr mit $14\ x\ 1$ (Außendurchmesser, $14\ mm$, Wandstärke, $1\ mm$). Zwischen Wolframziegel und Stahlrohr befindet sich das Wolframlaminat bestehend aus fünf Schichten Kupferfolie, vier davon mit einer Dicke von $0,1\ mm$ und eine mit einer Dicke von $0,2\ mm$ sowie vier Schichten Wolframfolie mit einer Dicke von $0,1\ mm$. Bei der Saddle-Type Variante ist der eben beschriebene Wolframmonoblock in der Mitte geteilt (siehe Abbildung 5.1).

Die verwendeten Materialmodelle sind linear elastisch und die verwendeten Materialdaten finden sich im Anhang. Abbildung 5.2 zeigt das vernetzte Modell. Aufgrund der Symmetrie des Modells wird nur das halbe Modell diskretisiert. Das Modell ist ein 2D-Schalenmodell. Die Wärmelast wird variiert: $1\ MW/m^2$, $5\ MW/m^2$ und $10\ MW/m^2$. Bei Wasserkühlung von $100°C$, $120°C$, $40\ bar$, wird an der Stahlrohrinnenseite ein Wärmeübergangskoeffizient von $\alpha = 100\ kW/(m^2K)$, bei einer Umgebungstemperatur von $100°C$ angegeben. Die Lagerung ist Minimallagerung. Es herrscht ein Inndruck von $40\ bar$ bei RT als Referenztemperatur (spannungsfrei). Bei Wasserkühlung von $275°C$, $325°C$, $160\ bar$, wird an der Stahlrohrinnensei

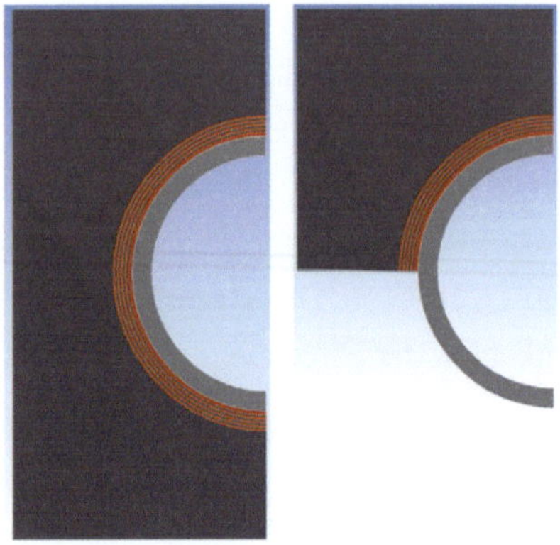

Bild 5.1.: Links: Divertor im Monoblockdesign. Rechts: Divertor im Saddle-Type Design. Das verwendete Strukturmaterial ist Stahl. Als Zwischenschicht zwischen dem Stahlrohr und dem Wolframziegel ist ein Wolframlaminat eingesetzt.

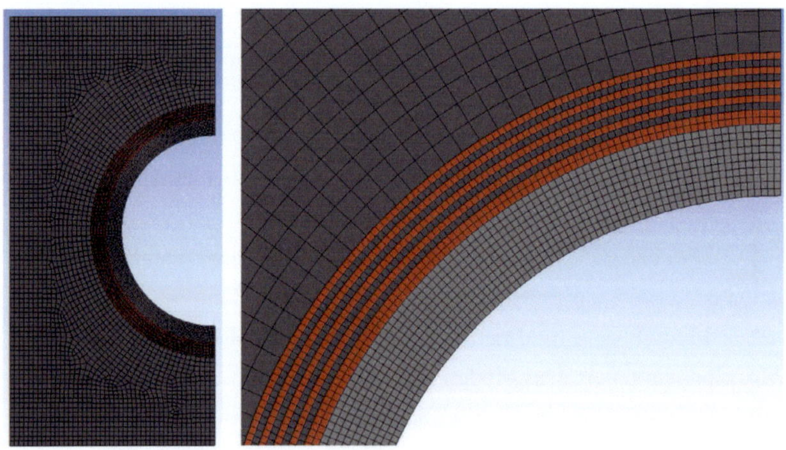

Bild 5.2.: Vernetztes Modell eines Stahldivertors. Das verwendete Strukturmaterial ist austenitischer Stahl umgeben von einem Wolframlaminat in einem Wolframmonoblock.

te ein Wärmeübergangskoeffizient von $\alpha = 100\ kW/(m^2K)$, bei einer Umgebungstemperatur von $300°C$ angegeben. Die Lagerung ist Minimallagerung. Es herrscht ein Innendruck von 160 *bar* bei RT als Referenztemperatur (spannungsfrei). Bei Heliumkühlung von $400°C$, $600°C$, 100 *bar*, wird die Rohrinnenseite in drei Bereiche unterteilt. Im oberen Bereich herrscht ein Wärmeübergangskoeffizient von $\alpha = 34\ kW/(m^2K)$, im mittleren Teil von $\alpha = 31\ kW/(m^2K)$, und im unteren Bereich von $\alpha = 5\ kW/(m^2K)$. Die Werte stammen von [127]. Abbildung 5.3 gibt einen qualitativen Eindruck der Temperaturverteilung (links) sowie der *von-Mises* Vergleichsspannungsverteilung (rechts).

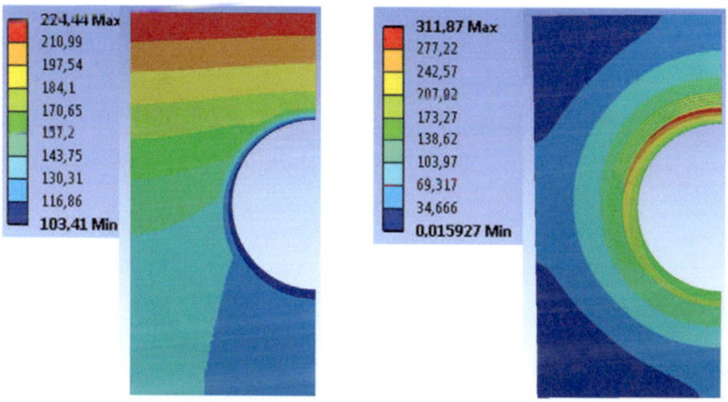

Bild 5.3.: Qualitative Darstellung des Temperaturverlaufs (links; Werte in $°C$) sowie der *von-Mises* Vergleichsspannung (rechts; Werte in MPa) eines Stahldivertors.

Eine detaillierte Darstellung aller Ergebnisse findet sich im Anhang. Hier seien exemplarisch die Ergebnisse der Kombination von austenitischem Stahl mit Wasserkühlung ($100°C - 120°C$, 40 *bar*) einmal in der Monoblock und einmal in der Saddletype-Variante aufgeführt (siehe Tabelle 5.1 und 5.2).

Fazit: Die Ergebnisse zeigen (siehe Anhang), dass es zwischen der Monoblock-Variante und der Saddle-Type-Variante keine großen Unterschiede gibt. Bei der Saddle-Type Variante sind die Temperaturen jedoch höher als

Tabelle 5.1.: Wasserkühlung ($100°C - 120°C$, 40 bar), austenitischer Stahl, Monoblock Design

Material	$1\ MW/m^2$	$5\ MW/m^2$	$10\ MW/m^2$
austenitischer Stahl	$100°C$ - $180°C$ $150\ MPa$ - $310\ MPa$	$120°C$ - $480°C$ $60\ MPa$ - $850\ MPa$	$130°C$ - $800°C$ $10\ MPa$ - $1380\ MPa$
Kupferfolie	$120°C$ - $180°C$	$200°C$ - $500°C$	$280°C$ - $870°C$
Wolframfolie	$120°C$ - $180°C$	$200°C$ - $500°C$	$280°C$ - $860°C$
W-Monoblock	$120°C$ - $220°C$	$200°C$ - $740°C$	$290°C$ - $1490°C$

Tabelle 5.2.: Wasserkühlung ($100°C - 120°C$, 40 bar), austenitischer Stahl, Saddle-Type Design

Material	$1\ MW/m^2$	$5\ MW/m^2$	$10\ MW/m^2$
austenitischer Stahl	$100°C$ - $200°C$ $0\ MPa$ - $270\ MPa$	$100°C$ - $540°C$ $0\ MPa$ - $810\ MPa$	$100°C$ - $910°C$ $0\ MPa$ - $1390\ MPa$
Kupferfolie	$180°C$ - $200°C$	$430°C$ - $580°C$	$680°C$ - $980°C$
Wolframfolie	$180°C$ - $200°C$	$440°C$ - $580°C$	$700°C$ - $980°C$
W-Saddle	$180°C$ - $250°C$	$460°C$ - $870°C$	$750°C$ - $1720°C$

bei der Monoblock-Variante. Vergleicht man die resultierenden Temperaturen bei Divertoren aus austenitischem Stahl und RAFM Stahl, so lässt sich festhalten, dass bei RAFM Stahl die Temperaturen niedriger sind, was mit dessen besserer Wärmeleitfähigkeit begründet werden kann. Die Unterschiede sind jedoch gering. Die Simulationen lieferten zwei interessante Ansätze, die es wert sind, weiter untersucht und mit dem RCC-MR Code ausgelegt zu werden. Diese sind:

- Austenitischer Stahl mit Wasserkühlung ($100°C - 120°C$, 40 bar). Mit dieser Kombination scheint es möglich, bis zu 5 MW/m^2 abzuführen. Die dabei auftretenden Temperaturen liegen im zulässigen Bereich.

- RAFM Stahl mit Heliumkuhlung ($400°C - 600°C$, 100 bar). Mit dieser Kombination scheint eine Wärmeabfuhr von mindestens 1 MW/m^2 möglich. Die Temperaturen liegen dabei im zulässigen Bereich und auch die Interaktion Kühlmedium-Stahl ist hier unproblematisch.

Nachdem nun das Potenzial von Stahldivertoren mit einem Wolframlaminat als Zwischenschicht simuliert wurde steht nun die Fertigungsmachbarkeitsstudie an. Es soll die Frage beantwortet werden ob es gelingt, ein testbares Mockup bestehend aus Stahlrohr, Wolframziegel und Wolframlaminat als Zwischenschicht herzustellen.

5.2.3. Fertigungsmachbarkeitsstudie

Die Fertigungsmachbarkeitsstudie wird hier an einem Divertor aus austenitischem Stahl (1.4571, 316Ti, V4A) sowohl in der Monoblock als auch in der Saddle-Type Variante ausgeführt. Abbildung 5.5 beantwortet die vorgenannte Frage und zeigt ein testbares Mockup in der Saddle-Type Variante.

	water	water	helium
	100°C – 120°C, 40 bar	275°C – 325°C, 160 bar (PWR)	400°C – 600°C, 100 bar
austenitic steel RT – 200°C 400°C – 600°C	**5 MW/m²**	✖	**(1 MW/m²)**
RAFM steel 350°C – 550°C/ 650°C	✖	✖	**1 MW/m²**

Bild 5.4.: Darstellung der Ergebnisse der Rechnungen zu Divertoren, bei denen ein Wolframlaminat als Zwischenschicht zwischen Wolframziegel und Stahlrohr eingesetzt wurde. Die Beurteilung der Ergebnisse erfolgte rein aufgrund der berechneten Temperaturen. Die mit einem Pfeil markierten Kombinationen aus Kühlmedium und Strukturwerkstoff sind es wert, weiter untersucht und mit dem RCC-MR Code ausgelegt zu werden.

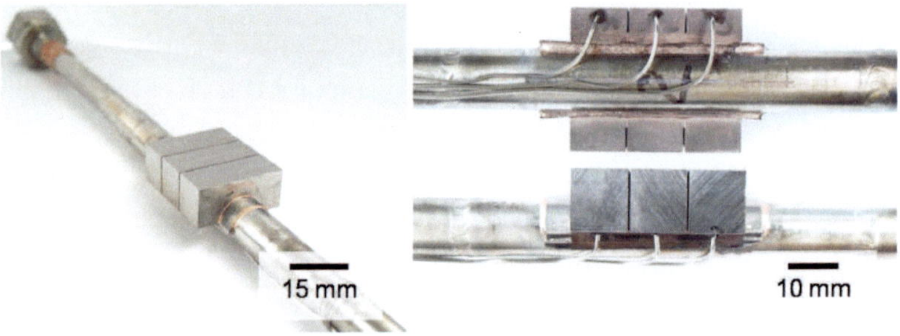

Bild 5.5.: Testbares Mockup eines wassergekühlten Divertors aus austenitischem Stahl. Als Zwischenschicht zwischen dem Stahlrohr und dem Wolframziegel (Saddle-Type) wurde ein Wolframlaminat aus vier Schichten Wolframfolie und fünf Schichten Kupferfolie verwendet.

Eine metallographische Analyse wurde an einem Mockup in der Monoblock-Variante durchgeführt und ist in Abbildung 5.6 zu sehen. Man sieht, wie die einzelnen Lagen von Wolfram- und Kupferfolie das austenitische Stahlrohr umgeben. Man sieht jedoch auch, dass sich durch den Lötprozess eine ausgeprägte Reaktionsszone an der Grenzfläche Kuper-Stahlrohr gebildet hat (Abbildung 5.6 rechts).

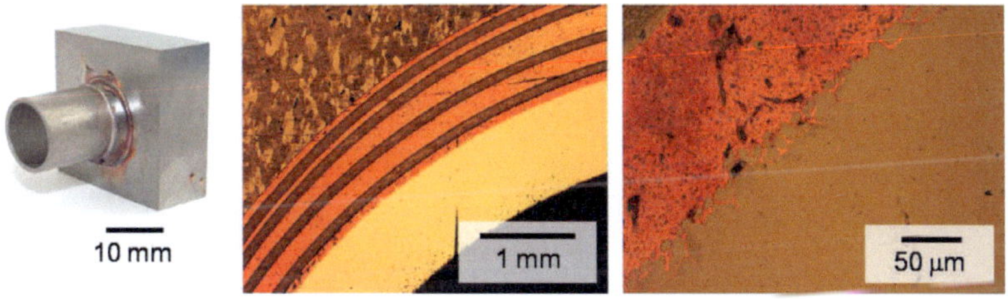

Bild 5.6.: Mockup eines Wassergekühlten Divertors aus austenitischem Stahl. Auch hier wurde als Zwischenschicht zwischen Stahlrohr und Wolframziegel (Monoblock) ein Wolframlaminat aus vier Schichten Wolframfolie und fünf Schichten Kupferfolie verwendet.

Ausgehend von der erfolgreichen Fertigung von testbaren Mockups aus austenitischem Stahl kann man annehmen, dass dies auch mit RAFM Stahl gelingt. Es ist daher jetzt möglich, die durch Simulation berechnete Performance eines Stahldivertors durch Experimente mit Wasserkühlung und Heliumkühlung zu verifizieren. Im nächsten Abschnitt werden vorläufige Ergebnisse von HHF-Tests in GLADIS (Teststand für hohe Wärmestromdichten am Max-Planck-Institut für Plasmaphysik, IPP, Garching) vorgestellt.

5.2.4. HHF-Tests in GLADIS

Abbildung 5.5 zeigt ein in GLADIS getestetes Mockup. Es besteht aus einem Stahlrohr (14 x 1) aus austenitischem Stahl (1.4571, 316Ti, V4A). Die Innenseite des Rohrs ist glatt. Die Wolframziegel wurden aus Stabmaterial gefräst und haben eine Höhe von 14 *mm*, eine Breite von 13 *mm* sowie eine Halbkreisbohrung mit 16 mm Durchmesser. Zwischen Stahlrohr und Wolframziegel befindet sich ein 1 mm dickes Wolframlaminat. Alle Ziegel wurden mit Thermoelementen (Typ K, NiCr-Ni) versehen, die sich 2 mm unterhalb der unter Plasmabeschuss stehenden Oberfläche befinden.

Das Kühlmedium war Wasser bei Raumtemperatur und 10 bar. Die Fließgeschwindigkeit war 10 m/s was einen Durchsatz von $1,13\ l/s$ ergibt. Das Mockup wurde mit einer Wärmelast von 6 MW/m^2 beaufschlagt und zyklisch belastet. Ein Zyklus dauert 1 min und besteht aus 20 s Strahl an und 40 s Strahl aus.

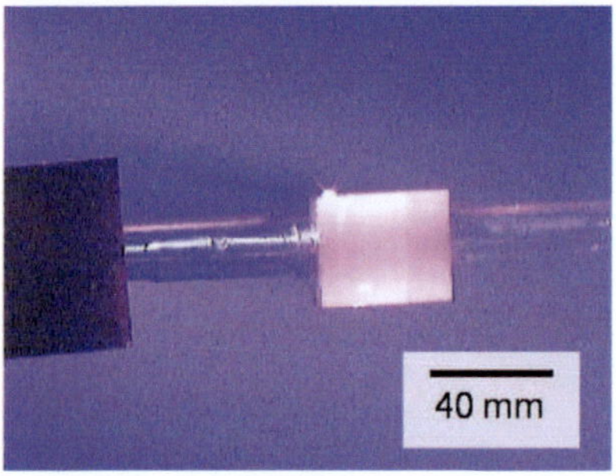

Bild 5.7.: HHF-Tests eines wassergekühlten Divertors aus austenitischem Stahl in GLADIS. Das Bild zeigt das Mockup während des Versuchs. Nach 100 Zyklen mit einer Wärmelast von 6 MW/m^2 ist das Mockup noch vollkommen intakt.

Das Mockup wurde bisher 100 Zyklen ausgesetzt und ist nachwievor vollkommen intakt und kann weiter getestet werden. Abbildung 5.7 gibt einen Eindruck über die Temperaturverteilung an der Ziegeloberfläche während des Versuchs. Man sieht, wie die Temperatur mit Abstand zum Kühlrohr steigt. Die Ergebnisse sind ein Beleg dafür, dass die Mockup-Fertigung ein Erfolg war und die Anbindung von Stahlrohr an Wolframziegel funktioniert. Zudem zeigen sie aber auch, dass wassergekühlte Stahldivertoren aus austenitischem Stahl selbst bei einer glatten Rohrinnenwand ein großes Potenzial zum Abführen von Wärmelasten haben und damit die oben vorgestellten Ergebnisse aus der Simulation bestätigen. Weiterhin sei hier erwähnt, dass durch zerstörungsfreie Prüfung mit Ultraschall (PLANSEE SE, Reutte) im Vorfeld bestätigt wurde, dass die Mockup-Synthese und damit die Lötung erfolgreich war.

Bisher wurde das Wolframlaminat als Zwischenschicht zwischen Stahl und Wolfram eingesetzt, als Funktionsmaterial also. Im nächsten Abschnitt wird das Wolframlaminat in der Form eines gewickelten Rohres als drucktragendes, sicherheitsrelevantes Bauteil und damit als Strukturbauteil eingesetzt.

5.3. Wolframlaminat als Strukturbauteil

Die Ergebnisse der in dieser Arbeit durchgeführten Charakterisierung des Wolframlaminats motivieren dazu, das aus Wolframfolie gewickelte Rohr als drucktragendes Element und damit als Strukturbauteil einzusetzen. In diesem Kapitel wird ein Wolframlaminatrohr eingesetzt, welches durch Wickeln und Löten einer Wolfram- und einer Kupferfolie hergestellt wurde. Wie im vorigen Kapitel ist auch hier die Geometrie des untersuchten Divertors der des ITER Divertors ähnlich: ein Rohr, hier ein Wolframlaminatrohr, umgeben von Wolframziegeln.

5.3.1. Konzept

Es wird ein gewickeltes Wolframlaminatrohr (W-Cu) untersucht. Die Wolframziegel können entweder in der Monoblock Variante oder in der Saddle-Type Variante ausgeführt sein. Die Kühlmedienkonfigurationen sind wie oben beschrieben Wasser $100°C$, $120°C$, 40 *bar*, Wasser $275°C$, $325°C$, 160 *bar* oder Helium $400°C$, $600°C$, 100 *bar*. In Summe sind dies $1 \, x \, 2 \, x \, 3 = 6$ Kombinationsmöglichkeiten, die gerechnet und analysiert werden. Alle Rechenergebnisse finden sich im Anhang.

5.3.2. Simulation: Wärmeabfuhr und Spannungen

Die Geometrie besteht aus einem Wolframmonoblock, 27 *mm x* 27 *mm*, mit einer Bohrung mit einem Durchmesser von 16 *mm*. Das gewickelte Wolframlaminat hat damit einen Außendurchmesser von 16 *mm* und eine

Wandstärke von 1 mm, die sich aus fünf Schichten Wolframfolie, 100 μm, und fünf Schichten Kupferfolie, 100 μm, zusammensetzt. Abbildung 5.8 gibt einen Eindruck der Geometrie der untersuchten Rechenmodelle.

Bild 5.8.: Links: Divertor im Monoblockdesign. Rechts: Divertor im Saddle-Type Design. Das verwendete Strukturmaterial ist ein Wolframlaminat.

Wie bei den oben gerechneten Stahldivertoren ist auch hier das Materialmodell linear elastisch. Das Modell ist ein 2D-Schalenmodell, Symmetrie wird ausgenutzt. Einen Überblick über das vernetzte Modell gibt Abbildung 5.9. Analog zu den vorangegangenen Rechnungen ist zudem die Variation der Wärmelast (1 MW/m^2, 5 MW/m^2 und 10 MW/m^2) sowie die Randbedingungen, gegeben durch die Kühlmedien. Einen qualitativen Eindruck der Temperatur- und der *von-Mises* Vergleichsspannungsverteilung gibt Abbildung 5.10.

Exemplarisch seien hier die Ergebnisse eines Divertor bestehend aus einem gewickelten Wolframrohr, umgeben von Wolframmonoblocks, gekühlt mit Helium (400°C, 600°C, 100 bar) angegeben (siehe Tabelle 5.3).

Die Simulation liefert ein interessantes Ergebnis, dessen Umsetztung jedoch von der Gretchenfrage abhängt. Und das ist die Frage nach der niedrigst mögliche Temperatur, bei der man die Wolframfolie unter Neutronenbestrahlung noch einsetzten darf. Folgendes Konzept ist interessant:

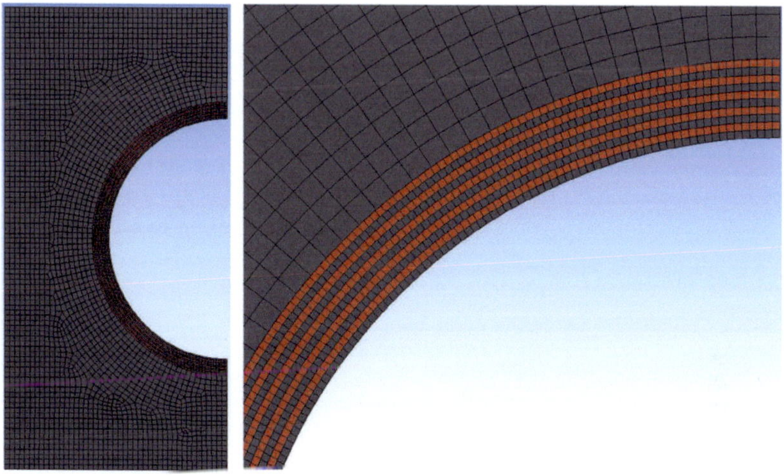

Bild 5.9.: Vernetztes Modell eines Divertors mit einem Wolframlaminatrohr als Strukturbauteil, umgeben von einem Wolframmonoblock.

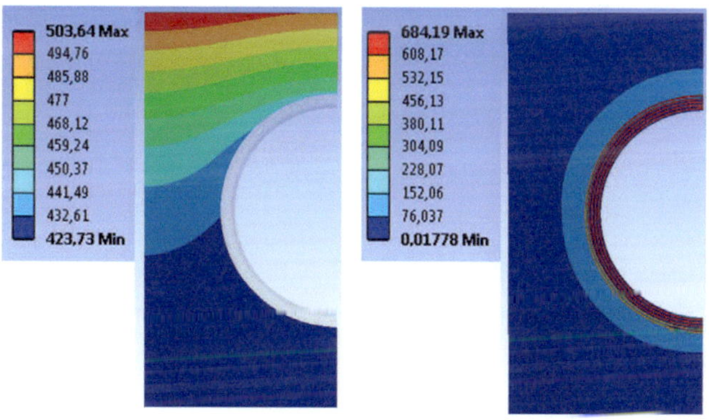

Bild 5.10.: Qualitative Darstellung des Temperaturverlaufs (links; Werte in $^\circ C$) sowie der *von-Mises* Vergleichsspannung (rechts; Werte in MPa) eines Divertors mit einem Laminatrohr als Strukturkomponente.

Tabelle 5.3.: Heliumkühlung ($400^\circ C - 600^\circ C$, $100\ bar$), Wolframlaminat, Monoblock Design

Material	$1\ MW/m^2$	$5\ MW/m^2$	$10\ MW/m^2$
Wolframfolie	$420^\circ C$ - $450^\circ C$	$510^\circ C$ - $640^\circ C$	$630^\circ C$ - $900^\circ C$
	$10\ MPa$ - $200\ MPa$	$0\ MPa$ - $280\ MPa$	$0\ MPa$ - $530\ MPa$
Kupferfolie	$420^\circ C$ - $450^\circ C$	$510^\circ C$ - $650^\circ C$	$630^\circ C$ - $900^\circ C$
	$590\ MPa$ - $680\ MPa$	$710\ MPa$ - $870\ MPa$	$870\ MPa$ - $1150\ MPa$
W-Monoblock	$420^\circ C$ - $500^\circ C$	$520^\circ C$ - $960^\circ C$	$630^\circ C$ - $1640^\circ C$
	$0\ MPa$ - $130\ MPa$	$0\ MPa$ - $314\ MPa$	$0\ MPa$ - $620\ MPa$

- Wolframlaminatrohr mit Heliumkühlung ($400^\circ C - 600^\circ C$, $100\ bar$). Diese Kombination ist sehr interessant. Zum einen erlaubt die Hochtemperaturheliumkühlung eine hohe Energiekonversion. Zum anderen sind die Bestrahlungstemperaturen hoch, was sich positiv auf das Verhalten der Wolframfolie auswirkt. Nach den hier durchgeführten Simulationen scheint eine Wärmeabfuhr von $5 - 10\ MW/m^2$ möglich.

Neben der Frage nach der niedrigst möglichen Einsatztemperatur von Wolframfolie unter Neutronenbestrahlung gibt es noch weitere offene Punkt. Offen ist zum Beispiel das Materialverhalten von Kupfer bei Bestrahlungstemperaturen zwischen $400^\circ C$ und $900^\circ C$, sowie die Frage nach der Festigkeit des Wolfram-Kupfer-Laminatrohrs bei hohen Temperaturen. Berstversuche (siehe Kapitel 4.4.2) haben gezeigt, dass die Festigkeit des Laminatrohr durch die Wolframfolie getragen wird und die Zwischenschicht hauptsächlich als Dichtmedium dient. Vor diesem Hintergrund muss man

	water	water	helium
	100°C – 120°C, 40 bar	275°C – 325°C, 160 bar (PWR)	400°C – 600°C, 100 bar
W-laminate Cu: 400°C – 800°C	✗	✗	**5 - 10 MW/m²**

Bild 5.11.: Darstellung der Ergebnisse der Rechnungen zu Divertoren, bei denen ein Wolframlaminat als Strukturbauteil eingesetzt wurde. Die Beurteilung der Ergebnisse erfolgte rein aufgrund der berechneten Temperaturen. Die mit einem Pfeil markierte Kombinationen aus Kühlmedium und Strukturwerkstoff sind es wert, weiter untersucht und mit dem RCC-MR Code ausgelegt zu werden.

die in der Kupferfolie berechenten Spannungen von ca. 1000 MPa bei einer Wärmelast von 10 MW/m^2 bewerten.

5.3.3. Fertigungsmachbarkeitsstudie

Die Fertigungsmachbarkeitsstudie wird am Beispiel eines heliumgekühlten Divertors im Monoblock Design durchgeführt. Abbildung 5.12 zeigt einen Schnitt des CAD-Modell des Divertors. Demnach ströhmt Helium mit einer Temperatur von 400°C durch einen Rohrbogen aus Eurofer (Anwendungsfenster: 350°C – 550°C). Am Ende dieses Rohrbogens ist der Übergang von Eurofer zu Wolframlaminatrohr. Dass dieser Übergang technisch realisiert werden kann wurde zum Beispiel am Aufbau des Rohrberstversuches demonstriert. Im Inneren des Laminatrohr befindet sich ein Stahlrohr mit Bohrungen, ein Brausekopf, welcher die Prallkühlung des Helium und damit der Erhöhung des Wärmeübergangkoeffizienten erfüllen soll. Das Laminatrohr ist umgeben von Wolframziegeln im Monoblock Design, welche hier lamellar ausgeführt sind. Am Ende des gewickelten Wolframrohrs erfolgt erneut der Übergang zu einem Stahlrohr, hier zu Eurofer ODS. In diesem Fall darf die Heliumtemperatur, insbesondere aber die Betriebstemperatur

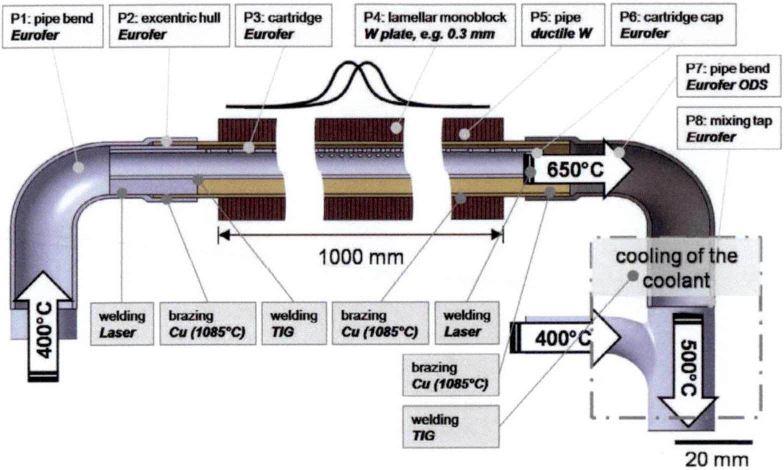

Bild 5.12.: Schnitt eines heliumgekühlten Divertors im Monoblock-Design (lamellar) mit einem Wolframlaminatrohr als Strukturbauteil.

des Eurofer ODS nicht die Materialgrenze von $650°C$ überschreiten. Um möglichst wenig des teuren Eurofer ODS verbauen zu müssen kann man sich im Anschluss an das Stahlrohr eine Mischbatterie vorstellen, in welcher die Heliumtemperatur reduziert wird. Man ermöglicht damit wieder den Einsatz von Eurofer, allerdings zum Preis einer geringeren Energiekonversion.

Die Synthese des Wolframlaminatrohrs, der Anschluss an das Euroferrohr am Eingang sowie der Anschluss des Eurofer ODS Rohrs am Ausgang erfolgt in einem Schritt durch eine Kupferlötung. Die Löttemperatur entspricht dabei der Austenitisierungstemperatur des Eurofer. Am Ende des Lötprozesses muss ein rasches Abkühlen des Eurofers stehen, welcher anschließend durch Anlassen in die gewünschte ferritisch-martensitische Gefügestruktur gebracht werden kann ($750°C$ / $2\ h$). Einen Prototyp des hier beschriebenen Divertors zeigt Abbildung 5.13.

Dieses Kapitel hat gezeigt, dass es möglich ist, Wolframlaminate beim Bau von Divertoren einzusetzen. Einsatzmöglichkeiten sind zum einen

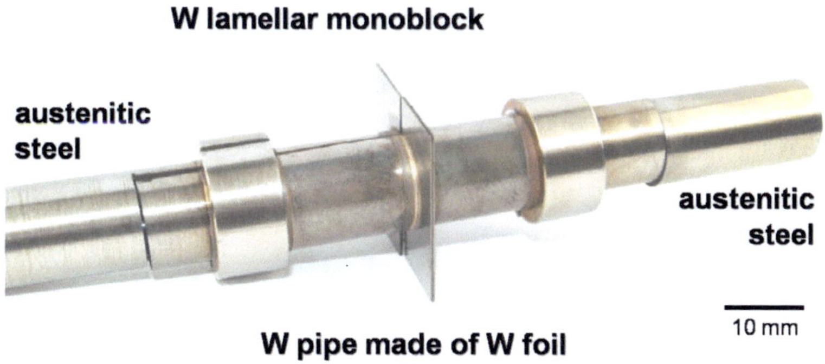

Bild 5.13.: Nachweis der Fertigbarkeit eines heliumgekühlten Divertors mit einem Wolframlaminatrohr als Strukturbauteil. Zu beiden Seiten des Wolframrohrs befindet sich der Übergang zu einem Stahlrohr. Die Wolframziegel sind hier lamellar, im Monoblock-Design ausgeführt.

bei Stahldivertoren als Zwischenschicht zwischen Wolfram und Stahl mit dem Ziel, die unterschiedlichen thermischen Ausdehnungskoeffizienten von Wolfram und Stahl auszugleichen. Eine weitere Einsatzmöglichkeit des Wolframlaminats ist in Form eines gewickelten Rohrs. Dieses Rohr wird dabei als drucktragendes, sicherheitsrelevantes Bauteil eingesetzt. Die Fertigungsmachbarkeitsstudien haben gezeigt, dass testbare Mockups sowohl für Stahl-Divertoren als auch für Wolframlaminat-Divertoren gebaut werden können. Bei ersten Versuchen an einem Mockup eines wassergekühlten Stahldivertors aus austenitischem Stahl in GLADIS konnten die in diesem Kapitel vorgestellten Rechnungen bestätigt werden: Nach 100 Lastzyklen mit einer Wärmelast von $6\ MW/m^2$ ist das Mockup noch vollkommen intakt.

6. Ergebnisse und Diskussion

Wolfram ist spröde und hat schwache Korngrenzen. Ziel der Materialentwicklung muss daher sein (i) Wolfram zu duktilisieren und die Spröd-duktil-Übergangstemperatur zu niedrigen Temperaturen zu verschieben, (ii) die Korngrenzen zu festigen und damit das Delaminationsverhalten von Wolfram zu unterdrücken sowie (iii) die Korngrenzen zu stabilisieren, d.h. die Mikrostruktur zu stabilisieren und damit die Rekristallisationstemperatur zu höheren Temperaturen zu verschieben. Letzteres wurde bereits erfolgreich durch ODS Wolfram gelöst [70].

Ziel dieser Arbeit war die Beantwortung der Frage, ob es gelingt, durch Synthese eines Wolframlaminats die duktilen Eigenschaften einer Wolframfolie auf eine Massivbauteil zu übertragen und damit die Spröd-duktil-Übergangstemperatur zu niedrigen Temperaturen zu verschieben.

In diesem Kapitel werden die Ergebnisse vorgestellt, interpretiert und diskutiert. Diskutiert wird der Stand der Technik zur Duktilität und speziell zur Steigerung der Duktilität von Wolfram. In einem zweiten Teil werden die Ergebnisse der Analyse und Charakterisierung von Wolframfolie vorgestellt und interpretiert. Diskutiert werden die außergewöhnliche Duktilität sowie das Bruchverhalten von Wolframfolie. Des Weiteren werden die Kerbschlagbiegeergebnisse vorgestellt und Arten der Energiedissipation diskutiert. Das Kapitel schließt mit einer kritischen Betrachtung von Wolframlaminaten als Hochtemperaturwerkstoff.

6.1. Stand der Technik

6.1.1. Duktilität

Quelle duktilen Materialverhaltens und damit Ursache einer irreversiblen, plastischen Verformung können sein: (i) die Bewegung von Stufen- oder Schraubenversetzungen ($0,3$ bzw. $1,11$ eV in Wolfram), (ii) Zwillingsbildung oder (iii) nanokristalline Effekte, wie zum Beispiel Kornrotation oder Korngrenzengleiten [89].

Will man die Duktiliät eines Materials erhöhen, muss daher an diesen Stellschrauben angesetzt werden. Folgende Möglichkeiten zur Steigerung der Duktilität eines Materials sind denkbar: (i) Kornfeinung. Nach *Hall-Petch* gilt, dass je kleiner das Korn, desto größer die Festigkeit. Gleichzeitig gilt aber auch, dass ein feinkörniges Material gute duktile Eigenschaften aufweist. Grund hierfür könnte sein, dass es im Korn in der Nähe der Korngrenzen zu Mehrfachgleiten kommen kann [88]. Bei einem ausreichend kleinen Korn wäre damit im ganzen Korninneren Mehrfachgleiten möglich. Eine zweite Möglichkeit ist (ii) im Material die Dichte der mobilen Stufenversetzungen zu erhöhen. Eine dritte Möglichkeit setzt bei der Bewegung der immobilen Schraubenversetzungen an. Grund für deren geringe Beweglichkeit ist die Dreifachsymmetrie des Versetzungskerns. Schraubenversetzungen bewegen sich durch Bildung eines Kinkenpaares und überwinden in dieser Konfiguration die *Peierls*-Barriere. Daher besteht eine weitere Möglichkeit zur Steigerung duktilen Materialverhaltens in der (iii) Reduzierung der *Peierls*-Spannung, was eventuell durch Legieren gelingen kann. Eine weitere Möglichkeit beruht auf (vi) dem Folieneffekt. Nach dieser Vorstellung bewegen sich die Versetzungen Richtung Folienoberfläche und treten aus dieser aus (Versetzungsannihilation). Dadurch wird ein Versetzungsstau im Material vermieden, was als Konsequenz eine Steigerung der Duktilität nach sich ziehen könnte. Schließlich gibt es noch die Konzepte der (v) Pseudo-Duktilität (engl.: non-plastic energy dissipation). Hier tritt mikroskopisch kein duktiles Materialverhalten auf. Jedoch wird durch Schaffung von Oberfläche, durch Ablösen von Fasern von der Matrix oder das reibungsbehaftete Ausziehen von Fasern aus der Matrix Energie dissipiert. Zusammenfassend lässt sich sagen, dass die Erhöhung der Duktilität eines Material gelingen kann durch:

- Kornfeinung,
- Erhöhung der Dichte der mobilen Stufenversetzungen,
- Reduzierung der *Peierls*-Spannung,
- Ausnutzung des Folieneffekts (Versetzungsannihilation) oder durch
- nicht-plastische Energiedissipation.

6.1.2. Erhöhung der Duktilität von Wolfram

In der Literatur gibt es zahlreiche Hinweise, wonach Wolfram durch Kaltumformung duktilisiert werden kann [20, 82] bzw. wonach sich bei Wolfram die Risszähigkeit mit zunehmendem Umformgrad erhöhen lässt [70]. Dies wird phänomenologisch beschrieben und es bleibt jeweils offen, welcher Effekt dahinter steht. Dies könnte zum einen die Kornfeinung oder die Erhöhung der Anzahl mobiler Stufenversetzungen sein. Generell gilt aber, dass durch Kaltumformen das Material verfestigt, wodurch sich die Festigkeit erhöht, die Duktilität jedoch zurückgeht.

Den gleichen Einwand kann man aufführen, wenn behauptet wird, dass Wolfram durch Kornfeinung duktilisiert werden kann und als Beispiel Materialien aufgeführt werden, die durch SPD oder ECAP (engl.: equal channel angular pressing) hergestellt wurden. In beiden Fällen kann die Ursache der Duktilitätssteigerung entweder in der Kornfeinung oder in der Erhöhung der Anzahl mobiler Stufenversetzungen oder in beidem begründet sein.

Bei der Synthese von Wolframwerkstoffen kann man sich drei pulvermetallurgische Prozesswege vorstellen: (i) Pulver mischen, Sintern, Umformen, (ii) Pulver mechanisch Legieren, HIPen, Umformen [68] oder (iii) durch Pulverspritzguss gefolgt von einem zweistufigen HIP Prozess [54]. Der erste genannte Prozessweg ist der Standardprozess in der Industrie. Von allen bisher untersuchten, kommerziell erhältlichen Wolframwerkstoffen ist reines Wolfram das duktilste Wolfram (gemessen im Kerbschlagbiegeversuche, mit Ausnahme von WRe und WIr). Man kann sich daher drei Ansätze vorstellen, um Wolfram zu duktilisieren: (i) Mischkristallbildung, (ii) Kornfeinung oder (iii) Synthese eines Verbundwerkstoffs. Die Idee der Mischkristallbildung beruht auf den erfreulichen Ergebnissen von WRe. Grund für die Duktilitätssteigerung von Wolfram durch Legieren mit Rhenium könnte sein, dass sich der Kern der Schraubenversetzung ändert (von symmetrisch zu asymmetrisch), wodurch sich die *Peierls*-Spannung reduziert und die Schraubenversetzungen leichter gleiten können. Für alle anderen bisher untersuchten Wolframmischkristalle trifft eine Duktilitätssteigerung jedoch nicht zu. Kornfeinung kann durch SPD oder mechanisches Legieren erreicht werden. Bei beiden Verfahren ist jedoch die Hochskalierbarkeit der kritische Punkt. Bleiben schließlich noch die Wolframverbundwerkstoffe. Dabei kann man unterscheiden zwischen (i) Partikel verstärkten, (ii) regellos Kurzfaser verstärkten, (iii) uniaxial Langfaserverstärkten Wolframwerkstoffen und (iv) Wolframlaminaten. Bei den uniaxial langfaserverstärkten Wolframwerkstoffen wird versucht durch nicht-plastische Energiedissipation, nach dem Vorbild von faserverstärkten Keramiken, die Schadenstoleranz des Wolframs zu erhöhen. Wolframlaminate, welche Gegenstand dieser Promotionsschrift sind, bedienen sich einer duktilen Wolframfolie. Eine Wolframfolie weist aufgrund des hohen Umformgrads sehr kleine Körner (Kornfeinung) sowie eine hohe Anzahl mobiler Stufenversetzungen auf. Zudem kommt als weitere, die Duktilität positiv beeinflussende Tatsache hinzu, dass hier die Möglichkeit des Folieneffekts, der Versetzungsannihilation an der Folienoberflächem, besteht. Eventuell kann es durch den lamellaren Aufbau zur Rissablenkung und damit zur Schaffung von Oberfläche und so schließlich zur nicht-plastischen Energiedissipation kommen. Eine Wolframfolie bzw. ein Wolframlaminat besticht daher durch

Eigenschaften wie:

- kleine Körner (Kornfeinung),
- hohe Anzahl mobiler Stufenversetzungen,
- Möglichkeit zum Folieneffekt und
- eventuell nicht-plastische Energiedissipation durch Rissablenkung und Schaffung von Oberfläche.

6.2. Analyse der Wolframfolie

In dieser Arbeit wurde hauptsächlich mit Wolframfolie mit einer Dicke von 100 μm gearbeitet.

Die Mikrostruktur von Wolframfolie, 100 μm, im Lieferzustand hat Körner der Größe $0{,}5$ μm x 3 μm x 15 μm. Damit hat eine Wolframfolie, 100 μm, ca. 200 Körner in Dickenrichtung. Durch das Walzen stellt sich eine ausgeprägte Textur in $\{100\}\langle 011\rangle$ ein. Dieser Zustand ist der energetisch günstigste, der Sättigungszustand. Bei weiterer Kaltumformung bleibt diese Textur erhalten (siehe Analyse von Wolframfolie, 25 μm). Die Textur von Wolframfolie und das Verhalten während der Kaltumformung von Wolframfolie ist damit gleich der bzw. dem von Molybdänfolie [49]. Im Allgemeinen sind die Körner fast frei von Versetzungen. Es gibt jedoch auch Körner mit einem Versetzungsnetzwerk. Diese sind jedoch die Ausnahme. Nach dem Härteverlauf beginnt die Rekristallisation bei 1100°C (Glühung 1 h). Gleiches gilt für Wolframfolie mit einer Dicke von 25 μm und 200 μm.

Unterzieht man die Wolframfolie, 100 μm, extremen Glühungen von 1 h / 2700°C, so ergibt sich eine Mikrostruktur mit Körnern der Größe 100 μm x 100 μm x 100 μm. Damit hat die Folie nur noch ein Korn über die Dickenrichtung. Wolframfolie rekristallisiert nicht. Es kommt nicht zur Keimbildung und Neubildung eines individuell orientierten Korns. Vielmehr bleibt die durch Kaltwalzen eingestellte Textur erhalten und wird durch die Glühungen noch ausgeprägter. Gleiches Verhalten wurde auch bei Molybdänfolie beobachtet [49]. Die Korngrenzen sind scharf, die Körner fast frei von Versetzungen.

Die Ergebnisse der Mikrostrukturuntersuchung sind Grundlage der nun folgenden Diskussionen zur Duktilität, Bruchverhalten und Zugversuchseigenschaften der Wolframfolie.

6.2.1. Zur Duktilität von Wolframfolie

In diesem Kapitel wird eine These zu Frage warum Wolframfolie im Lieferzustand sowie nach extremen Glühungen duktil ist aufgestellt. Grundlage dazu ist die Auswertung und Interpretation der Drei-Punkt-Biegeversuche.

Die Duktilität der Wolframfolie kann begründet sein (i) in der hohen Anzahl mobiler Stufenversetzungen, (ii) in der Feinkörnigkeit (Mehrfachgleiten an den Korngrenzen, nanokristalline Effekte wie Kornrotation oder Korngrenzengleiten) oder (iii) in der Auslöschung der Versetzungen an der Folienoberfläche - dem Folieneffekt.

Eine weitere Annahme bestand darin, dass die ausgepräge Duktilität der Wolframfolie in der scharfen Textur in $\{100\}\langle 011\rangle$ begründet liegt. Es wurde behauptet, dass die Duktilität der Folie kein thermisch aktivierter Prozess sei und dass die Wolframfolie selbst in flüssigem Stickstoff ($-196°C$) noch duktiles Materialverhalten zeigen müsste. Drei-Punkt-Biegeversuche in flüssigem Stickstoff zeigten jedoch sprödes Materialverhalten der Wolframfolie so dass als Ergebnis festgehalten werden kann:

- Die Duktilität der Wolframfolie ist ein thermisch aktivierter Prozess. Der Spröd-duktil-Übergang liegt zwischen $-196°C$ und RT (bei der hier verwendeten Dehnrate).

In einer zweiten Versuchsserie wurde Wolframfolie bei verschiedenen Temperaturen geglüht und Drei-Punkt-Biegeversuche bei RT durchgeführt. Erstaunlicherweise zeigt sich, dass eine 1 h bei $900°C$ geglühte Probe bei einem Drei-Punkt-Biegeversuch bei RT duktil ist, eine Probe, die 1 h bei

$1000°C$ geglüht wurde, ist hingegen spröde. Damit zwingt sich die Frage auf was bei einer Glühung von 1 h bei $1000°C$ passiert. Betrachtet man rein die Mikrostruktur durch metallographische Schliffe, so lässt sich kein Unterschied feststellen. Gleiches gilt für den Härteverlauf. Es lässt sich faktisch kein Unterschied feststellen in der gemessenen Härte einer Probe, welche 1 h bei $900°C$ und einer Probe, welche 1 h bei $1000°C$ geglüht wurde. Die mikrostrukturellen Änderungen sind also marginal, ihre Auswirkungen jedoch massiv. Einen Lösungshinweis liefert die TEM Untersuchung der Proben. Danach wird vermutet, dass sich die Anzahl der Körner mit einem Versetzungsnetzwerk mit zunehmender Glühtemperatur reduziert. Sind die stattfindenden Prozesse während einer Glühung 1 h bei $1000°C$ eine Form der Polygonisation? Meiner Meinung nach passiert folgendes: Eine Wolframfolie im Lieferzustand verfügt über ausreichend mobile Stufenversetzungen und ist duktil. Bei einer Glühung von 1 h bei $1000°C$ reduziert sich die Anzahl der mobilen Stufenversetzungen, es reduziert sich die Anzahl der Körner mit einem Versetzungsnetzwerk. Die Stufenversetzungen laufen Richtung Korngrenze und werden von dieser geschluckt. Sind irgendwann nicht mehr genügend mobile Stufenversetzungen vorhanden, bricht die Probe spröde.

In einer dritten Versuchsserie wurden die Grenzen des Spröd-duktil-Übergangs an Proben nach verschiedenen Glühungen bestimmt. Bei einer Probe im Lieferzustand sind diese $-196°C$ (sprödes Materialverhalten) und RT (duktiles Materialverhalten). Eine Wolframfolie, die 1 h bei $1000°C$ geglüht wurde, bricht bei RT spröde, bei $100°C$ ist sie allerdings duktil. Gleiches gilt für eine Probe, die 1 h bei $1500°C$ geglüht wurde. Das extremste Beispiel ist eine Probe, welche 1 h bei $2700°C$ geglüht wurde. Diese bricht bei einem Drei-Punkt-Biegeversuch bei $150°C$ spröde, bei einem Drei-Punkt-Biegeversuch bei $200°C$ verhält sich die Probe jedoch duktil. Was also sind die Quellen der Duktilität der Wolframfolie im Lieferzustand und nach extremen Glühungen? Schauen wir uns dazu die unterschiedlichen Mikrostrukturen an. Eine Wolframfolie im Lieferzustand zeichnet

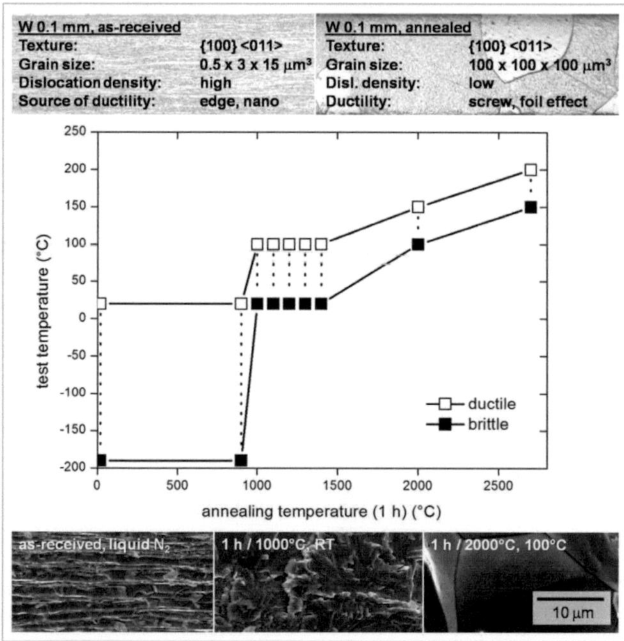

Bild 6.1.: Temperaturgrenzen von sprödem und duktilem Materialverhalten in Abhängigkeit der vorangegangenen Glühung. Aufgrund der unterschiedlichen Mikrostruktur und des unterschiedlichen Bruchverhaltens von Wolframfolie in verschiedenen Zuständen muss man davon ausgehen, dass die Duktilität von unterschiedlichen Mechanismen kontrolliert wird.

sich aus durch: Korngröße: $0,5\ \mu m\ x\ 3\ \mu m\ x\ 15\ \mu m$, Textur: $\{100\}\langle 011\rangle$, Versetzungsdichte: hoch, Bruchverhalten: transkristallin. Eine Wolframfolie nach extremen Glühungen hat folgende Eigenschaften: Korngröße: $100\ \mu m\ x\ 100\ \mu m\ x\ 100\ \mu m$, Textur: $\{100\}\langle 011\rangle$, Versetzungsdichte: gering, Bruchverhalten: interkristallin. Bei zwei so massiv unterschiedlichen Mikrostrukturen muss man davon ausgehen, dass die Quelle der Duktilität unterschiedlich ist. Meiner Meinung nach sind die Ursachen der Duktilität der Wolframfolie im Lieferzustand (i) die hohe Anzahl an mobilen Stufenversetzungen sowie (ii) die Kornfeinung und damit Verbunden das

Mehrfachgleiten an den Korngrenzen sowie nanokristalline Effekte wie Korngrenzengleiten. Die Wolframfolie nach extremen Glühungen profitiert meiner Meinung nach vom Folieneffekt. Ab einer gewissen Temperatur beginnen die Schraubenversetzungen zu gleiten und laufen dann ungehindert durch das ganze Korn bis zur Folienoberfläche hindurch. Die Schraubenversetzungen können dann austreten und annihilieren somit. Ein Versetzungsstau, zum Beispiel an einer Korngrenze, wird damit vermieden. Diese Annahmen lassen sich prägnant in zwei Punkten formulieren:

- Die Duktilität der Wolframfolie im Lieferzustand ist bedingt durch die hohe Anzahl von mobilen Stufenversetzungen sowie die feine Körnung.
- Die Duktilität von Wolframfolie nach extremen Glühungen profitiert vom Folieneffekt.

6.2.2. Zum Bruchverhalten von Wolframfolie

Es gibt zwei Bruchebenen von Wolfram: die $\{100\}$ und die $\{110\}$ Ebene, wobei die $\{100\}$ bei RT die bevorzugte Bruchebene ist [28]. Zusammen mit der Folientextur in $\{100\}\langle 011\rangle$ bildet diese Bruchebene einen Winkel von 45° zur Walzrichtung. Doch reicht das als Erklärung, um das sonderbare Bruchverhalten, die 45° Brüche von Wolframfolie zu erklären?

In der Literatur wird das Phänomen der 45° Brüche wie folgt erklärt: Molybdänfolie hat eine Textur mit Primärkomponenten in $\{100\}\langle 011\rangle$ und Sekundärkomponenten in $\{111\}\langle\bar{2}11\rangle$ und $\{111\}\langle 2\bar{1}\bar{1}\rangle$. Bei Wärmebehandlungen verschwinden die Sekundärkomponenten. Sie werden von benachbarten Großwinkelkorngrenzen der Primärkomponenten aufgenommen. Bei diesem Vorgang entstehen mit Verunreinigungen gesättigte Korngrenzen, welche leicht interkristallin brechen und damit ab einer kritischen Länge der Rissstarter eines transkristallinen Bruchs entlang der $\{100\}$ Ebene sind.

Für mich stellt sich die Situation ähnlich dar, ich komme jedoch zu einer anderen Schlussfolgerung, was ich im Folgenden ausführen möchte. Wolframfolie bricht auch im Lieferzustand bevorzugt unter einem Winkel von 45°. Schneidet man die Folie mit einer stumpfen Schere, so stellen sich die 45° Brüche ein, schneidet man dieselbe Folie aber mit einer scharfen Schere, so ist die Schnittkante geradlinig und scharf (siehe Abbildung 3.1). Daraus folgt: 45° Brüche treten auch auf bevor das Material geglüht wurde. Das von den Autoren oben beschriebene Bruchverhalten ab einer gewissen Glühung hängt meiner Meinung nach mit der Reduktion der mobilen Stufenversetzungen zusammen. Je weniger mobile Stufenversetzungen vorhanden, desto leichter bricht das Material.

Einen schönen Überblick über das Bruchverhalten von Wolframfolie bietet Abbildung 6.2. Es zeigt Proben, welche in einem Drei-Punkt-Biegeversuch bei RT getestet wurden. Die Proben, welche 1 h bei $1000°C$, $1100°C$

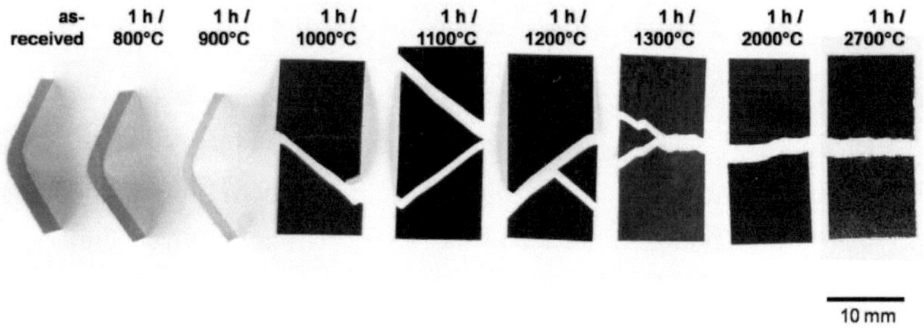

Bild 6.2.: Bruchverhalten von Wolframfolie. Die Proben stammen aus Drei-Punkt-Biegeversuchen bei RT. Die Proben wurden vor dem Test unterschiedlich geglüht.

oder $1200°C$ geglüht wurden, zeigen transkristalline Brüche, welche unter 45° Richtung verlaufen. Ab einer Glühtemperatur von $1300°C$ ändert sich das Bruchverhalten. Der Bruch verläuft nun entlang der aufgrund des Spannungszustands zu erwartenden Ebene und ist nunmehr interkristallin.

Der Riss muss sich entscheiden: Entweder er verläuft entlang der bevorzugten Rissebene, der $\{100\}$ Ebene, oder er verläuft entlang der schwachen Großwinkelkorngrenzen. Wolframfolie im Lieferzustand besteht annähernd nur aus Kleinwinkelkorngrenzen. Die Riss wandert hier nun entlang der Rissebene, der $\{100\}$ Ebene. Wird die Wolframfolie 1 h bei $1000°C$ geglüht, so besteht die Folie auch weiterhin annähernd nur aus Kleinwinkelkorngrenzen, die Anzahl der mobilen Stufenversetzungen ist jedoch geringer. Das Material bricht jetzt leichter und ebenfalls entlang der bevorzugten Rissebene, der $\{100\}$ Ebene. Ist die Wolframfolie nach einer extremen Glühung grobkörnig, so ist das bevorzugte Risswachstum entlang der schwachen Großwinkelkorngrenzen, der Bruch wird interkristallin und verläuft entlang der aus dem herrschenden Spannungszustand zu erwartenden Ebene.

6.2.3. Diskussion der Zugversuche

Aufgrund der Textur der Wolframfolie in $\{100\}\langle 011\rangle$ müssten die Zugversuchseigenschaften in Walzrichtung (0°) und quer zur Walzrichtung (90°) gleich sein. Bei unter 45° zur Walzrichtung orientierten Zugproben ist zu bemerken, dass die Hauptgleitrichtung von kubisch-raumzentrieten Metallen, die $\langle 111\rangle$ Richtung, unter einem Winkel von 45° zur Zugrichtung steht. Aus dem *Mohr*schen Spannungskreis ist bekannt, dass sie maximale Schubspannung unter einem Winkel von 45° auftritt. Bei in 45° orientierten Zugproben fällt nun die Richtung mit der größten Schubspannung mit der bevorzugten Gleitrichtung zusammen. Damit wird die plastische Verformbarkeit von in 45° orientierten Proben bevorzugt.

Die im Rahmen dieser Arbeit durchgeführten Zugversuche an Wolframfolie, 100 μm, im Lieferzustand, bei $600°C$ bestätigen dieses Bild (Abbildung 6.4 unten). In Walzrichtung und quer zur Walzrichtung tritt das gleiche Materialverhalten im Zugversuch auf. Die beiden Kurven sind an-

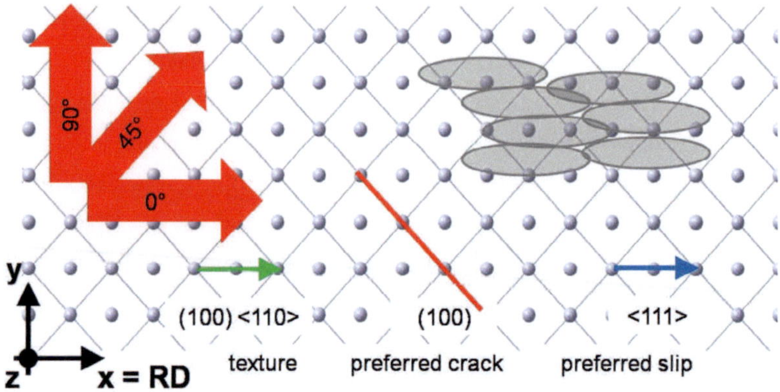

Bild 6.3.: Alle mechanischen Eigenschaften der Wolframfolie lassen sich interpretieren aufgrund der Textur ($\{100\}\langle 011\rangle$), der bevorzugten Gleitrichtung ($\langle 111\rangle$), der bevorzugten Rissebene ($\{100\}$) und der Kornform ($0,5\ \mu m\ x\ 3\ \mu m\ x\ 15\ \mu m$).

nähernd deckungsgleich. Zugproben, die unter einem Winkel von 45° orientiert sind, zeigen wie erwartet die größte plastische Dehnung.

Ein anderes Bild hingegen liefern die Zugversuchsergebnisse an Wolframfolie, 100 μm, im Lieferzustand, bei RT. Auch hier zeigt die unter einem Winkel von 45° orientierte Zugprobe die größte plastische Dehnung. Die Zugversuchskurven der Proben, die in Walzrichtung (0°) und quer zur Walzrichtung (90°) orientiert sind, unterscheiden sich aber. In Walzrichtung kann eine gewisse plastische Verformung gemessen werden, quer zur Walzrichtung allerdings nicht. Das Bruchbild der unter 90° getesteten Zugversuchsprobe zeigt einen klassischen Sprödbruch. Wie lässt sich dieses Ergebnis interpretieren? Durch den Einfluss der Kornform.

Neben der Folientextur in $\{100\}\langle 011\rangle$ muss bei niedrigen Prüftemperaturen auch der Einfluss der Kornform, $0,5\ \mu m\ x\ 3\ \mu m\ x\ 15\ \mu m$, berücksichtigt werden. Wolfram scheint hier wieder seine Schwäche für Korngrenzen zu zeigen. Aufgrund der Kornform gibt es quer zur Walzrichtung mehr Korngrenzen als in Walzrichtung, welche auch noch senkrecht zur

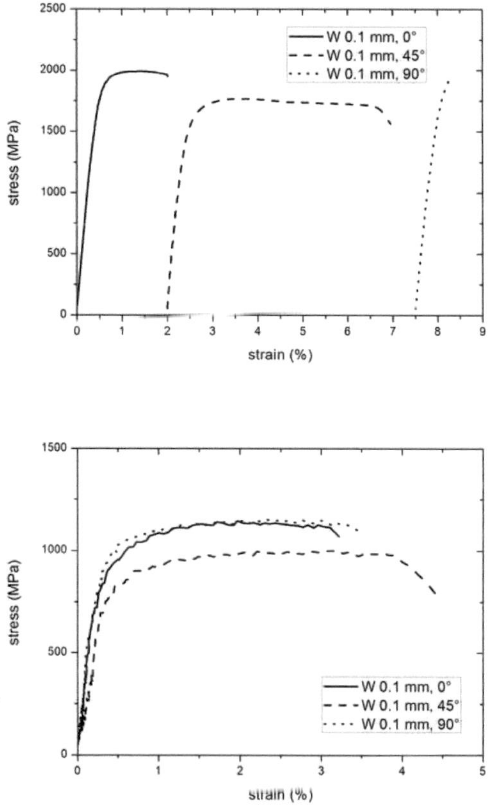

Bild 6.4.: Zugversuchsergebnisse von Wolframfolie, 100 μm, im Lieferzustand bei RT (oben) und 600$^\circ C$ (unten).

Zugrichtung ausgerichtet sind. Der Einfluss der Kornform schlägt hier voll zu. Man kann daher wie folgt zusammenfassen:

- Die mechanischen Eigenschaften von Wolframfolie werden bestimmt durch (i) den Einfluss der Textur oder/und (ii) den Einfluss der Kornform.
- Bei Zugversuchen an Wolframfolie, 100 μm, im Lieferzustand, getestet bei $600°C$ ist der Einfluss der Textur isoliert. Die Kornform hat keinen Einfluss (gilt auch für Molybdänfolie, 100 μm, im Lieferzustand, getestet bei RT und $600°C$).
- Bei Zugversuchen an Wolframfolie, 100 μm, im Lieferzustand, getestet bei RT müssen beide Einflüsse beachtet werden. Sowohl der der Textur als auch der der Kornform.

In Abbildung 6.5 ist eine Gegenüberstellung von Zugversuchsergebnissen dargestellt. Die Prüftemperatur war jeweils $600°C$. Oben: Wolframfolie, 100 μm, im Lieferzustand. Mitte: Wolframfolie, 100 μm, geglüht 1 h bei $2000°C$. Unten: Wolframplattenmaterial, 1 mm, im Lieferzustand. Die Spannungs-Dehnungs-Kurven sind hochgradig unterschiedlich. Plattenmaterial schnürt sich ein, Folie nicht. Warum? Zudem zeigt die Kurve von rekristallisierter Folie einen auffälligen Zickzack-Verlauf. Es stellt sich in diesem Zusammenhang die Frage, ob es sich hierbei um einen Messfehler handelt, oder ob anhand des Kurvenverlaufs mit dem Folieneffekt begründet werden kann.

Beginnen wir mit der Frage, warum sich Plattenmaterial einschnürt, Folie aber nicht (Das sich die Folie nicht einschnürt geht sowohl aus der Spannungs-Dehnungs-Kurve hervor als auch aus der Bruchfläche). Ein Versuch dies kontinuumsmechanisch zu begründen, schlägt fehl. Schließlich herrschen bei beiden Proben - vorausgesetzt die Einspannung ist richtig gewählt - bis zur Einschnürung ein einachsiger Spannungszustand. Und auch die Diskussion über ebenen Spannungszustand und ebenen Dehnungszustand führt hier nicht weiter.

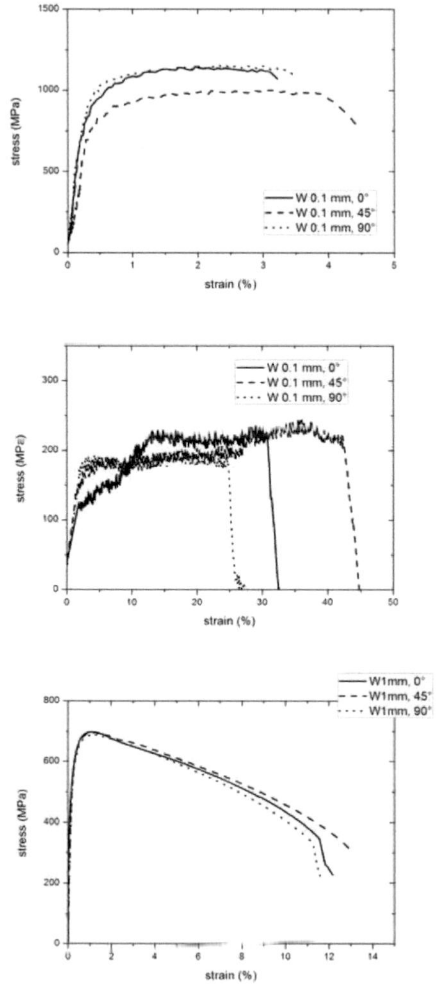

Bild 6.5.: Ergebnisse von Zugversuchen bei 600°C. Oben: Wolframfolie, 100 μm, im Lieferzustand. Mitte: Wolframfolie, 100 μm, geglüht 1 h bei 2000°C. Unten: Wolframplattenmaterial, 1 mm, im Lieferzustand.

Ein weiteres Erklärungsmodell versucht diese Frage bruchmechanisch zu beantworten. Demnach unterscheidet beide Materialien das Verhältnis von Oberfläche zu Volumen. Bei Folie ist dieser Quotient größer und damit fallen Randeffekte wie Defekte durch das Probenherstellen (Erodieren) stärker ins Gewicht.

Ich vertrete jedoch folgenden Erklärungsansatz: Eine Einschnürung bzw. eine Verformungslokalisierung, wie man sie hier beim Plattenmaterial sieht, geht immer zurück auf lokale Inhomogenitäten wie Kornorientierung oder Versetzungsdichtegradienten (Abbildung 6.5 unten). Die Wolframfolie hingegen zeigt ein Plateau und keine Einschnürung (Abbildung 6.5 oben). Dies ist Zeichen dafür, dass das Material voll ausgereizt ist, das Potenzial voll ausgeschöpft ist. Es ist Zeichen dafür, dass das Material allgemein homogen ist und eine scharfe Textur hat.

Spannend ist die Interpretation der Ergebnisse der Zugversuche an geglühten Folienproben (siehe Abbildung 6.5 Mitte). Auffällig ist hier zunächst die große plastische Dehnung von ca. 30 %. Vergleicht man dieses Ergebnis mit den Zugversuchsergebnissen von Wolframeinkristallen, so stellt man eine gute Übereinstimmung fest. Sowohl in der Zugfestigkeit als auch in der plastischen Dehnung [139]. Das liegt sicher daran, dass durch das Glühen der Wolframfolie ein Quasi-Einkristall hergestellt wurde.

Bleibt noch der auffällige Zickzack-Verlauf der Messkurve. Hier lohnt ein Vergleich mit einer Veröffentlichung über Zugversuche an vorverformten Molybdän-Einkristallen. Auch dort wurde eine Messkurve mit einem Zickzack-Verlauf aufgenommen und mit der Ausbildung von Zellstrukturen erklärt [140]. Für mich stellt sich die Situation wie folgt dar: Die Wolframfolie ist grobkörnig und hat nur ein Korn über die Dicke der Folie. Kommt es nun zur Bewegung von Schraubenversetzungen, so können diese ungehindert durch das Korn laufen und schließlich aus der Folie austreten: der Folieneffekt. Für mich ist die enorme, homogene plastische Dehnung, gepaart mit der rauen Oberfläche der Probe nach dem Versuch der Beweis, dass die Versetzungen durch die Folie gelaufen, an der Folienoberfläche ausgetreten und damit annihiliert sind. Der Beweis also für den Folieneffekt.

Der Zickzack-Verlauf der Messkurve ist kein Messfehler. Vielmehr ist es uns hier gelungen die Versetzungsaktivität zu messen. Ähnlich wie bei der Reckalterung bei Stahl (siehe auch *Portevin-Le Chatelier*-Effekt, für Details sein auf die Literatur zum Thema „Diskontinuierliches Fließen" verwiesen) kann man sich auch hier vorstellen, dass sich eine Versetzungsfront losreißt und damit einen Peak in der Zugversuchskurve auslöst. In der Summe ergibt sich dann dieser Zickzack-Verlauf. Misst man das Streuband der Zacken (20 MPa) so ergibt sich mit der Querschnittsfläche der Probe ($0,2\ mm^2$) eine Kraft von 4 N. Diese Kraft ist also nötig, um eine Versetzungsfront loszureißen. Als Ergebnis bleibt daher festzuhalten:

- Die Zugversuche an Wolframfolie zeigen, dass die Mikrostruktur homogen und voll ausgereizt ist.
- Bei Zugversuchen an geglühten Proben kann der Folieneffekt nachgewiesen werden.

Die Diskussion der Ergebnisse von Zugversuchen bei RT an Folien mit unterschiedlicher Dicke ist vergleichsweise unspektakulär. Mit zunehmendem Umformgrad, also mit abnehmender Foliendicke, steigt die Zugfestigkeit, was zu erwarten war. Bei jeder untersuchten Foliendicke ($0,1\ mm$, $0,2\ mm$, $0,3\ mm$, $0,5\ mm$, $1\ mm$) kann jeweils in Walzrichtung (0°) plastisches Materialverhalten gemessen werden, quer zur Walzrichtung (90°) allerdings nicht, was wohl, wie oben beschrieben, am Kornformeffekt liegt.

6.3. Kerbschlagbiegeversuche

Im Mittelpunkt dieser Arbeit steht die Beantwortung der Frage ob es uns gelingt, die duktilen Eigenschaften einer Wolframfolie durch Übereinanderschichten und geeignetes Verbinden auf ein Massivbauteil zu übertragen. Zur Beantwortung dieser Frage wurden in dieser Arbeit Kerbschlagbiegeversuche durchgeführt, deren Ergebnisse (siehe Kapitel 4.3.2) im Folgenden diskutiert werden.

Dabei beginnt die Diskussion einleitend mit der Beschreibung des Bruchverhaltens von Wolframplattenmaterial und vergleicht dieses mit dem von gewalztem ODS RAF Stahl. Danach wird das Bruchverhalten von Wolframlaminaten thematisiert und ein neuerlicher Beweis für den Folieneffekt aufgeführt. Das Kapitel schließt mit einer Diskussion der Arten der Energiedissipation von Wolframlaminaten.

6.3.1. Bruchverhalten von Wolframplatten

Wolframproben ohne Kerbe, also die hier getesteten Proben mit einer Geometrie von 1 *mm x* 3 *mm x* 27 *mm* oder 3 *mm x* 3 *mm x* 27 *mm*, getestet in L-S Orientierung, delaminieren nicht. Gekerbte Proben hingegen, also 3 *mm x* 4 *mm x* 27 *mm*, 1 *mm* Kerbe, auch in L-S Orientierung getestet, delaminieren. Warum?

Das Argument für das Delaminationsverhalten der Wolframproben war bisher immer die Mikrostruktur, also die ausgeprägte Textur sowie die sich durch Umformen eingestellte Kornform. Die Mikrostruktur ist allerdings bei ungekerbten Platten die gleiche. Der Grund muss folglich woanders liegen, im Spannungszustand. In einer gekerbten Probe herrscht ein dreiachsiger Spannungszustand, dessen maximale Spannung in Probendickenrichtung nicht im Kerbgrund auftritt (dort ist diese nämlich null) sondern kurz dahinter [122]. Diese Spannung ist zwar um Faktoren kleiner als die in Längsrichtung der Probe, jedoch scheint es, als ob diese Spannung ausreicht, um die schwachen Korngrenzen von einander zu trennen und einen Riss zu initiieren, der kurz hinter dem Kerbgrund beginnt und sich in Längsrichtung der Probe ausbreitet [37]. Bei einer ungekerbten Probe herrscht ein anderer Spannungszustand. Der Riss wird demnach an der Probenoberfläche starten und sich in Dickenrichtung der Probe ausbreiten. Kurz nach der Rissinitiierung an der Probenoberfläche liegt aber auch hier eine quasigekerbte Probe vor, haben wir auch hier einen dreiachsigen Spannungszustand. Müsste jetzt nicht auch die Probe delaminieren? Nach der gleichen Argumentation wie oben?

- Für Wolframplattenmaterial bleibt festzuhalten, dass Proben ohne Kerbe im Gegensatz zu gekerbten Proben im Kerbschlagbiegeversuch nicht delaminieren.

6.3.2. Vergleich des Bruchverhaltens von Wolframplatten mit ODS RAF Stahl

Das Bruchverhalten von Wolframplatten ist hochgradig anisotrop wie Abbildung 6.6 zeigt. Proben in L-S Orientierung delaminieren, Proben in L-T

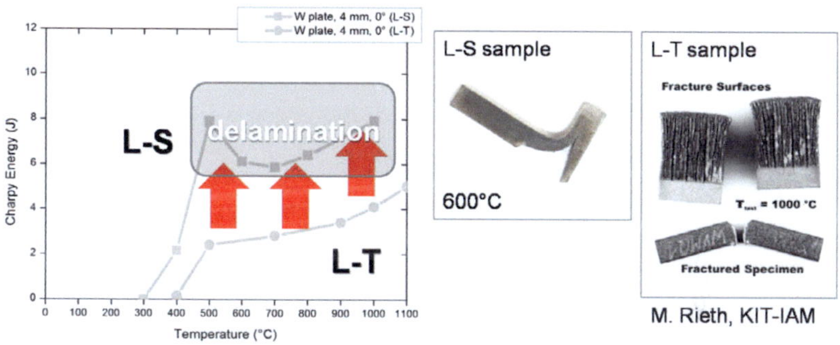

Bild 6.6.: Bruchbilder von Kerbschlagbiegeproben mit der Geometrie: 3 *mm x* 4 *mm x* 27 *mm*, 1 *mm* Kerbe. Das Auflamellieren der getesteten Proben in L-T Orientierung ist analog zu den Folienzugversuchsproben in 0° und 45° Orientierung. Quelle der Bilder der L-T Proben ist [48].

Orientierung delaminieren nicht, sie facettieren jedoch auf. Damit sieht deren Bruchbild ähnlich aus wie das Bruchbild von bei RT getesten Folienzugversuchsproben im Lieferzustand. Was an dieser Stelle jedoch bedeutend ist, ist die Tatsache, dass das Bruchverhalten identisch mit dem von gewalztem, oxidgehärtetem RAF Stahl ist. Charakterisiert man also umgeformten ODS RAF Stahl, so ist es unbedingt erforderlich, nicht nur die Orientierung der Probe hinsichtlich Walzrichtung zu beachten (L oder T), sondern auch die Lage der Kerbe (S oder T). Will man hohe Energiedissipationswerte erzielen so empfiehlt es sich, die Probe in L-S auszurichten. Beim Vergleich des Bruchverhaltens von Wolframplatten mit dem Bruchverhalten von ODS RAF Stahl kann also folgendes festgehalten werden:

- Das Bruchverhalten von Wolframplatten und gewalztem ODS RAF Stahl ist identisch.

6.3.3. Bruchverhalten von Wolframlaminaten

In dieser Arbeit wurde gezeigt, dass es uns gelungen ist, die duktilen Eigenschaften einer Folie auf ein Massivbauteil zu übertragen.

Das Materialverhalten von Wolframlaminaten ist allerdings hochgradig anisotrop und hängt stark von der Orientierung der Folienlagen ab. Nachfolgend werden die Ergebnisse diskutiert und dabei analysiert, ob das unterschiedliche Bruchverhalten bedingt ist durch (i) die Textur (Textureffekt) und/oder (ii) die Kornform (Kornformeffekt).

Ausgehend von dem Bruchverhalten von Wolframlaminaten wird diskutiert, nach welchen Mechanismen Laminate Energie dissipieren: Durch (i) plastische Verformung der Wolframfolie, durch (ii) plastische Verformung der Lotschicht (hier eutektisches Silber-Kupfer-Lot) oder durch (iii) nicht-plastische Energiedissipation, also zum Beispiel durch Schaffung von Oberfläche durch wiederholtes Ablenken des Risses.

Dies alles wird diskutiert in einem ersten Teil anhand von Proben, bei denen die Wolframfolie im Lieferzustand ist und in einen zweiten Teil anhand von Proben, bei denen die Wolframfolie rekristallisiert ist.

Bruchverhalten und Energiedissipation von Wolframlaminaten aus Folie im Lieferzustand

Da alle getesteten Laminatkerbschlagbiegeproben (1 *mm x* 3 *mm x* 27 *mm*, 3 *mm x* 3 *mm x* 27 *mm* und 3 *mm x* 4 *mm x* 27 *mm*, 1 *mm* Kerbe) in ihrer Charakteristik gleich sind, wird die Diskussion an KLST Proben, also Proben mit der Geometrie, 3 *mm x* 4 *mm x* 27 *mm*, 1 *mm* Kerbe, durchgeführt. Diese bestehen aus 15 Schichten Wolframfolie, 100 μm, verlötet mit 14 Schichten eines eutektischen Silber-Kupfer-Lots, 100 μm. Die Mikrostruktur der Wolframfolie hat sich durch den Verbindungsprozess im Vergleich zum Lieferzustand also nicht verändert.

Abbildung 6.7 zeigt die Kerbschlagbiegeergebnisse der Wolframlaminate und wirft die Frage auf, warum das Bruchverhalten von in Walzrichtung (0°) und quer zur Walzrichtung (90°) orientierten Proben unterschiedlich ist. Da aufgrund der 90° Textursymmetrie der $\{100\}\langle 011\rangle$ Folientextur die Eigenschaften sowohl in als auch quer zur Walzrichtung gleich sein müssen, lassen sich die unterschiedlichen Ergebniskurven nur durch den Einfluss der Kornform erklären. Der Unterschied im Bruchverhalten ist hier also ein Kornformeffekt und nicht ein Textureffekt. Man sieht hier zudem, welchen großen Einfluss die Kornform auf das Bruchverhalten von Wolfram hat.

Ein anderes Bild ergibt sich, wenn man nach den Gründen für das unterschiedliche Bruchverhalten von in 0° und 45° orientierten Proben fragt. Hier schlagen sowohl Textureffekte als auch Kornformeffekte zu. Auffällig bei den unter 45° getesteten Proben ist zudem der sprunghafte Anstieg der dissipierten Energie bei einer Prüftemperatur zwischen 200°*C* und 300°*C*. Dieser sprunghafte Anstieg geht einher mit einem Wechsel der bevorzugten Rissebene der Wolframfolie. Während diese bei Proben, die bei RT und 200°*C* getestet wurden, entlang der $\{100\}$ Ebene verläuft und damit für ein auffallend geradliniges Bruchbild sorgt, so ist bei ab 300°*C* getesteten Proben jetzt eine andere Rissebene die bevorzugte. Eventuell die $\{110\}$.

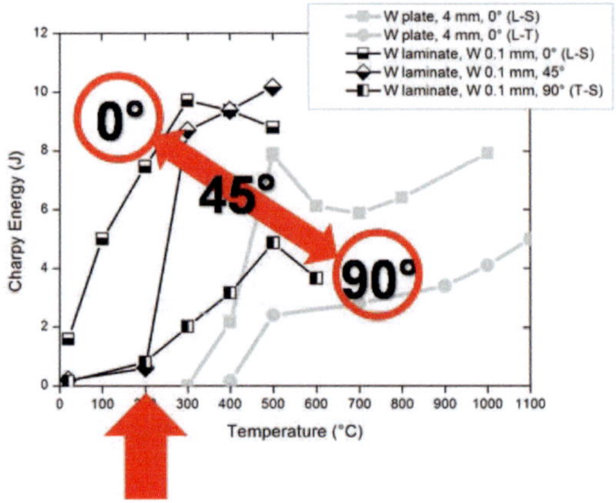

Bild 6.7.: Textureffekte und Kornformeffekte bestimmen das anisotrope Bruchverhalten von Laminatkerbschlagbiegeproben. Hier: KLST.

Anschaulich ist dies in Abbildung 6.8 zu sehen.

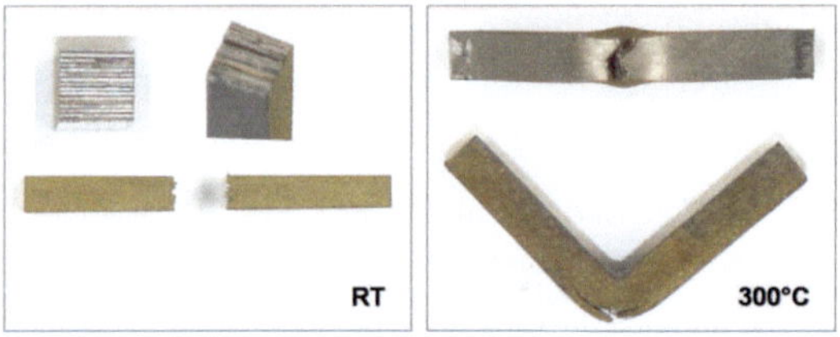

Bild 6.8.: Kerbschlagbiegeproben, orientiert in 45°. Am Bruchbild der Folien sieht man den Wechsel der bevorzugten Rissebene von bei RT ($\{100\}$) zu bei $300°C$ (eventuell $\{110\}$) getesteten Proben.

Im Kerbschlagbiegeversuch wird die Menge der dissipierten Energie gemessen. Die Energiedissipation kann bei Laminaten auf verschiedenen Wegen erfolgen. Dies kann zum Einen sein durch (i) plastische Verformung der Wolframfolie, durch (ii) plastische Verformung der Lotschicht (hier eutektisches Silber-Kupfer-Lot) oder durch (iii) nicht-plastische Energiedissipation, also zum Beispiel durch Schaffung von Oberfläche durch wiederholtes

Ablenken eines Risses. Hier stellt sich nun die Frage, welcher dieser Mechanismen wirklich auftritt und welcher dominiert.

Abbildung 6.7 gibt die Antwort auf diese Frage. Einen Beitrag zur Energiedissipation liefert ohne Zweifel die plastische Verformung der Wolframfolie. Keinen Beitrag liefert allerdings die plastische Verformung des Silber-Kupfer-Lots. Dies sieht man in Abbildung 6.7 bei unter 45° oder 90° orientierten Proben, die bei RT oder 200°C getestet wurden. Bei diesen ist die dissipierte Energie nämlich nahezu null. Das heißt die Wolframfolie liefert keinen Beitrag (bricht spröde), die nicht-plastische Energiedissipation liefert keinen Beitrag (keine Rissablenkung), das Silber-Kupfer-Lot verformt sich plastisch, liefert aber dennoch keinen Beitrag.

Einen Beitrag zur Energiedissipation liefert entweder die plastische Verformung der Wolframfolie oder die nicht plastische Energiedissipation durch Rissablenkung - wenn sie denn auftritt.

Abbildung 6.9 gibt einen repräsentativen Überblick über die Brucharten und damit verbunden über die Energiedissipationsmechanismen von Wolframlaminaten aus Wolframfolie im Lieferzustand. Bei unter 0° orientierten Proben wird die Energiedissipation bei RT dominiert durch Rissablenkung und ab 300°C durch plastische Verformung der Wolframfolie. Bei unter 45° orientierten Proben wird bei RT kaum Energie dissipiert, es kommt nicht zur Rissablenkung und die bevorzugte Rissebene ist die $\{100\}$ Ebene. Ab einer Prüftemperatur von 300°C ändert sich die bevorzugte Rissebene, was einhergeht mit einem Anstieg der dissipierten Energie. Die Energiedissipation wird von der plastischen Verformung der Wolframfolie dominiert. Bei unter 90° orientierten Proben wird bei RT kaum Energie dissipiert und es kommt nicht zur Rissablenkung. Ab einer Prüftemperatur von 300°C dissipieren diese Proben Energie. Der dominierende Mechanismus ist die Rissablenkung.

Abbildung 6.10 veranschaulicht die dominierenden Arten der Energiedissipation in Abhängigkeit der Temperatur bei verschieden orientierten Proben.

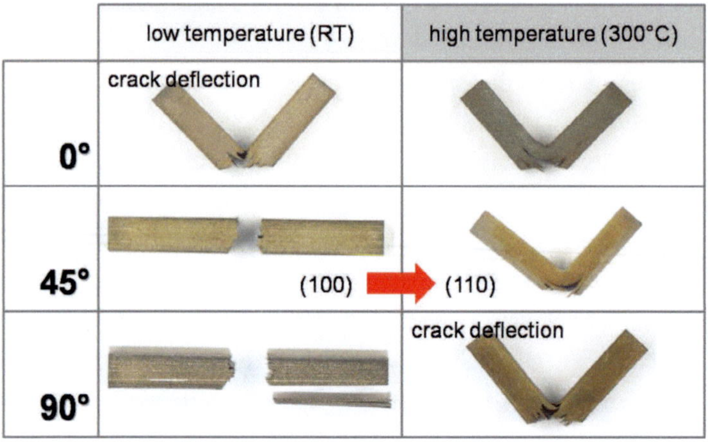

Bild 6.9.: Bruchverhalten von Wolframlaminaten. Die Energiedissipation erfolgt entweder durch plastische Verformung der Wolframfolie oder durch nicht-plastische Energiedissipation durch Rissablenkung. Der Anteil der Silber-Kupfer-Lotschicht kann vernachlässigt werden.

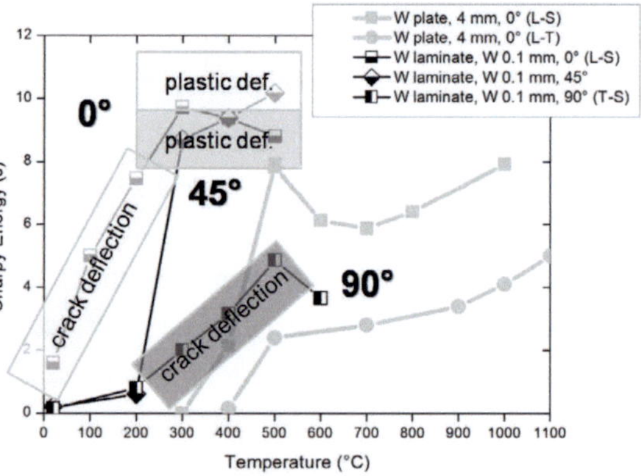

Bild 6.10.: Wolframlaminate aus Wolframfolie im Lieferzustand, gelötet mit einem eutektischen Silber-Kupfer-Lot. Die Probengeometrie ist KLST. Das Schaubild zeigt die dominierenden Arten der Energiedissipation in Abhängigkeit von Temperatur und Probenorientierung.

Abschließend sei hier noch ein schönes Beispiel vorgestellt, bei dem die Energiedissipation nur durch plastische Verformung der Folie erfolgen kann: eine in L-T orientierte Kerbschlagbiegeprobe. Die hier vorgestellt Probe wurde mit Kupfer gelötet und bei $300°C$ getestet. Wie oben beschrieben ist der Beitrag der plastischen Verformung der Kupferfolie zur Energiedissipation fast null. Durch die spezielle Probenorientierung, der Orientierung in L-T Richtung, kann es nicht zu einer Rissablenkung kommen und damit auch nicht zur Energiedissipation durch Rissablenkung. Die in Abbildung 6.11 vorgestellte Probe dissipiert Energie daher nur durch plastische Verformung der Wolframfolie und ist zudem ein Beispiel für die hohe Risszähigkeit von Wolframfolie.

Bild 6.11.: Ein Wolfram-Kupfer-Laminat, getestet bei $300°C$, dissipierte $5,7\ J$. Durch die Orientierung in L-T Richtung kann die Energiedissipation nur durch plastische Verformung der Wolframfolie erfolgen.

Folgende Ergebnisse lassen sich festhalten:

- Durch die Synthese eines Wolframlaminats (L-S Orientierung) ist es gelungen, die Spröd-duktil-Übergangstemperatur im Vergleich zu Plattenmaterial (L-S) um $300°C$ zu tieferen Temperaturen zu verschieben.
- Die Unterschiede im Bruchverhalten von in 0° und in 45° orientierten Proben gehen auf die Folientextur sowie die anisotrope Kornform zurück.

- Die Unterschiede im Bruchverhalten von in 0° und in 90° orientierten Proben sind bedingt durch die Anisotropie der Kornform.

Bruchverhalten und Energiedissipation von Wolframlaminaten aus rekristallisierter Folie

In diesem Abschnitt werden die Ergebnisse von Proben mit der Geometrie, 3 *mm x* 4 *mm x* 27 *mm*, 1 *mm* Kerbe, diskutiert. Diese bestehen aus 15 Schichten Wolframfolie, 100 μm, verlötet mit 14 Schichten eines eutektischen Silber-Kupfer-Lots, 100 μm. Die Wolframfolie wurde jedoch vor der Materialsynthese geglüht (1 *h* / 1800°*C*). Die Mikrostruktur ist damit grobkörnig.

Abbildung 6.12 zeigt die Ergebnisse von rekristallisierten Laminatproben und man sieht einen Spröd-duktil-Übergang bei 500°*C*. Das ist eine Verbesserung um mindestens 500°*C* im Vergleich zu rekristallisiertem Plattenmaterial. Die Frage die sich hier stellt ist, wie sich diese enorme Verbesserung erklären lässt. Sicher nicht durch Kornfeinung, denn beide

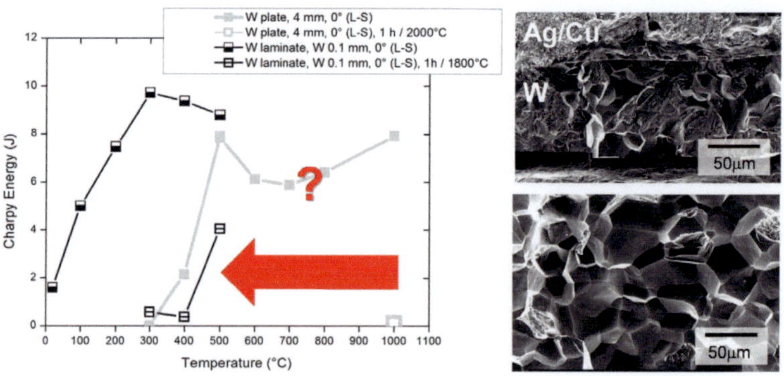

Bild 6.12.: Rekristallisiertes Wolframplattenmaterial (rechts unten) und rekristallisierte Wolframfolie (rechts oben) haben die gleiche Mikrostruktur. Wie lässt sich dann die enorme Verschiebung der Spröd-duktil-Übergangstemperatur erklären? Durch den Folieneffekt!

Mikrostrukturen sind grobkörnig. Sicher auch nicht durch die unterschiedliche Anzahl an mobilen Stufenversetzungen, denn diese sind nach diesen extremen Glühungen längst verschwunden. Bleibt noch - der Folieneffekt. Da beide Wolframhalbzeuge, Folie und Platte, die gleiche grobkörnige Mikrostruktur haben, sich die beiden Halbzeuge also nur in ihrer Dicke unterscheiden, ist es der Folieneffekt, der bei rekristalliserten Wolframproben die enorme Verschiebung der Spröd-duktil-Übergangstemperatur nach sich zieht. Als nächstes stellt sich die Fragen, wie bei rekristallisierten Laminatproben die Energiedissipation erfolgt.

Diese Frage beantwortet Abbildung 6.13. Wie man dort sieht, brechen alle Proben im spröden Bereich ohne Rissablenkung. Ebenso kann das Silber-Kupfer-Lot als Energiedissipant ausgeschlossen werden. Fazit: Die Energiedissipation bei rekristallisierten Proben geht rein auf die plastische Deformation der Wolframfolie zurück. Zusammenfassend bedeutet das:

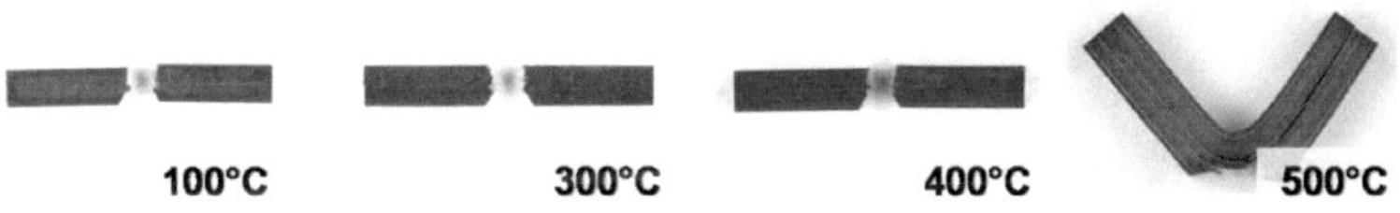

Bild 6.13.: Aus welchen Anteilen setzt sich bei rekristallisierten Proben die gesamte Energiedissipation zusammen? Nur aus der plastischen Deformation der Wolframfolie.

- Ein Wolframlaminat aus rekristallisierter Folie (L-S Orientierung) hat eine um mindestens 500°C niedrigere Spröd-duktil-Übergangstemperatur als rekristallisiertes Wolframplattenmaterial (L-S).
- Dafür verantwortlich ist der Folieneffekt.
- Die Energiedissipation von rekristallisierten Wolframlaminaten erfolgt ausschließlich durch plastische Deformation der Wolframfolie.

6.3.4. BDTT von Laminaten: Die untere und obere Schranke

In diesem Abschnitt geht man davon aus, dass die Grenzfläche Wolframfolie-Lot scharf getrennt ist. Scharf getrennt bedeutet, dass es während der Materialsynthese nicht zur Diffusion und damit nicht zur Mischkristallbildung oder zur Bildung intermetallischer Phasen kommt. Dieser Zustand der scharfen Trennung kann durch eine Lötung mit einem eutektischen Silber-Kupfer-Lot oder mit reinem Kupfer realisiert werden.

In diesem Fall kann man eine untere und eine obere Schranke für den Spröd-duktil-Übergang von Wolframlaminaten definieren. Die untere Schranke bestimmt man aus Proben, die aus Wolframfolie im Lieferzustand hergestellt wurden und bei denen sich die Mikrostruktur der Wolframfolie durch die Materialsynthese nicht verändert hat. Dies trifft auf Wolframlaminate zu, die mit einem eutektischen Silber-Kupfer-Lot gelötet wurden. Die obere Schranke bestimmt man aus Wolframlaminatproben, die aus rekristallisierter Wolframfolie hergestellt wurden. Rekristallisierte Wolframfolie ist in ihrem schlechtest möglichen Zustand, da die Folienmikrostruktur keinen schlechteren Zustand als nach Grobkornbildung mehr einnehmen kann.

Meine Behauptung ist jetzt, dass unter Berücksichtungung der Bedingung einer klar getrennten Grenzfläche zwischen Wolframfolie und Lot, sich die Spöd-duktil-Übergänge aller Laminatproben, unabhängig vom Rekristallisationszustands der Wolframfolie, also unabhängig von der Mikrostruktur der Wolframfolie, in diesem Intervall befinden.

Diese These stütze ich zum Einen auf die Ergebnisse der Drei-Punkt-Biegeversuche und zum Anderen auf die Ergebnisse der Laminatproben, die durch Löten mit einem Kupferlot hergestellt wurden. Aufgrund der Löttemperautur ändert sich die Mikrostruktur der Wolframfolie im Vergleich zum Lieferzustand leicht. Die oben formulierte These wird bestätigt, da sich der Spröd-duktil-Übergang der Laminatproben aus Kupfer zwischen der unteren und der oberen Schranke befindet (siehe auch Abbildung 4.46).

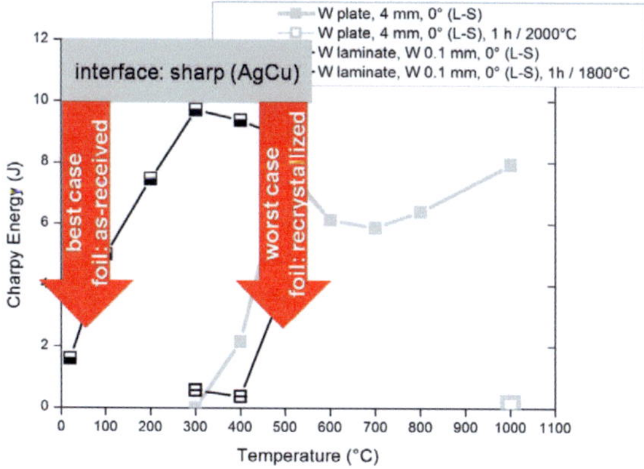

Bild 6.14.: Bei einer klar getrennten Grenzfläche zwischen Wolframfolie und Lot kann man eine untere und eine obere Schranke der Spröd-duktil-Übergangstemperatur bestimmen.

6.4. Zum Folieneffekt

Die Duktilität rekristallisierter Proben profitiert vom Folieneffekt. Das haben die Ergebnisse der Drei-Punkt-Biegeversuche angedeutet und die Ergebnisse der Zugversuche bestätigt (siehe Kapitel 4.1.2 und 4.1.3).

Auch bei Laminaten aus rekristallisierter Folie tritt der Folieneffekt auf. Dies ist nicht selbstverständlich, denn schließlich sind die einst freien Folienoberflächen nach der Laminatsynthese mit Lot bedeckt und das Austreten der Versetzungen aus der Folie könnte sich damit erschwert haben. Doch funktioniert der Folieneffekt unabhängig davon, ob die Oberflächen von einem kfz, krz oder einem hdp (hexagonal dichteste Kugelpackung) Metall bedeckt sind?

Ich kann mir zwei Parameter vorstellen, die die Effektivität und Wirkung des Folieneffekts bei Laminaten maßgeblich beeinflussen. Zum Einen ist das die Lotschicht die aus einem kfz, krz oder aus einem hdp Metall ausgeführt sein kann. Zum Anderen ist das die Art der Grenzfläche Wolframfolie-Lot, die entweder klar und scharf getrennt sein kann oder sich durch eine

Diffusionszone auszeichnet.

Auch beim Folieneffekt erlaube ich mir eine untere Schranke für den Spröd-duktil-Übergang von Laminaten aus rekristallisierter Folie aufzustellen. Das best-case Scenario zeichnet sich für mich durch eine klar getrennte Grenzfläche sowie durch einen Lotwerkstoff aus einem kfz Metall aus. Dieser Fall kann mit einer Lötung mit einem Silber-Kupfer-Lot oder reinem Kupferlot realisiert werden und ergibt bei KLST Proben, in L-S Orientierung, im Kerbschlagbiegeversuch eine Spröd-duktil-Übergangstemperatur von $500°C$.

Auch nach der Synthese von einem W-Ti-Laminat ist die Wolframfolie rekristallisiert. Die Grenzfläche Wolframfolie-Lot zeichnet sich hier durch eine Diffusionszone aus und der Spröd-duktil-Übergang tritt bei diesen Proben bei ca. $700°C$ auf. Um $200°C$ schlechter als bei Wolfram-Silber-Kupfer-Laminaten aus rekristallisierter Wolframfolie, aber immer noch um mindestens $300°C$ besser als bei einer rekristallisierten Wolframplatte. Das heißt auch bei W-Ti-Laminaten findet der Folieneffekt statt, aber unter erschwerten Bedingungen. Leider kann man hier nicht klar ausmachen, ob die erschwerten Bedingungen auf die Diffusionszone an der Grenzfläche Wolframfolie-Lot oder auf den Lotwerkstoff aus einem hdp Metall (Titan: bis $880°C$ hdp, darüber krz) zurückzuführen sind.

- Der Folieneffekt tritt auch dann auf, wenn die einstigen freien Oberflächen der Wolframfolie mit Lot bedeckt sind.

- Günstig könnte sich dabei ein Lot aus einem kfz Metall sowie eine klar getrennte Grenzfläche Wolframfolie-Lot auswirken. Beispiel: Kupferlötung.

- Der Folieneffekt tritt auch bei gelöteten Wolfram-Titan-Laminaten auf - jedoch unter erschwerten Bedingungen.

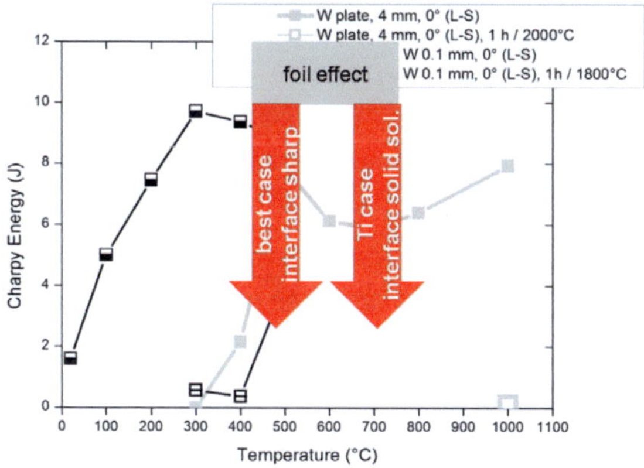

Bild 6.15.: Eine klar getrennte Grenzfläche zwischen Wolframfolie und Lot wie nach einer Kupferlötung begünstigt den Folieneffekt. Dieser tritt jedoch auch bei einer Grenzfläche wie nach einer Titanlötung auf - jedoch bei höheren Temperaturen.

6.5. Laminatrohre für Strukturkomponenten

Das Herstellen von Wolframrohren durch Strangpressen ist zwar nicht unmöglich, aber technisch höchst aufwendig und anspruchsvoll. Ebenso ist das Herstellen eines Wolframrohrs durch Bohren eines Loches in einen Stab zwar technisch machbar, aber wirtschaftlich ungeeignet. Ein Wolframrohr ist daher kein kommerzielles Standardprodukt. Entscheidet man sich dennoch dazu, ein Wolframrohr durch Bohren eines Loches in einen Stab herzustellen, so sind die schwachen Korngrenzen die bevorzugte Rissausbreitungsrichtung. Das Rohr wird also aufgrund seiner Mikrostruktur bevorzugt in Längsrichtung versagen.

Betrachtet man die Spannungsverteilung eines unter Innendruck stehenden Rohrs, so ergibt sich eine Umfangs- sowie eine Axialspannung, wobei nach der Kesselformel die Umfangsspannung um den Faktor zwei größer ist als die Axialspannung. Ein unter Innendruck stehendes Rohr wird daher aufgrund der Spannungsverteilung in Längsrichtung platzen.

Bei einem unter Innendruck stehenden Rohr, hergestellt durch Bohren eins Loches in einen Wolframstab, treffen die schwachen Korngrenzen auf die höchstbelastete Spannungsrichtung. Das Rohr wird daher in Längsrichtung (i) aufgrund der Mikrostruktur aber auch (ii) aufgrund der Spannungsverteilung versagen.

Anders stellt sich die Situation bei einem Wolframrohr dar, welches durch Wickeln und Verbinden einer Wolframfolie hergestellt wurde. Wolframfolie ist ein exzellentes Halbzeug. Es paart hohe Festigkeit mit hoher Duktilität. Wählt man die Walzrichtung der Wolframfolie in Umfangsrichtung des gewickelten Rohrs, so fällt die im Zugversuch bei RT hinsichtlich Duktilität begünstigte Richtung der Folie mit der am höchsten beanspruchten Spannungsrichtung zusammen.

Neue, bisher nicht veröffentlichte Ergebnisse von *Pippan* et at., Universität Leoben, Österreich, untermauern das Potenzial eines aus Folie gewickelten Wolframrohres durch folgende Risszähigkeitswerte von Wolframfolie, 100 μm, gemessen bei RT: $K_{IC}^{X} = 60\ MPa\sqrt{m}$, $K_{IC}^{Y} = 50\ MPa\sqrt{m}$ und $K_{IC}^{Z} = 1,5\ MPa\sqrt{m}$. An diesen Ergebnissen sieht man, dass, wie zu erwarten war, die Risszähigkeit von Wolframfolie anisotrop ist. Es überraschen aber die extrem hohen Risszähigkeitswerte in Ebenenrichtung der Folie. Diese sind um Faktoren größer als die für Strukturwerkstoffe geforderten Risszähigkeitswerte welche zwischen $20 - 30\ MPa\sqrt{m}$ liegen. Die Frage ist, ob die geringe Risszähigkeit in Foliendickenrichtung toleriert werden kann. Betrachtet man die oben beschriebene Spannungsverteilung eines unter Innendruck stehenden Rohrs, so sind nur die Spannungen in Längs- und Umfangsrichtung relevant. Die anisotropen Risszähigkeitswerte der Wolframfolie passen daher exzellent zur Belastung „Innendruck“.

- Durch Wickeln und Verbinden einer Wolframfolie lassen sich Wolframrohre herstellen.
- Die bei einem Rohr unter Innendruck auftretenden Spannungen passen exzellent zu den anisotropen Risszähigkeitswerten der W-Folie.

- Ein aus Wolframfolie gewickeltes Rohr kann als Strukturkomponente verwendet werden. Die Ergebnisse aus dem Kerbschlagbiegeversuch und dem Berstversuch sind überzeugend.
- Der Anschluss Wolframlaminatrohr zu Stahlrohr ist möglich und kann durch Löten realisiert werden.

6.6. Wolframlaminate für die Fusionstechnologie

Beim Bau eines Divertors für DEMO ist man auf der Suche nach einem Wolframwerkstoff, welcher für drucktragende, sicherheitsrelevante Bauteile eingesetzt werden kann.

Es scheint, dass man sich durch das in dieser Arbeit entwickelte Wolframlaminatrohr, hergestellt durch Löten mit Kupfer, der Lösung ein gutes Stück genähert hat. Bei einem in dieser Arbeit vorgestellten Divertorkonzet für einen heliumgekühlten Divertor steht ein gewickeltes Laminatrohr im Mittelpunkt, welches von Wolframziegeln umgeben und zu beiden Seiten an ein Stahlrohr angeschlossen ist. Ein sich im Inneren befindender Brausekopf ermöglicht die Prallkühlung. Rechnungen haben ergeben, dass mit dieser Konfiguration $5 - 10\,MW/m^2$ abgeführt werden können. In diesem Zusammenhang gibt es jedoch noch zahlreiche offene Punkte: Allen voran ist das die Frage nach der niedrigst möglichen Einsatztemperatur von Wolframfolie unter Neutronenbestrahlung. Zudem ist nicht bekannt, wie sich Kupfer bei Bestrahlungstemperaturen zwischen $400°C$ und $900°C$ verhält. Ein weiterer kritischer Punkt ist, dass ein Wolfram-Kupfer-Laminat kein Hochtemperaturwerkstoff vielmehr ist, und dass dessen Hochtemperaturfestigkeit durch den Kupferwerkstoff limitiert wird. Das in dieser Arbeit postulierte Anwendungsfenster eines Wolfram-Kupfer-Laminat von $400°C - 800°C$ muss daher erst noch bestätigt werden.

Ein Wolframlaminat kann nicht nur als Strukturbauteil eingesetzt werden. Auch eine Verwendung als funktionale Zwischenschicht zwischen Stahlrohr und Wolframziegel ist denkbar. Das Wolframlaminat hat dabei die Funktion, die unterschiedlichen thermischen Ausdehnungskoeffizienten von Stahl und Wolfram zu kompensieren. Nach den in dieser Arbeit vorgestellten Rechnungen kann ein wassergekühlter Divertor, bestehend aus einem austenitischen Stahlrohr, umgeben von Wolframziegeln, eine Wärmelast von bis zu 5 MW/m^2 abführen. Erste Versuche in GLADIS konnten die Rechnung bestätigen. In den Versuchen war das Mockup einer Wärmelast von 6 MW/m^2 ausgesetzt und ist nach 100 Lastzyklen noch vollkommen intakt.

- Ein Wolframlaminatrohr, hergestellt durch Löten mit Kupfer, kann als Strukturbauteil für einen heliumgekühlten Divertor eingesetzt werden. Nach den in dieser Arbeit durchgeführten Rechnungen kann dieser eine Wärmelast von bis zu 10 MW/m^2 abführen (Heliumkühlung: $400°C - 600°C$, 100 bar).

- Ein Wolframlaminat kann als Funktionsmaterial für einen wassergekühlten Stahldivertor (austenitischer Stahl) eingesetzt werden. Nach den in dieser Arbeit durchgeführten Rechnungen kann dieser eine Wärmelast von bis zu 5 MW/m^2 abführen (Wasserkühlung: $100°C$-$120°C$, 40 bar). Erste Versuche in GLADIS konnten die Rechnung bestätigen.

6.7. Synthesestrategien

Laminat ist nicht gleich Laminat. Stellt man sich eine Matrix aus vier verschiedenen Refraktärmetallen (reines Wolfram, stabilisiertes Wolfram wie zum Beispiel WVM, W - 0,005 wt.% K, reines Molybdän oder stabilisiertes Molybdän wie zum Beispiel ML, Mo - 1 wt.% La_2O_3), vier verschiedenen Zwischenschichten (Kupfer, Titan, Vanadium, keine Zwischenschicht) und drei möglichen Verbindungstechniken (Löten, Festphasenverbinden, Diffusionsschweißen) vor, so ergeben sich zahlreiche Kombinationsmöglichkeiten, also zahlreiche mögliche Laminattypen. Diese können grundsätzlich unterschiedliche Eigenschaften haben, z.B. die Art Energie zu dissipieren (Kupfer dissipiert weniger Energie als Titan oder Vanadium) oder die Grenzfläche (scharf getrennt oder Mischkristall), welches wiederum stark beeinflusst wird von der Art der Verbindungstechnik. Im Folgenden möchte ich die Laminate in drei Kategorien einteilen und drei Synthesestrategien vorstellen, die mir sinnvoll erscheinen. Als Basis dieser Einteilung dient mein Bild der Quellen und Mechanismen der Duktilität von Wolframfolie.

Meiner Ansicht nach ist Wolframfolie duktil aufgrund (i) der hohen Anzahl mobiler Stufenversetzungen, (ii) der feinen Körnung und damit verbunden Mehrfachgleiten an den Korngrenzen sowie nanokristalline Effekte wie Kornrotation oder Korngrenzengleiten. Außerdem wird die Duktilität der Folie begünstigt durch (iii) den Folieneffekt. Ausgehend von diesem Bild stellt sich die Frage, wie temperaturbeständig diese Quellen bzw. Mechanismen sind.

Die hohe Anzahl an Stufenversetzungen beispielsweise ist alles andere als temperaturbeständig. Aus den Ergebnissen der Drei-Punkt-Biegeversuche lässt sich ableiten, dass bereits ab einer Glühtemperatur von $1000°C$ die Anzahl mobiler Stufenversetzungen deutlich zurückgeht. Die feine Körnung hingegen ist temperaturbeständiger und kann zudem durch Dotieren mit Kalium (WVM Folie) oder Lanthanoxid (ML Folie) stabilisiert werden. Extrem temperaturstabil, geradezu temperaturunabhängig, ist der Folieneffekt. Dieser begünstigt die Duktilität rekristallisierter Folie. Ist die Folie erst rekristallisiert und zeichnet sich die Mikrostruktur durch Grobkorn aus, so ändert sich die Mikrostruktur durch weitere Extremglühungen nicht mehr. Schlechter als Grobkorn geht nicht.

Es lassen sich jetzt drei Synthesestrategien ausmachen, die wie folgt charakterisiert sind. Bei Strategie I müssen sowohl die Anzahl der mobilen Stufenversetzungen als auch die Feinkörnigkeit während der Materialsynthese erhalten bleiben. Bei Strategie II toleriert man, dass sich durch die Laminatsynthese die Anzahl der Stufenversetzungen reduziert, die Feinkörnigkeit muss aber erhalten bleiben. Schließlich gibt es noch Strategie III bei der man Grobkornbildung während der Materialsynthese toleriert, aber die Möglichkeit des Laminats zum Folieneffekt fordert.

Strategie I - Die Anzahl der mobilen Stufenversetzungen sowie die Feinkörnigkeit müssen während der Materialsynthese erhalten bleiben. Diese Strategie bedingt, dass die Verbindungsprozesstemperatur unterhalb $900°C$ liegen muss. Wird zudem gefordert, dass die Anzahl der mobilen Stufenversetzungen auch unter Betriebsbedingungen erhalten bleiben, so ist die maximale Einsatztemperatur auf $900°C$ begrenzt.

Strategie II - Die Feinkörnigkeit muss während der Materialsynthese erhalten bleiben. Die Rekristallisationstemperatur der Wolframfolie bestimmt hier die maximale Verbindungsprozesstemperatur sowie die spätere maximale Betriebstemperatur. Bei reiner Wolframfolie kann man aus dem Härteverlauf (siehe Abbildung 4.7) den Beginn der Rekristallisation bei $1100°C$ ablesen. Bei WVM Folie rechnet man mit einer Rekristallisationstemperatur von $1400°C$ - $1600°C$. Möglich wäre in diesem Zusammenhang das Löten mit Kupfer ($T_s = 1085°C$). Wählt man Palladium ($T_s = 1555°C$), Titan ($T_s = 1670°C$) oder Vanadium ($T_s = 1910°C$) als Zwischenschicht, so muss der Verbindungsprozess durch Festphasenverbinden oder durch Diffusionsschweißen realisiert werden. Insbesondere die Synthese von Rohren muss dann durch Heiß-Radial-Pressen (engl.: hot radial pressing, HRP) oder durch HIPen erfolgen. Man kann sich zudem vorstellen, auf die Zwischenschicht ganz zu verzichten. Der Verbindungsprozess muss dann Diffusionschweißen sein und muss bei einer Prozesstemperatur von maximal $1400°C$ - $1600°C$ realisiert werden können.

Strategie III - Das Laminat muss den Folieneffekt ermöglichen. In diesem Fall wird eine Zwischenschicht gefordert. Da die Grobkornbildung der Wolframfolie toleriert wird, kann aus Sicht der Folie die Verbindungsprozesstemperatur beliebig hoch sein. Interessant wäre in diesem Zusammenhang ein Laminat aus Molybdänfolie verlötet mit Titan ($T_s = 1670°C$). Es wurde durch Drei-Punkt-Biegeversuche gezeigt, dass Molybdän selbst nach extremen Glühungen bei einem Versuch bei RT noch duktil ist (siehe Kapitel 4.1.4). Außerdem konnte an gelöteten W-Ti-Laminaten gezeigt werden, dass der Folieneffekt auch an der Grenzfläche Wolfram-Titan funktioniert (siehe Kapitel 4.3.2). Ein gelötetes Mo-Ti-Laminat könnte Duktilität bei RT mit Einsatztemperaturen bis zu $1400°C$ kombinieren.

- Strategie I: Die Anzahl der mobilen Stufenversetzungen sowie die Feinkörnigkeit müssen während der Materialsynthese erhalten bleiben. Verbindungs- und Betriebstemperatur sind auf $900°C$ limitiert.
- Strategie II: Die Feinkörnigkeit muss während der Materialsynthese erhalten bleiben. Verbindungs- und Betriebstemperatur sind auf Rekristallisationstemperatur limitiert (bei WVM Folie: ca. $1400°C$ - $1600°C$).
- Strategie III: Das Laminat muss den Folieneffekt ermöglichen. Die Verbindungstemperatur kann beliebig hoch sein. Die Betriebstemperatur ist durch den Schmelzpunkt der Zwischenschicht limitiert (bei Titan: $T_s = 1670°C$).

6.8. Kritische Betrachtung von W-Laminaten als Hochtemperaturwerkstoff

Insbesondere im Bereich der Energietechnik ist es erstrebenswert, auf einen Werkstoff zurückgreifen zu können, welcher hohe Einsatztemperaturen erlaubt. Anwendungsgebiete für neue Hochtemperaturwerkstoffe sind neben der Fusionsenergietechnik zum Beispiel die fokussierende Solarthermie (Receiver), die Pyrolyse bei der Vergasung von Stroh (siehe bioliq® am Karlsruher Institut für Technologie, $1200°C$, $80\ bar$) oder generell, um eine höhere Energiekonversion zu erzielen. Die Frage ist, inwiefern Wolfram- oder Molybdänlaminate hier eingesetzt werden können bzw. als Hochtemperaturwerkstoff für Strukturkomponenten in Betracht kommen.

Die Überlegungen zur Beantwortung dieser Frage lassen sich in drei Kategorien einteilen: (i) die Synthese von Hochtemperaturlaminatrohren, (ii) die Untersuchung des Übergangs Laminatrohr zu Stahlrohr sowie (iii) die Untersuchung des Oxidationsverhaltens von Wolfram- oder Molybdänlaminaten.

Die in dieser Arbeit untersuchten Wolframlaminate, die durch Löten mit einem eutektischen Silber-Kupfer-Lot bzw. reinem Kupfer hergestellt wurden, sind keine Hochtemperaturwerkstoffe. Zwar ist es bei diesen Laminaten gelungen, die Spröd-duktil-Übergangstemperatur zu niedrigen Temperaturen zu verschieben, gleichzeitig ist aber auch die obere Einsatztemperatur dieser Laminate niedrig und hängt von der Schmelztemperatur der Lote ab. Daher muss man für Hochtemperaturlaminate entweder eine hochschmelzende Zwischenschicht wie z. B. Palladium, Titan oder Vanadium fordern oder ganz auf die Zwischenschicht verzichten. Geeignete Kombinationen aus Wolfram- bzw. Molybdänfolie, Zwischenschicht und Verbindungstechnik wurden in vorangegangenen Abschnitt diskutiert.

Das in dieser Arbeit vorgestellte Wolfram-Titan-Laminatrohr kann als Hochtemperaturwerkstoff betrachtet werden. Zudem waren die Eigenschaften im Kerbschlagbiegeversuch positiv. Es macht daher Sinn, die Materialsynthese von Wolfram- bzw. Molybdänlaminatrohren mit hochschmelzenden Zwischenschichten weiter zu entwickeln. Des Weiteren muss untersucht werden, ab welchem Druck die Rohre bei erhöhter Temperatur platzen, aber auch wie die Rohre platzen. Wichtig ist in diesem Zusammenhang auch, ob nachgewiesen werden kann, dass Laminatrohre unter Innendruck vom Mechanismus der Selbsthemmung profitieren. Für die Bauteilauslegung sind schließlich die Bestimmung der Risszähigkeit sowie der Kriechfestigkeit relevant.

Ein weiterer kritischer Punkt beim Einsatz von Wolframlaminaten als Hochtemperaturwerkstoff ist der Übergang Laminatrohr zu Stahlrohr. In dieser Arbeit wurde ein mit einem eutektischen Silber-Kupfer-Lot hergestelltes Wolframlaminatrohr erfolgreich mit einem Stahlrohr verbunden. Offen sind hier die Fragen, ob dies auch mit einem Hochtemperaturlaminatrohr möglich ist und wie sich der Übergang von Wolframlaminat zu Stahl unter thermozyklischer Last verhält. Hier muss vor allem die Akkumlation der plastischen Dehnung unter thermozyklischer Last (Ratcheting) beachtet werden.

Ein weiterer Showstopper könnte das Oxidationsverhalten von Wolfram bzw. Molybdän sein. Ab einer Betriebstemperatur von $500°C$ ist Oxidation ein signifikantes Problem. Es muss daher untersucht werden, inwiefern Schutzschichten aus Silizium, Chrom oder Bor hier ausreichend Schutz bieten und wie diese Schichten geeignet aufgebracht werden können. Fällt die Untersuchung negativ aus, wird also keine Lösung für die Oxidationsproblematik gefunden, so muss das Wolfram- bzw. Molybdanlaminatrohr in Schutzgas oder Vakuum betrieben werden.

7. Zusammenfassung

In dieser Arbeit wurde folgende zentrale Frage untersucht: Ist es möglich, die duktilen Eigenschaften einer Wolframfolie durch die Synthese eines Wolframlaminats auf eine Massivbauteil zu übertragen? Die Antwort ist: Ja!

In einem ersten Arbeitspaket wurde die Wolframfolie, das Halbzeug der Laminatsynthese, mit Hilfe der Elektronenmikroskopie analysiert und durch Drei-Punkt-Biegeversuche und Zugversuche charakterisiert. Ziel dieser Untersuchungen war die Beantwortung der Fragen, warum Wolframfolie duktil ist und wie sich die anisotropen mechanischen Eigenschaften der Wolframfolie erklären lassen.

Ein zweiter Teil befasste sich mit der Laminatsynthese. In dieser Arbeit wurde die Laminatsynthese durch Löten realisiert und als Lote wurden ein eutektisches Silber-Kupfer-Lot, reines Kupfer, Titan oder Zirkonium verwendet. Die Mikrostruktur dieser Laminate wurde untersucht und speziell die Grenzfläche Wolframfolie-Lot sowie die Veränderungen der Wolframfolie durch den Lötprozess analysiert.

Um die Kernfrage dieser Arbeit zu beantworten wurden schließlich Kerbschlagbiegeversuche an Laminatproben durchgeführt. Die Laminate waren dabei in unterschiedlichen Orientierungen ausgerichtet und zeigten eine ausgeprägte Anisotropie im Bruchverhalten.

Die Ergebnisse dieser Arbeit sind im Folgenden nochmals zusammengefasst und thematisch aufgelistet.

Analyse und Charakterisierung von Wolframfolie

Die Mikrostruktur von Wolframfolie, 100 μm**, im Lieferzustand, zeichnet sich durch folgende Eigenschaften aus:**

- Korngröße und Kornform: $0,5\ \mu m\ x\ 3\ \mu m\ x\ 15\ \mu m$. Damit hat eine Wolframfolie, 100 μm, ca. 200 Körner über die Dicke.
- Textur: $\{100\}\langle 011\rangle$. Durch das Walzen stellt sich eine ausgeprägte Textur in $\{100\}\langle 011\rangle$ ein. Dieser Zustand ist der energetisch günstigste, der Sättigungszustand. Bei weiterer Kaltumformung bleibt diese Textur erhalten (siehe Analyse von Wolframfolie, 25 μm). Die Textur von Wolframfolie und das Verhalten während der Kaltumformung von Wolframfolie ist damit gleich der bzw. dem von Molybdänfolie [49].
- Im Korn: Im Allgemeinen sind die Körner fast frei von Versetzungen. Es gibt jedoch auch Körner mit einem Versetzungsnetzwerk. Diese sind jedoch die Ausnahme.
- Rekristallisation: Nach dem Härteverlauf beginnt die Rekristallisation bei $1100°C$ (Glühung 1 h). Gleiches gilt für Wolframfolie mit einer Dicke von 25 μm und 200 μm.

Unterzieht man die Wolframfolie, 100 μm**, extremen Glühungen von** 1 h / $2700°C$ **so ergibt sich folgende Mikrostruktur:**

- Korngröße und Kornform: $100\ \mu m\ x\ 100\ \mu m\ x\ 100\ \mu m$. Damit ergibt sich lediglich ein Korn über die Dicke der Folie.
- Textur: $\{100\}\langle 011\rangle$. Wolframfolie rekristallisiert nicht. Es kommt nicht zur Keimbildung und Neubildung eines individuell orientierten Korns. Vielmehr bleibt die durch das Kaltwalzen eingestellte Textur erhalten und wird durch die Glühungen noch ausgeprägter. Gleiches Verhalten wurde auch bei Molybdänfolie beobachtet [49].

- Im Korn: Die Korngrenzen sind scharf, und die Versetzungsdichte ist gering.

Die anisotropen mechanischen Eigenschaften der Wolframfolie, $100\ \mu m$, **lassen sich interpretieren mit Hilfe**

- der Textur ($\{100\}\langle 011\rangle$), der Kornform ($0{,}5\ \mu m\ x\ 3\ \mu m\ x\ 15\ \mu m$), der bevorzugten Gleitrichtung krz Metalle ($\langle 111\rangle$) und der bevorzugten Rissebene von Wolfram ($\{100\}$, bei RT).

Aus den Drei-Punkt-Biegeversuchen geht hervor:

- Wolframfolie im Lieferzustand lässt sich in einem Biegeversuch bei RT plastisch verformen.

- Die Duktilität der Wolframfolie ist ein thermisch aktivierter Prozess. Der Spröd-duktil-Übergang liegt zwischen $-196°C$ und RT (bei der hier verwendeten Dehnrate).

- Bei einem Drei-Punkt-Biegeversuche bei RT ist Folie die $1\ h$ bei $900°C$ geglüht wurde duktil, Folie die1 h bei $1000°C$ geglüht wurde bricht spröde.

- Wolframfolie bricht bei RT bevorzugt entweder entlang der Rissebene $\{100\}$ oder entlang der schwachen Großwinkelkorngrenzen. Bei Proben, die bis $1\ h\ /\ 1300°C$ geglüht wurden, dominieren transkristalline Brüche die entlang der $\{100\}$ Ebene verlaufen, bei höheren Glühtemperaturen dominieren interkristalline Brüche.

- Annahme: Die Duktilität der Wolframfolie im Lieferzustand ist bedingt durch die hohe Anzahl an mobilen Stufenversetzungen sowie der feinen Körnung.

- Annahme: Die Duktilität von Wolframfolie nach extremen Glühungen profitiert vom Folieneffekt.

Aus den Zugversuchen an Wolframfolie, 100 μm, geht hervor:

- Wolframfolie im Lieferzustand lässt sich nicht nur in einem Biegeversuch bei RT plastisch verformen. Auch in einem Zugversuch bei RT kann plastisches Materialverhalten gemessen werden.

- Wolframfolie im Lieferzustand, getestet bei $600°C$: Wie aufgrund der Folientextur zu erwarten war sind die Materialeigenschaften in Walzrichtung (0°) und quer zur Walzrichtung (90°) gleich, und die größte plastische Verformung tritt unter einem Winkel von 45° auf.

- Wolframfolie im Lieferzustand, getestet bei RT: Auch hier tritt wie aufgrund der Folientextur zu erwarten war die größte plastische Verformung unter einem Winkel von 45° auf, allerdings unterscheiden sich jetzt die Spannungs-Dehnungs-Kurven der unter 0° und 90° getesteten Proben. Dies lässt sich mit der anisotropen Kornform erklären.

- Die Zugversuche an Wolframfolie zeigen, dass die Mikrostruktur homogen und voll ausgereizt ist.

- Bei Zugversuchen an geglühten Proben kann der Folieneffekt nachgewiesen werden.

- Zudem stimmen sowohl die wellenförmigen Gleitspuren auf der Stirnfläche als auch die Gleitspuren an der Seitenfläche in $\langle 111 \rangle$ Richtung exakt mit den Ergebnissen von *Seeger* überein [3].

Synthese und Analyse von Wolframlaminaten

- Lötung mit einem eutektischen Silber-Kupfer-Lot ($T_s = 780°C$): Die Mikrostruktur der Wolframfolie hat sich gegenüber dem Lieferzustand nicht geändert. Die Grenzfläche Wolframfolie-Lot ist klar und scharf getrennt.

- Lötung mit reinem Kupfer ($T_s = 1085°C$): Die Mikrostruktur der Wolframfolie ändert sich leicht. Die Grenzfläche Wolframfolie-Lot ist klar und scharf getrennt.

- Lötung mit Titan ($T_s = 1670°C$): Die Wolframfolie ist jetzt vollständig rekristallisiert. Die Grezfläche Wolframfolie-Lot zeigt die Randlöslichkeit von Titan in Wolfram.

- Lötung mit Zirkonium ($T_s = 1855°C$): Die Wolframfolie ist auf einen schmalen Streifen geschrumpft. Zirkonium und Wolfram reagieren massiv.

Charakterisierung von Wolframlaminaten

- Wolframlaminate dissipieren Energie entweder (i) durch plastische Verformung der Wolframfolie, (ii) durch plastische Verformung der Lotschicht oder (iii) durch nicht-plastische Energiedissipation durch Schaffung von Oberfläche durch wiederholtes Ablenken des Risses.

- Mit der Synthese eines Wolframlaminats (L-S Orientierung) ist es gelungen, die Spröd-duktil-Übergangstemperatur im Vergleich zu Plattenmaterial (L-S) um $300°C$ zu tieferen Temperaturen zu verschieben.

- Bei unter $0°$ orientierten Proben wird die Energiedissipation bei RT dominiert durch Rissablenkung und ab $300°C$ durch plastische Verformung der Wolframfolie.

- Die Unterschiede im Bruchverhalten von in $0°$ und in $45°$ orientierten Proben gehen auf die Folientextur sowie die anisotrope Kornform zurück. Bei unter $45°$ orientierten Proben wird bei RT keine Energie dissipiert und die bevorzugte Rissebene ist die $\{100\}$ Ebene. Ab einer Prüftemperatur von $300°C$ ändert sich die bevorzugte Rissebene, was einhergeht mit einem Anstieg der dissipierten Energie. Die Energiedissipation wird von der plastischen Verformung der Wolframfolie dominiert.

- Die Unterschiede im Bruchverhalten von in 0° und in 90° orientierten Proben sind bedingt durch die Ansiotropie der Kornform. Bei unter 90° orientierten Proben wird bei RT keine Energie dissipiert. Ab einer Prüftemperatur von $300°C$ dissipieren diese Proben Energie. Der dominierende Mechanismus ist die Rissablenkung.

- Ein Wolframlaminat aus rekristallisierter Folie (L-S Orientierung) hat eine um mindestens $500°C$ niedrigere Spröd-duktil-Übergangstemperatur als rekristallisiertes Wolframplattenmaterial (L-S). Dafür verantwortlich ist der Folieneffekt. Die Energiedissipation von rekristallisierten Wolframlaminaten erfolgt ausschließlich durch plastische Deformation der Wolframfolie.

- Es gilt: Je dünner die Lotschicht, desto höher die dissipierte Energie.

Charakterisierung von Wolframlaminatrohren

- Durch Wickeln und Verbinden einer Wolframfolie lassen sich Wolframrohre herstellen.

- Die bei einem Rohr unter Innendruck auftretenden Spannungen passen exzellent zur Mikrostruktur eines gewickelten Wolframrohrs.

- Ein aus Wolframfolie gewickeltes Rohr kann als Strukturkomponente verwendet werden. Die Ergebnisse aus dem Kerbschlagbiegeversuch ($300°C$, 20 J) und dem Berstversuch (RT, 1000 bar, Probe intakt) sind überzeugend.

- Der Anschluss Wolframlaminatrohr zu Stahlrohr ist möglich und kann durch Löten realisiert werden.

Einsatzmöglichkeiten von Wolframlaminaten in der Fusionstechnologie

- Ein Wolframlaminatrohr, hergestellt durch Löten mit Kupfer, kann als Strukturbauteil eingesetzt werden und steht damit im Mittelpunkt eines in dieser Arbeit vorgestellten Konzepts für einen heliumgekühlten Divertor. Nach den in dieser Arbeit durchgeführten Rechnungen kann dieser eine Wärmelast von bis zu 10 MW/m^2 abführen (Heliumkühlung: $400°C - 600°C$, 100 bar). Offene Punkte: Bestrahlungseffekte von Wolfram und Kupfer, Hochtemperaturfestigkeit des Wolfram-Kupfer-Rohrs, Verhalten des Übergangs von Laminatrohr zu Stahl unter thermozyklischer Last, Auslegung nach RCC-MR Code.

- Ein Wolframlaminat kann als Funktionsmaterial für einen wassergekühlten Stahldivertor (austenitischer Stahl) eingesetzt werden. Nach den in dieser Arbeit durchgeführten Rechnungen kann dieser eine Wärmelast von bis zu 5 MW/m^2 abführen (Wasserkühlung: $100°C$-$120°C$, 40 bar). Erste HHF-Versuche in GLADIS konnten die Rechnung bestätigen. In den Versuchen war das Mockup einer Wärmelast von 6 MW/m^2 ausgesetzt und ist nach 100 Lastzyklen noch vollkommen intakt. Offene Punkte: Bestrahlungseffekte, Auslegung nach RCC-MR Code.

Der Folieneffekt - Versetzungsannihilation an der Folienoberfläche

- Der Folieneffekt konnte an rekristallisierten Zugversuchsproben nachgewiesen werden.

- Die plastische Verformung von rekristallisierten Folien wird durch den Folieneffekt begünstigt.

- Der Folienffekt tritt jedoch auch auf, wenn die Folienoberflächen mit einem Metall bedeckt sind. Das haben Kerbschlagbiegeversuche an Laminaten, die aus einem eutektischen Silber-Kupfer-Lot hergestellt wurden, gezeigt.

- Der Folieneffekt tritt auch bei Laminaten auf, die mit einem Titanlot hergestellt wurden - jedoch unter erschwerten Bedingungen.

Annahmen zur Duktilität der Wolframfolie

- Wolframfolie ist duktil aufgrund (i) der hohen Anzahl mobiler Stufenversetzungen, (ii) der feinen Körnung und damit verbunden Mehrfachgleiten an den Korngrenzen sowie nanokristalline Effekte wie Kornrotation oder Korngrenzengleiten. Außerdem ist die Duktilität der Folie begünstigt durch (iii) den Folieneffekt.

Synthesestrategien

Ausgehend von der Temperaturbeständigkeit der Quellen und Mechanismen der Duktiltät von Wolframfolie lassen sich folgende drei Synthesestrategien ableiten:

- Strategie I: Die Anzahl der mobilen Stufenversetzungen sowie die Feinkörnigkeit müssen während der Materialsynthese erhalten bleiben. Die Verbindungs- und Betriebstemperatur sind auf $900°C$ limitiert.

- Strategie II: Die Feinkörnigkeit muss während der Materialsynthese erhalten bleiben. Die Verbindungs- und Betriebstemperatur sind auf Rekristallisationstemperatur limitiert (bei WVM Folie: $1400°C$ - $1600°C$).

- Strategie III: Das Laminat muss den Folieneffekt ermöglichen. Die Verbindungstemperatur kann beliebig hoch sein. Die Betriebstemperatur ist durch den Schmelzpunkt der Zwischenschicht limitiert (bei Titan: $T_s = 1670°C$).

Fazit: Wolframfolie ist ein faszinierendes Halbzeug. Seine außergewöhnliche Duktiliät sowohl im Lieferzustand als auch nach extremen Glühungen machen Wolframfolie zu einem exzellenten Ausgangsmaterial für die Synthese eines duktilen Wolframlaminats. Die Eigenschaften eines Laminats hängen dabei insbesondere von der Wahl der Wolframfolie, der Wahl der Zwischenschicht sowie der Wahl der Verbindungstechnik ab. Somit besteht die Möglichkeit, die Eigenschaften gezielt an die Erfordernisse des jeweiligen Anwendungsgebiets anzupassen.

Insbesondere in der Fusionsenergietechnik scheint ein Wolframlaminatrohr aus Wolframfolie, gelötet mit Kupfer, die Anforderungen an einen Strukturwerkstoff zu erfüllen, womit ein Wolframlaminatrohr im Zentrum eines Konzepts für einen heliumgekühlten Divertors stehen könnte.

A. Anhang

Bilder der Materialanalyse

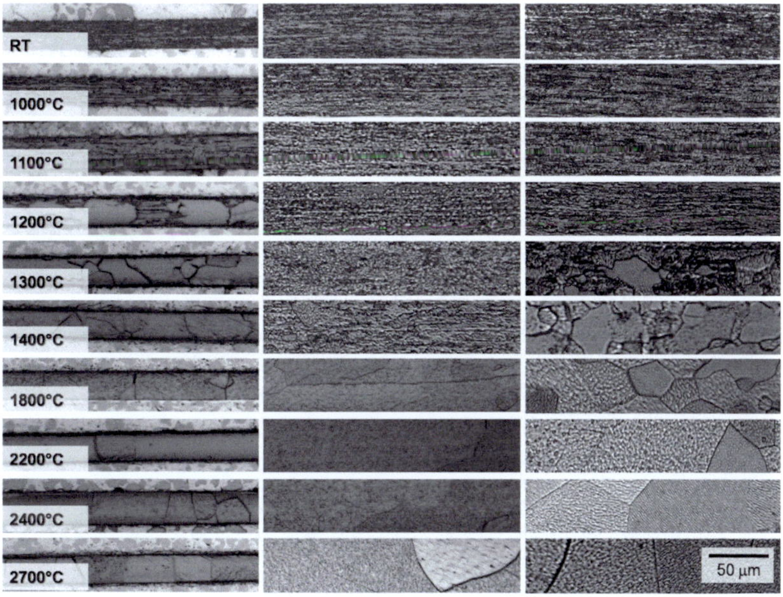

Bild A.1.: Lichtmikroskopische Aufnahmen von Wolframfolie mit einer Dicke von 25 μm, 100 μm und 200 μm (von links nach rechts). Die Temperaturangaben beziehen sich auf Glühungen von jeweils 1 h.

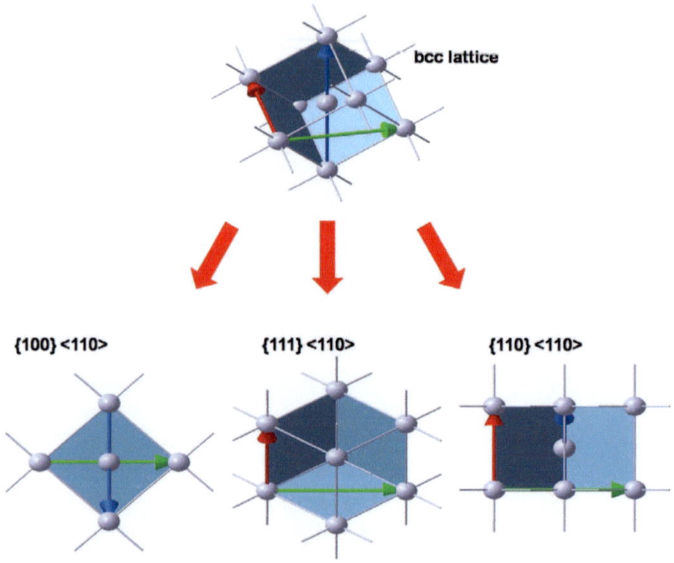

Bild A.2.: Durch Kaltumformen stellt sich sowohl bei krz Stab- als auch bei Plattenmaterial die $\langle 110 \rangle$ Richtung in Walzrichtung ein. Das Gitter kann nun verschiedene Orientierungen einnehmen: $\{100\}\langle 110 \rangle$, $\{211\}\langle 110 \rangle$, $\{111\}\langle 110 \rangle$ oder $\{110\}\langle 110 \rangle$. Die $\{100\}\langle 110 \rangle$ Textur stellt die energetisch günstigste dar, die $\{110\}\langle 110 \rangle$ die energetisch ungünstigste [117, 119]. Der rote Pfeil zeigt in $\langle 100 \rangle$, der grüne in $\langle 110 \rangle$ und der blaue in $\langle 111 \rangle$ Richtung.

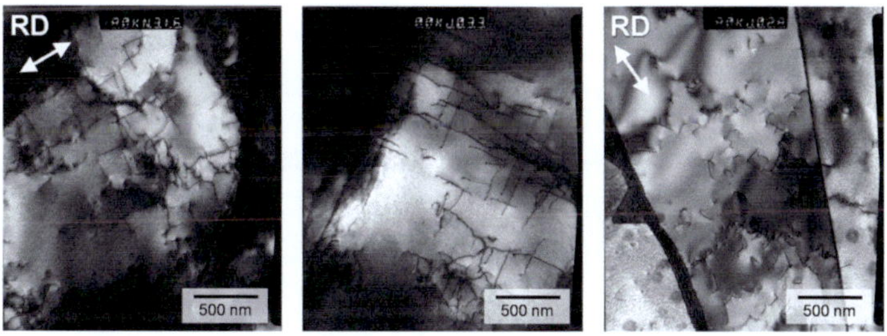

Bild A.3.: Die mikrostrukturellen Änderungen in einer 100 μm Wolframfolie im Lieferzustand (links), nach einer Glühung 1 h / 900$^\circ C$ (Mitte) und 1 h / 1000$^\circ C$ (rechts) sind marginal. Es scheint, dass statistisch gesehen die Anzahl der Körner mit einem Versetzungsnetzwerk mit steigender Glühtemperatur zurückgeht. (*Yi Xiaoou*, Oxford).

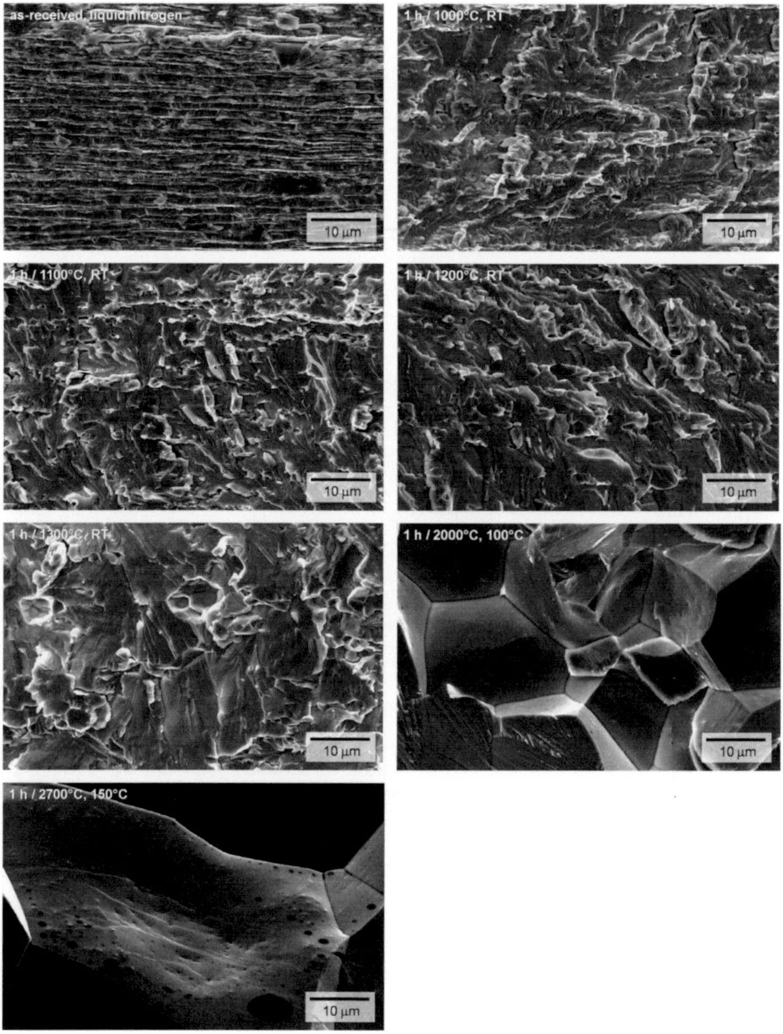

Bild A.4.: Bruchfläche von Wolframfolie, 100 μm. Die Wolframfolie wurde bei unterschiedlichen Temperaturen geglüht und danach in einem Drei-Punkt-Biegeversuch gebrochen. Mit zunehmender Glühtemperatur steigt der Anteil an interkristallinen Brüchen.

Probengeometrien

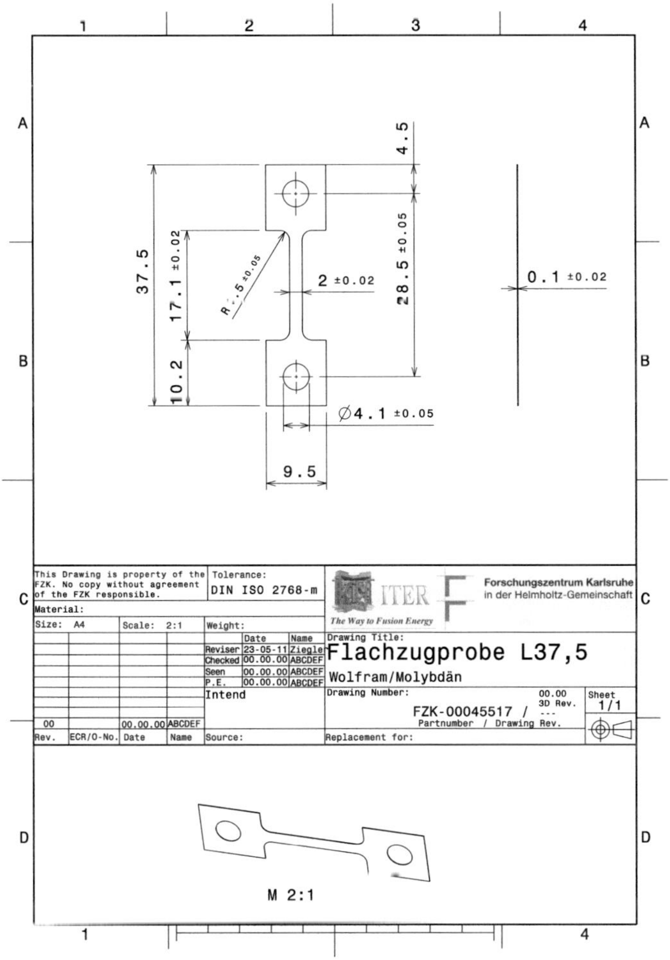

Bild A.5.: Geometrie der Zugproben.

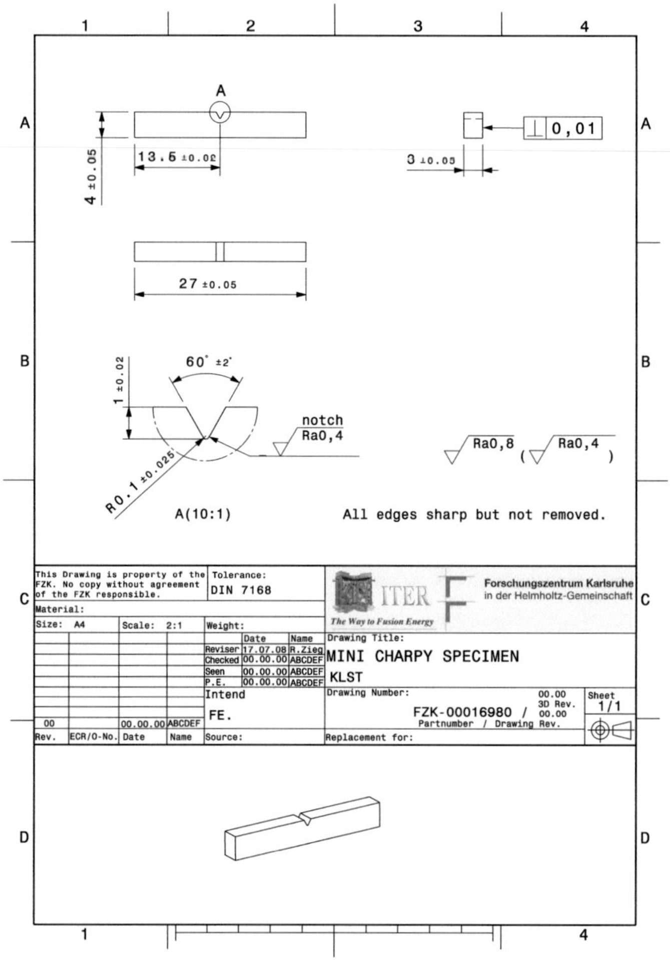

Bild A.6.: Geometrie der Kerbschlagbiegeproben (KLST).

Bild A.7.: Kerbschlagbiegeprobe eines Wolframlaminats (KLST, 3 *mm x* 4 *mm x* 27 *mm*) hergestellt aus 20 Schichten Wolframfolie und 19 Schichten Kupferlot. Die Foliendicke war jeweils 0,1 *mm*. Die Probe wurde im Rahmen eines Kooperationsprojekts mit der Universität Warschau von Herrn Marcin Rosinski hergestellt. Dieser verwendete als Verbindungstechnik das Pulse Plasma Sintern (PPS).

Bild A.8.: Explosionsschweißen von Wolframrohren aus Wolframfolie. In einem Kooperationsprojekt mit dem Fraunhofer-Institut für Chemische Technologie, ICT, im Pfinztal, wurden diese Komponenten gefertigt. Auf Seiten des ICT wird das Projekt von Herrn Armin Kessler betreut.

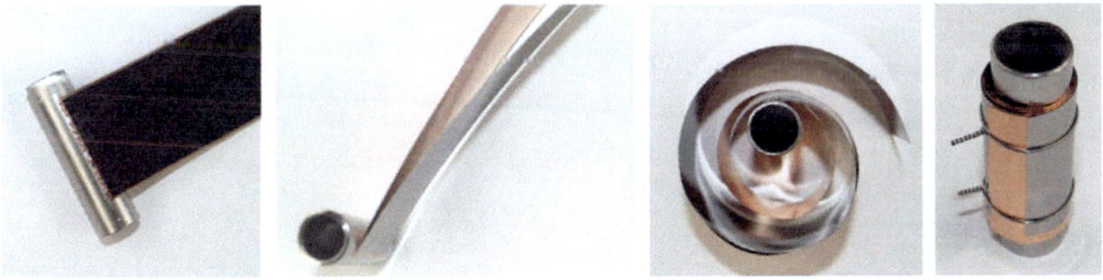

Bild A.9.: Machbarkeitsstudie zur Realisierung von Wolframrohren aus Wolframfolie mit Hilfe der elektromagnetischen Pulstechnik, EMPT. Wolframfolie und Kupferfolie (Dicke jeweils $0,1$ *mm*) sind um ein Rohr (12 *x* 1) aus austenitischem Stahl (1.4571) gewickelt. Die Versuche werden am Institut für Transurane, ITU, von Herrn John McGinley betreut.

Bilder von geprüften Kerbschlagbiegeproben

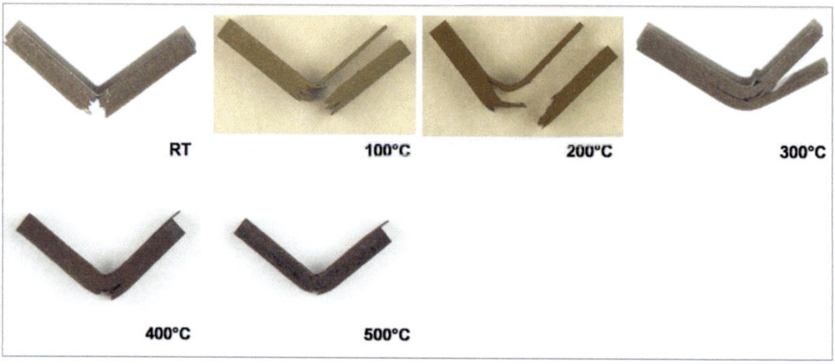

Bild A.10.: Kerbschlagbiegeproben (3 *mm x* 3 *mm x* 27 *mm*) aus 15 Schichten Wolframfolie, 100 μm, im Lieferzustand, verlötet mit 14 Schichten eines eutektischen Silber-Kupfer-Lots, 100 μm. Orientierung in 0° (L-S).

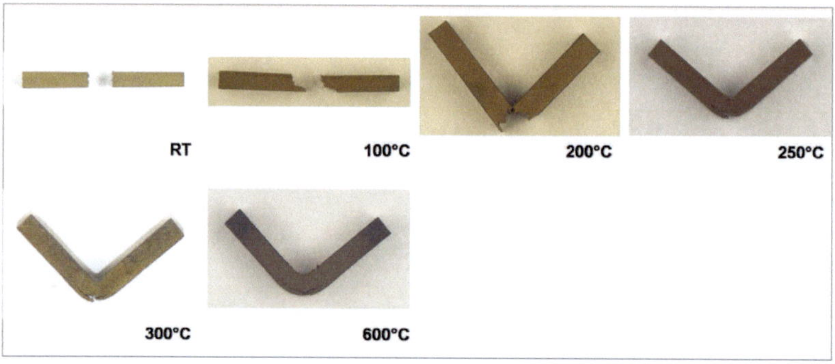

Bild A.11.: Kerbschlagbiegeproben (3 *mm x* 3 *mm x* 27 *mm*) aus 15 Schichten Wolframfolie, 100 μm, im Lieferzustand, verlötet mit 14 Schichten eines eutektischen Silber-Kupfer-Lots, 100 μm. Orientierung in 45°.

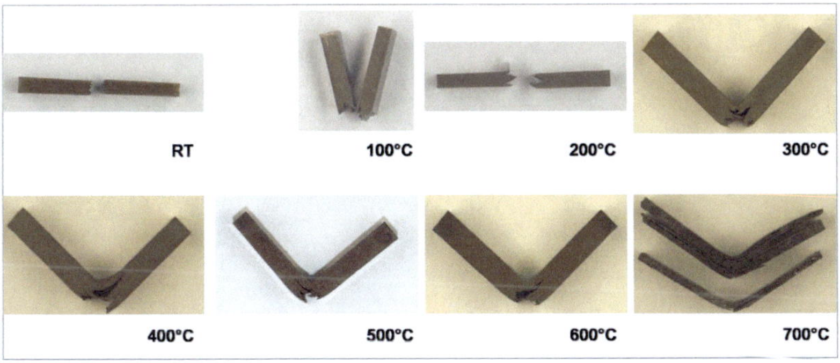

Bild A.12.: Kerbschlagbiegeproben (3 *mm x* 3 *mm x* 27 *mm*) aus 15 Schichten Wolframfolie, 100 μm, im Lieferzustand, verlötet mit 14 Schichten eines eutektischen Silber-Kupfer-Lots, 100 μm. Orientierung in 90° (T-S).

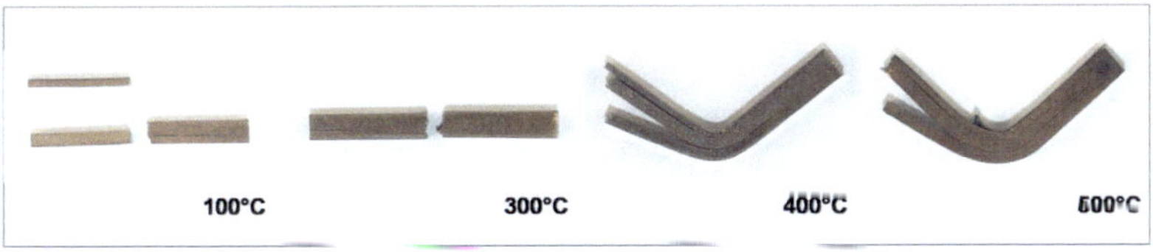

Bild A.13.: Kerbschlagbiegeproben (3 *mm x* 3 *mm x* 27 *mm*) aus 15 Schichten Wolframfolie, 100 μm, geglüht (1 *h* / 1800°*C*), verlötet mit 14 Schichten eines eutektischen Silber-Kupfer-Lots, 100 μm. Orientierung in 0° (L-S).

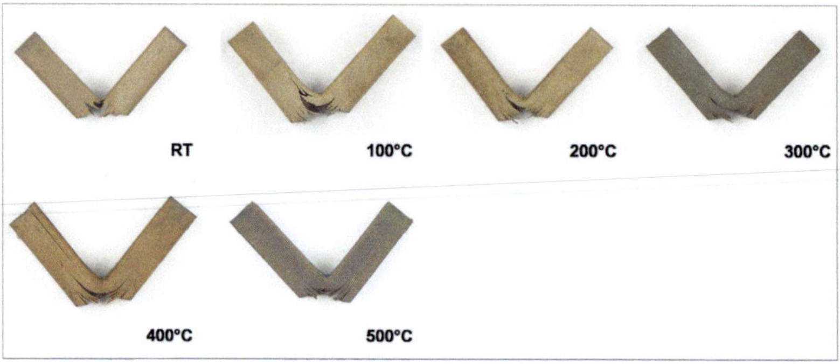

Bild A.14.: Kerbschlagbiegeproben (3 *mm x* 4 *mm x* 27 *mm*, 1 *mm* Kerbe, KLST) aus 15 Schichten Wolframfolie, 100 μm, im Lieferzustand, verlötet mit 14 Schichten eines eutektischen Silber-Kupfer-Lots, 100 μm. Orientierung in 0° (L-S).

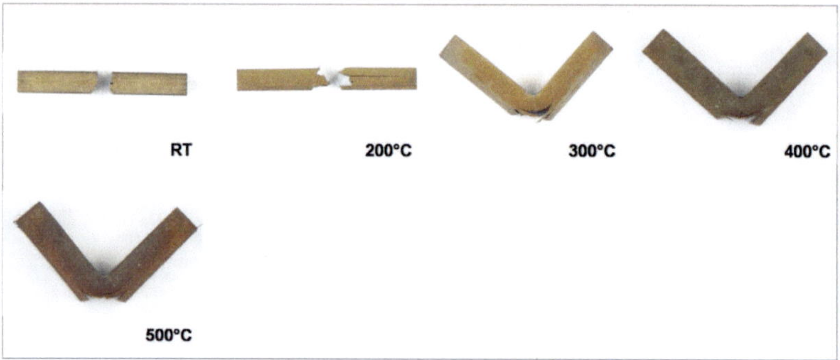

Bild A.15.: Kerbschlagbiegeproben (3 *mm x* 4 *mm x* 27 *mm*, 1 *mm* Kerbe, KLST) aus 15 Schichten Wolframfolie, 100 μm, im Lieferzustand, verlötet mit 14 Schichten eines eutektischen Silber-Kupfer-Lots, 100 μm. Orientierung in 45°.

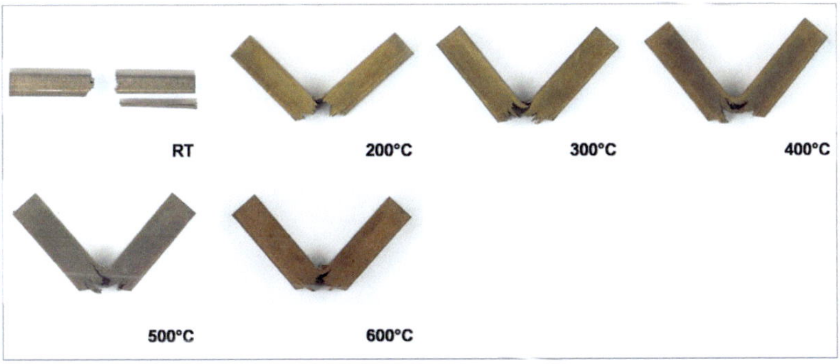

Bild A.16.: Kerbschlagbiegeproben (3 *mm x* 3 *mm x* 27 *mm*, 1 *mm* Kerbe, KLST) aus 15 Schichten Wolframfolie, 100 μm, im Lieferzustand, verlötet mit 14 Schichten eines eutektischen Silber-Kupfer-Lots, 100 μm. Orientierung in 90° (T-S).

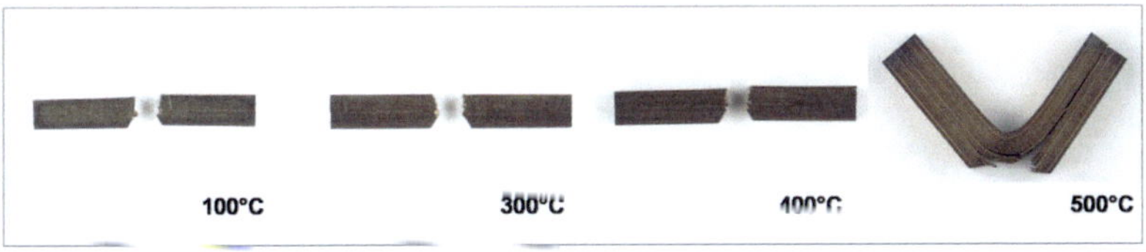

Bild A.17.: Kerbschlagbiegeproben (3 *mm x* 4 *mm x* 27 *mm*, 1 *mm* Kerbe, KLST) aus 15 Schichten Wolframfolie, 100 μm, geglüht (1 h / 1800°C), verlötet mit 14 Schichten eines eutektischen Silber-Kupfer-Lots, 100 μm. Orientierung in 0° (L-S).

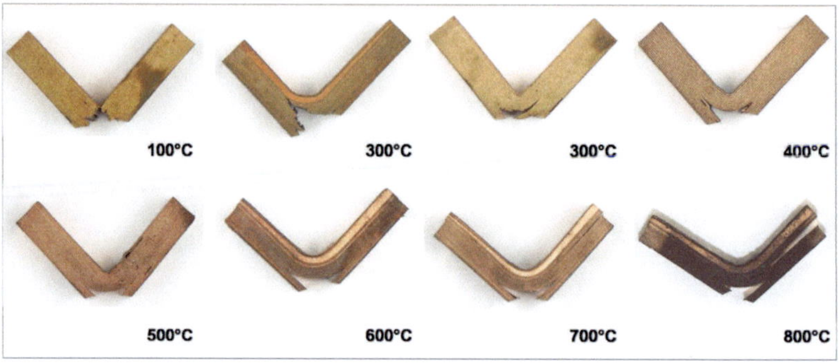

Bild A.18.: Kerbschlagbiegeproben (3 *mm x* 4 *mm x* 27 *mm*, 1 *mm* Kerbe, KLST) aus Wolframfolie, 100 μm, verlötet mit Kupferlot, 100 μm. Orientierung in 0° (L-S).

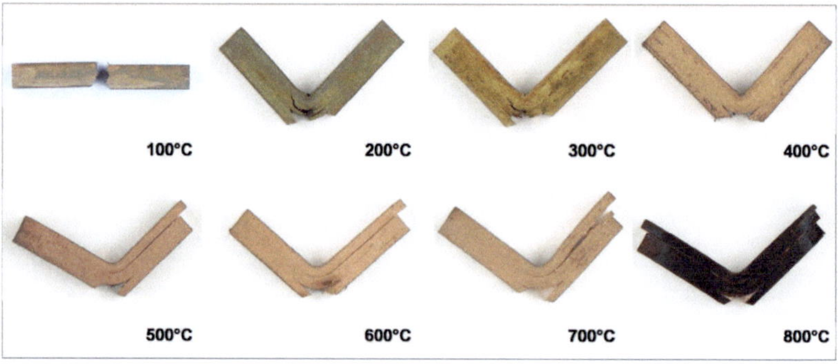

Bild A.19.: Kerbschlagbiegeproben (3 *mm x* 4 *mm x* 27 *mm*, 1 *mm* Kerbe, KLST) aus Wolframfolie, 100 μm, verlötet mit Kupferlot, 25 μm. Orientierung in 0° (L-S).

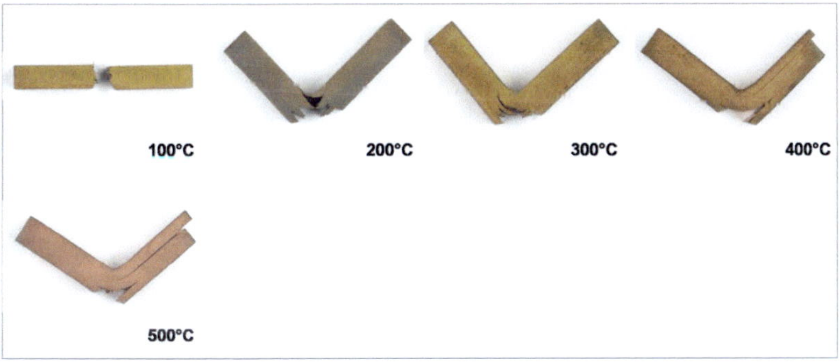

Bild A.20.: Kerbschlagbiegeproben (3 *mm x* 4 *mm x* 27 *mm*, 1 *mm* Kerbe, KLST) aus Wolframfolie, 100 μm, verlötet mit Kupferlot, 10 μm. Orientierung in 0° (L-S).

Bilder von geprüften Rohrproben

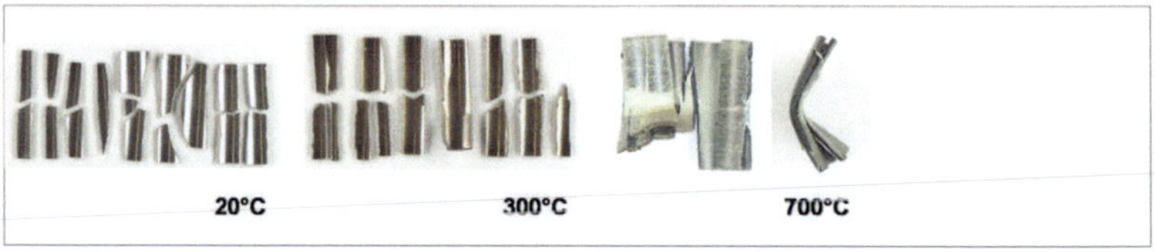

Bild A.21.: Bruchbilder von Rohrproben nach einem Kerbschlagbiegeversuch. Material: Wolframrohr, hergestellt durch Bohren eines Loches in einen Wolframstab. Dimensionen: Länge 27 *mm*, Durchmesser außen 15 *mm*, Wandstärke 1 *mm*.

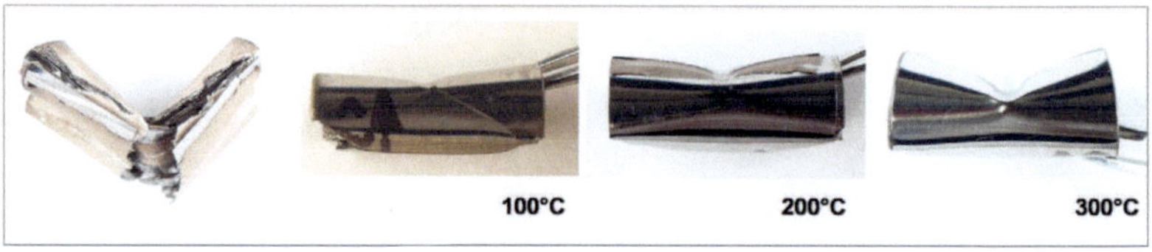

Bild A.22.: Bruchbilder von Laminatrohrproben nach einem Kerbschlagbiegeversuch. Material: Wolframlaminatrohr, hergestellt aus Wolframfolie, 100 μm, verlötet mit einem eutektischen Silber-Kupfer-Lot, 100 μm. Dimensionen: Länge 27 *mm*, Durchmesser außen 15 *mm*, Wandstärke 1 *mm*.

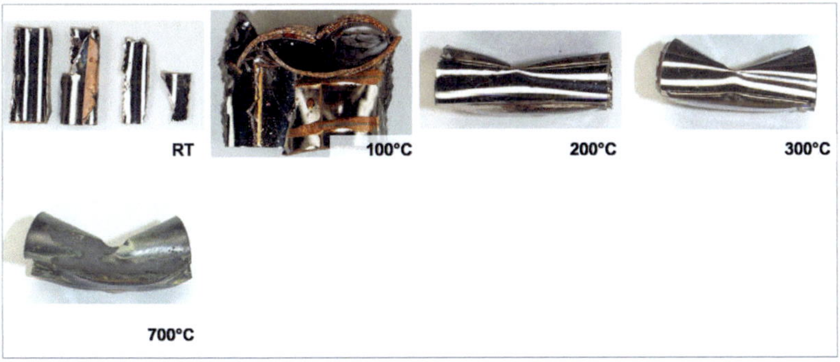

Bild A.23.: Bruchbilder von Laminatrohrproben nach einem Kerbschlagbiegeversuch. Material: Wolframlaminatrohr, hergestellt aus Wolframfolie, 100 μm, verlötet mit reinem Kupfer, 100 μm. Dimensionen: Länge 27 *mm*, Durchmesser außen 15 *mm*, Wandstärke 1 *mm*.

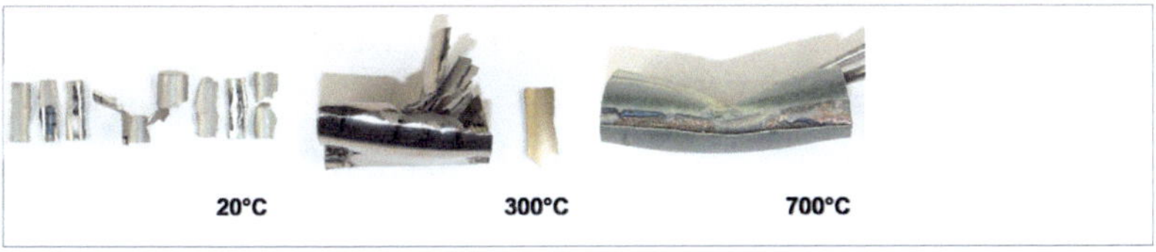

Bild A.24.: Bruchbilder von Laminatrohrproben nach einem Kerbschlagbiegeversuch. Material: Wolframlaminatrohr, hergestellt aus Wolframfolie, 100 μm, verlötet mit Titan, 150 μm. Dimensionen: Länge 27 *mm*, Durchmesser außen 15 *mm*, Wandstärke 1 *mm*.

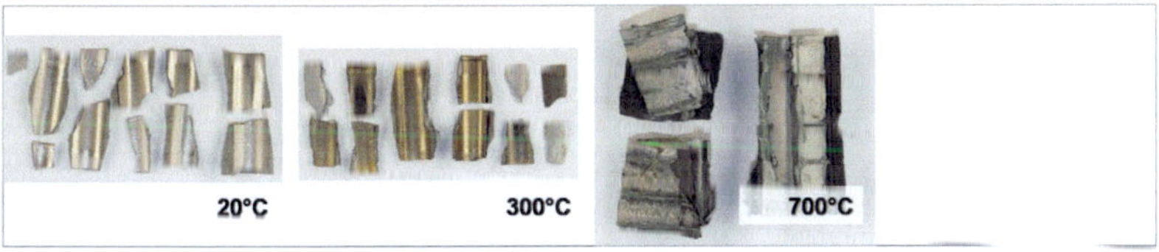

Bild A.25.: Bruchbilder von Laminatrohrproben nach einem Kerbschlagbiegeversuch. Material: Wolframlaminatrohr, hergestellt aus Wolframfolie, 100 μm, verlötet mit Zirkonium, 100 μm. Dimensionen: Länge 27 *mm*, Durchmesser außen 15 *mm*, Wandstärke 1 *mm*.

Materialdaten für die Simulation von Divertorkomponenten

Tabelle A.1.: Materialparameter zur Simulation von Divertorkomponenten. Hier: reines Wolfram, Elastizitätsmodul und Querkontraktionszahl [141].

Temperatur in (°C)	Elastizitätsmodul in (MPa)	Querkontraktionszahl in (-)
20	400000	0,28
500	385000	0,285
1000	365000	0,288
1500	325000	0,295
2000	280000	0,302
2500	220000	0,302

Tabelle A.2.: Materialparameter zur Simulation von Divertorkomponenten. Hier: reines Wolfram, thermischer Ausdehnungskoeffizient [141].

Temperatur in ($^{\circ}C$)	thermischer Ausdehnungskoeffizient in (1/K)
20	4,5E-06
100	4,5E-06
200	4,53E-06
300	4,58E-06
400	4,63E-06
500	4,68E-06
600	4,72E-06
700	4,76E-06
800	4,81E-06
900	4,85E-06
1000	4,89E-06
1200	4,89E-06
1400	5,08E-06
1600	5,18E-06
1800	5,3E-06
2000	5,43E-06
2600	5,93E-06

Tabelle A.3.: Materialparameter zur Simulation von Divertorkomponenten. Hier: reines Wolfram, Wärmeleitfähigkeit [141].

Temperatur in ($^{\circ}C$)	Wärmeleitfähigkeit in (W/(m*K)
20	183
100	167
230	149
700	130
995	110
1350	100
1760	100
3380	90

Tabelle A.4.: Materialparameter zur Simulation von Divertorkomponenten. Hier: T91 (RAFM), Elastizitätsmodul und Querkontraktionszahl [142].

Temperatur in ($^{\circ}C$)	Elastizitätsmodul in (MPa)	Querkontraktionszahl in (-)
20	206000	0,3
100	201000	0,3
200	194000	0,3
300	188000	0,3
400	181500	0,3
500	175000	0,3
600	151000	0,3

Tabelle A.5.: Materialparameter zur Simulation von Divertorkomponenten. Hier: T91 (RAFM), thermischer Ausdehnungskoeffizient [142].

Temperatur in (°C)	thermischer Ausdehnungs-koeffizient in (1/K)
20	1,04E-05
100	1,08E-05
200	1,12E-05
300	1,16E-05
400	1,19E-05
500	1,22E-05
600	1,25E-05

Tabelle A.6.: Materialparameter zur Simulation von Divertorkomponenten. Hier: T91 (RAFM), Wärmeleitfähigkeit [142].

Temperatur in (°C)	Wärmeleitfähigkeit in (W/(m*K)
20	25,9
100	27
200	28,1
300	28,8
400	29,2
500	29
600	28,5

Tabelle A.7.: Materialparameter zur Simulation von Divertorkomponenten. Hier: 316L, austenitischer Stahl, Elastizitätsmodul und Querkontraktionszahl [143].

Temperatur in ($^\circ C$)	Elastizitätsmodul in (MPa)	Querkontraktionszahl in (-)
20	192372	0,3
100	185860	0,3
200	177720	0,3
300	169580	0,3
400	161440	0,3
500	153300	0,3
600	145516	0,3

Tabelle A.8.: Materialparameter zur Simulation von Divertorkomponenten. Hier: 316L, austenitischer Stahl, thermischer Ausdehnungskoeffizient [143].

Temperatur in ($^\circ C$)	thermischer Ausdehnungskoeffizient in (1/K)
20	1,616E-05
100	1,664E-05
200	1,709E-05
300	1,747E-05
400	1,781E-05
500	1,813E-05
600	1,843E-05
700	1,872E-05

Tabelle A.9.: Materialparameter zur Simulation von Divertorkomponenten. Hier: 316L, austenitischer Stahl, Wärmeleitfähigkeit [143].

Temperatur in ($°C$)	Wärmeleitfähigkeit in (W/(m*K)
20	14,57
100	15,71
200	17,13
300	18,55
400	19,27
500	21,4
600	22,83
700	24,25

Tabelle A.10.: Materialparameter zur Simulation von Divertorkomponenten. Hier: reines Kupfer, Elastizitätsmodul und Querkontraktionszahl [129].

Temperatur in ($°C$)	Elastizitätsmodul in (MPa)	Querkontraktionszahl in (-)
20	132000	0,34
100	128000	0,34
200	122000	0,34
300	118000	0,34

Tabelle A.11.: Materialparameter zur Simulation von Divertorkomponenten. Hier: reines Kupfer, thermischer Ausdehnungskoeffizient [129].

Temperatur in ($°C$)	thermischer Ausdehnungskoeffizient in (1/K)
20	1,41E-05
100	1,68E-05
200	1,73E 05
300	1,77E-05

Tabelle A.12.: Materialparameter zur Simulation von Divertorkomponenten. Hier: reines Kupfer, Wärmeleitfähigkeit [129].

Temperatur in (°C)	Wärmeleitfähigkeit in (W/(m*K)
20	305
100	318
200	334

Ergebnisse der Simulation von Divertorkomponenten

Wasserkühlung ($100°C - 120°C$, $40\ bar$)

Tabelle A.13.: Wasserkühlung ($100°C - 120°C$, $40\ bar$), austenitischer Stahl, Monoblock Design.

Material	$1\ MW/m^2$	$5\ MW/m^2$	$10\ MW/m^2$
austenitischer Stahl	$100°C$ - $180°C$ $150\ MPa$ - $310\ MPa$	$120°C$ - $480°C$ $60\ MPa$ - $850\ MPa$	$130°C$ - $800°C$ $10\ MPa$ - $1380\ MPa$
Kupferfolie	$120°C$ - $180°C$ $130\ MPa$ - $220\ MPa$	$200°C$ - $500°C$ $200\ MPa$ - $630\ MPa$	$280°C$ - $870°C$ $280\ MPa$ - $1060\ MPa$
Wolframfolie	$120°C$ - $180°C$ $100\ MPa$ - $140\ MPa$	$200°C$ - $500°C$ $210\ MPa$ - $350\ MPa$	$280°C$ - $860°C$ $340\ MPa$ - $690\ MPa$
W-Monoblock	$120°C$ - $220°C$ $0\ MPa$ - $140\ MPa$	$200°C$ - $740°C$ $0\ MPa$ - $370\ MPa$	$290°C$ - $1490°C$ $0\ MPa$ - $710\ MPa$

Tabelle A.14.: Wasserkühlung ($100°C - 120°C$, $40\ bar$), austenitischer Stahl, Saddle-Type Design.

Material	$1\ MW/m^2$	$5\ MW/m^2$	$10\ MW/m^2$
austenitischer Stahl	$100°C$ - $200°C$ $0\ MPa$ - $270\ MPa$	$100°C$ - $540°C$ $0\ MPa$ - $810\ MPa$	$100°C$ - $910°C$ $0\ MPa$ - $1390\ MPa$
Kupferfolie	$180°C$ - $200°C$	$430°C$ - $580°C$	$680°C$ - $980°C$
Wolframfolie	$180°C$ - $200°C$	$440°C$ - $580°C$	$700°C$ - $980°C$
W-Saddle	$180°C$ - $250°C$	$460°C$ - $870°C$	$750°C$ - $1720°C$

Tabelle A.15.: Wasserkühlung ($100°C - 120°C$, 40 bar), RAFM Stahl, Monoblock Design.

Material	1 MW/m^2	5 MW/m^2	10 MW/m^2
RAFM Stahl	$100°C$ - $160°C$	$110°C$ - $380°C$	$120°C$ - $670°C$
	70 MPa - 150 MPa	10 MPa - 410 MPa	10 MPa - 630 MPa
Kupferfolie	$110°C$ - $160°C$	$150°C$ - $415°C$	$200°C$ - $730°C$
	70 MPa - 200 MPa	160 MPa - 520 MPa	200 MPa - 920 MPa
Wolframfolie	$110°C$ - $160°C$	$160°C$ - $410°C$	$210°C$ - $720°C$
	60 MPa - 100 MPa	140 MPa - 260 MPa	230 MPa - 510 MPa
W-Monoblock	$110°C$ - $200°C$	$160°C$ - $650°C$	$210°C$ - $1330°C$
	0 MPa - 100 MPa	0 MPa - 280 MPa	0 MPa - 540 MPa

Tabelle A.16.: Wasserkühlung ($100°C - 120°C$, $40\ bar$), RAFM Stahl, Saddle-Type Design.

Material	$1\ MW/m^2$	$5\ MW/m^2$	$10\ MW/m^2$
RAFM Stahl	$100°C$ - $170°C$	$100°C$ - $430°C$	$100°C$ - $760°C$
	$10\ MPa$ - $120\ MPa$	$10\ MPa$ - $380\ MPa$	$0\ MPa$ - $650\ MPa$
Kupferfolie	$150°C$ - $170°C$	$320°C$ - $460°C$	$530°C$ - $820°C$
Wolframfolie	$150°C$ - $170°C$	$330°C$ - $460°C$	$550°C$ - $820°C$
W-Saddle	$150°C$ - $220°C$	$350°C$ - $740°C$	$600°C$ - $1530°C$

Tabelle A.17.: Wasserkühlung ($100°C - 120°C$, $40\ bar$), Wolframlaminat, Monoblock Design.

Material	$1\ MW/m^2$	$5\ MW/m^2$	$10\ MW/m^2$
Wolframfolie	$100°C$ - $120°C$	$100°C$ - $210°C$	$110°C$ - $320°C$
	$0\ MPa$ - $50\ MPa$	$20\ MPa$ - $370\ MPa$	$60\ MPa$ - $840\ MPa$
Kupferfolie	$100°C$ - $120°C$	$100°C$ - $210°C$	$110°C$ - $320°C$
	$110\ MPa$ - $140\ MPa$	$100\ MPa$ - $230\ MPa$	$90\ MPa$ - $350\ MPa$
W-Monoblock	$100°C$ - $170°C$	$100°C$ - $470°C$	$110°C$ - $900°C$
	$0\ MPa$ - $60\ MPa$	$0\ MPa$ - $190\ MPa$	$0\ MPa$ - $390\ MPa$

Tabelle A.18.: Wasserkühlung ($100°C - 120°C$, $40\ bar$), Wolframlaminat, Saddle-Type.

Material	$1\ MW/m^2$	$5\ MW/m^2$	$10\ MW/m^2$
Wolframfolie	$100°C$ - $120°C$	$100°C$ - $210°C$	$100°C$ - $320°C$
	$40\ MPa$ - $190\ MPa$	$40\ MPa$ - $230\ MPa$	$10\ MPa$ - $370\ MPa$
Kupferfolie	$100°C$ - $120°C$	$100°C$ - $210°C$	$100°C$ - $330°C$
	$30\ MPa$ - $140\ MPa$	$60\ MPa$ - $260\ MPa$	$30\ MPa$ - $420\ MPa$
W-Monoblock	$110°C$ - $170°C$	$140°C$ - $490°C$	$170°C$ - $930°C$
	$0\ MPa$ - $100\ MPa$	$0\ MPa$ - $130\ MPa$	$0\ MPa$ - $230\ MPa$

Wasserkühlung ($275°C - 325°C$, $160\ bar$)

Tabelle A.19.: Wasserkühlung ($275°C - 325°C$, $160\ bar$), austenitischer Stahl, Monoblock.

Material	$1\ MW/m^2$	$5\ MW/m^2$	$10\ MW/m^2$
austenitischer Stahl	$300°C$ - $370°C$ $550\ MPa$ - $670\ MPa$	$310°C$ - $650°C$ $550\ MPa$ - $1120\ MPa$	$330°C$ - $970°C$ $420\ MPa$ - $1640\ MPa$
Kupferfolie	$320°C$ - $380°C$ $370\ MPa$ - $480\ MPa$	$390°C$ - $680°C$ $440\ MPa$ - $850\ MPa$	$460°C$ - $1040°C$ $500\ MPa$ - $1250\ MPa$
Wolframfolie	$320°C$ - $380°C$ $240\ MPa$ - $330\ MPa$	$380°C$ - $670°C$ $350\ MPa$ - $530\ MPa$	$450°C$ - $1030°C$ $490\ MPa$ - $880\ MPa$
W-Monoblock	$320°C$ - $420°C$ $0\ MPa$ - $340\ MPa$	$390°C$ - $940°C$ $0\ MPa$ - $550\ MPa$	$460°C$ - $1700°C$ $0\ MPa$ - $910\ MPa$

Tabelle A.20.: Wasserkühlung ($275°C - 325°C$, 160 bar), austenitischer Stahl, Saddle-Type.

Material	1 MW/m^2	5 MW/m^2	10 MW/m^2
austenitischer Stahl	$300°C$ - $380°C$ 10 MPa - 420 MPa	$300°C$ - $700°C$ 0 MPa - 1030 MPa	$300°C$ - $1070°C$ 0 MPa - 1030 MPa
Kupferfolie	$360°C$ - $390°C$	$580°C$ - $740°C$	$820°C$ - $1150°C$
Wolframfolie	$370°C$ - $390°C$	$600°C$ - $740°C$	$840°C$ - $1140°C$
W-Saddle	$370°C$ - $440°C$	$620°C$ - $1060°C$	$900°C$ - $1900°C$

Tabelle A.21.: Wasserkühlung ($275°C - 325°C$, 160 *bar*), RAFM Stahl, Monoblock Design.

Material	$1\ MW/m^2$	$5\ MW/m^2$	$10\ MW/m^2$
RAFM Stahl	$300°C$ - $360°C$ 320 MPa - 390 MPa	$310°C$ - $580°C$ 270 MPa - 580 MPa	$320°C$ - $880°C$ 80 MPa - 810 MPa
Kupferfolie	$310°C$ - $360°C$ 380 MPa - 480 MPa	$350°C$ - $610°C$ 420 MPa - 790 MPa	$400°C$ - $940°C$ 470 MPa - 1180 MPa
Wolframfolie	$310°C$ - $360°C$ 160 MPa - 240 MPa	$350°C$ - $610°C$ 250 MPa - 400 MPa	$400°C$ - $940°C$ 340 MPa - 680 MPa
W-Monoblock	$310°C$ - $410°C$ 0 MPa - 260 MPa	$350°C$ - $880°C$ 0 MPa - 420 MPa	$400°C$ - $1600°C$ 0 MPa - 710 MPa

Tabelle A.22.: Wasserkühlung ($275°C - 325°C$, 160 *bar*), RAFM Stahl, Saddle-Type Design.

Material	$1\ MW/m^2$	$5\ MW/m^2$	$10\ MW/m^2$
RAFM Stahl	$300°C$ - $360°C$ 10 MPa - 230 MPa	$300°C$ - $630°C$ 10 MPa - 480 MPa	$300°C$ - $960°C$ 10 MPa - 780 MPa
Kupferfolie	$340°C$ - $370°C$	$510°C$ - $680°C$	$770°C$ - $1040°C$
Wolframfolie	$350°C$ - $370°C$	$520°C$ - $660°C$	$750°C$ - $1030°C$
W-Saddle	$350°C$ - $420°C$	$550°C$ - $960°C$	$800°C$ - $1780°C$

Tabelle A.23.: Wasserkühlung ($275°C - 325°C$, 160 *bar*), Wolframlaminat, Monoblock Design.

Material	$1\ MW/m^2$	$5\ MW/m^2$	$10\ MW/m^2$
Wolframfolie	$300°C$ - $320°C$ 10 MPa - 110 MPa	$300°C$ - $410°C$ 40 MPa - 260 MPa	$300°C$ - $520°C$ 80 MPa - 480 MPa
Kupferfolie	$300°C$ - $320°C$ 400 MPa - 450 MPa	$300°C$ - $410°C$ 400 MPa - 520 MPa	$310°C$ - $520°C$ 350 MPa - 625 MPa
W-Monoblock	$300°C$ - $370°C$ 0 MPa - 130 MPa	$300°C$ - $690°C$ 0 MPa - 270 MPa	$310°C$ - $1170°C$ 0 MPa - 490 MPa

Tabelle A.24.: Wasserkühlung ($275°C - 325°C$, 160 bar), Wolframlaminat, Saddle-Type.

Material	1 MW/m^2	5 MW/m^2	10 MW/m^2
Wolframfolie	300°C - 320°C	300°C - 410°C	300°C - 530°C
	60 MPa - 480 MPa	140 MPa - 630 MPa	130 MPa - 700 MPa
Kupferfolie	300°C - 320°C	300°C - 410°C	300°C - 530°C
	60 MPa - 480 MPa	80 MPa - 530 MPa	230 MPa - 680 MPa
W-Monoblock	310°C - 380°C	340°C - 710°C	370°C - 1190°C
	0 MPa - 370 MPa	0 MPa - 360 MPa	0 MPa - 390 MPa

Heliumkühlung ($400°C - 600°C$, $100\ bar$)

Tabelle A.25.: Heliumkühlung ($400°C - 600°C$, $100\ bar$), austenitischer Stahl, Monoblock.

Material	$1\ MW/m^2$	$5\ MW/m^2$	$10\ MW/m^2$
austenitischer Stahl	$410°C$ - $490°C$ $750\ MPa$ - $930\ MPa$	$450°C$ - $840°C$ $850\ MPa$ - $1470\ MPa$	$500°C$ - $1290°C$ $790\ MPa$ - $2160\ MPa$
Kupferfolie	$430°C$ - $500°C$ $510\ MPa$ - $650\ MPa$	$530°C$ - $870°C$ $620\ MPa$ - $1100\ MPa$	$630°C$ - $1350°C$ $720\ MPa$ - $1620\ MPa$
Wolframfolie	$430°C$ - $500°C$ $300\ MPa$ - $420\ MPa$	$530°C$ - $870°C$ $440\ MPa$ - $680\ MPa$	$630°C$ - $1350°C$ $660\ MPa$ - $1120\ MPa$
W-Monoblock	$430°C$ - $540°C$ $0\ MPa$ - $440\ MPa$	$530°C$ - $1160°C$ $0\ MPa$ - $700\ MPa$	$640°C$ - $2010°C$ $0\ MPa$ - $1140\ MPa$

Tabelle A.26.: Heliumkühlung ($400°C - 600°C$, $100\ bar$), austenitischer Stahl, Saddle-Type.

Material	$1\ MW/m^2$	$5\ MW/m^2$	$10\ MW/m^2$
austenitischer Stahl	$400°C$ - $510°C$ $0\ MPa$ - $600\ MPa$	$400°C$ - $930°C$ $0\ MPa$ - $1300\ MPa$	$400°C$ - $1470°C$ $0\ MPa$ - $2000\ MPa$
Kupferfolie	$490°C$ - $520°C$	$790°C$ - $970°C$	$1150°C$ - $1540°C$
Wolframfolie	$490°C$ - $520°C$	$800°C$ - $960°C$	$1180°C$ - $1540°C$
W-Saddle	$490°C$ - $570°C$	$830°C$ - $1310°C$	$1240°C$ - $2300°C$

Tabelle A.27.: Heliumkühlung (400°C – 600°C, 100 bar), RAFM Stahl, Monoblock Design.

Material	1 MW/m^2	5 MW/m^2	10 MW/m^2
RAFM Stahl	410°C - 480°C	450°C - 800°C	500°C - 1230°C
	460 MPa - 580 MPa	490 MPa - 810 MPa	400 MPa - 1140 MPa
Kupferfolie	420°C - 480°C	500°C - 830°C	600°C - 1300°C
	530 MPa - 630 MPa	620 MPa - 1110 MPa	720 MPa - 1630 MPa
Wolframfolie	420°C - 480°C	500°C - 830°C	600°C - 1290°C
	190 MPa - 310 MPa	300 MPa - 500 MPa	460 MPa - 870 MPa
W-Monoblock	420°C - 530°C	510°C - 1120°C	610°C - 1960°C
	0 MPa - 340 MPa	0 MPa - 540 MPa	0 MPa - 910 MPa

Tabelle A.28.: Heliumkühlung ($400°C - 600°C$, 100 bar), RAFM Stahl, Saddle-Type.

Material	$1\ MW/m^2$	$5\ MW/m^2$	$10\ MW/m^2$
RAFM Stahl	$400°C$ - $500°C$ $0\ MPa$ - $320\ MPa$	$400°C$ - $890°C$ $0\ MPa$ - $670\ MPa$	$400°C$ - $1390°C$ $0\ MPa$ - $1010\ MPa$
Kupferfolie	$470°C$ - $500°C$	$740°C$ - $920°C$	$1080°C$ - $1460°C$
Wolframfolie	$470°C$ - $500°C$	$760°C$ - $920°C$	$1100°C$ - $1460°C$
W-Saddle	$480°C$ - $560°C$	$790°C$ - $1260°C$	$1170°C$ - $2220°C$

Tabelle A.29.: Heliumkühlung ($400°C - 600°C$, 100 bar), Wolframlaminat, Monoblock Design.

Material	$1\ MW/m^2$	$5\ MW/m^2$	$10\ MW/m^2$
Wolframfolie	$420°C$ - $450°C$ $10\ MPa$ - $200\ MPa$	$510°C$ - $640°C$ $0\ MPa$ - $280\ MPa$	$630°C$ - $900°C$ $0\ MPa$ - $530\ MPa$
Kupferfolie	$420°C$ - $450°C$ $590\ MPa$ - $680\ MPa$	$510°C$ - $650°C$ $710\ MPa$ - $870\ MPa$	$630°C$ - $900°C$ $870\ MPa$ - $1150\ MPa$
W-Monoblock	$420°C$ - $500°C$ $0\ MPa$ - $130\ MPa$	$520°C$ - $960°C$ $0\ MPa$ - $314\ MPa$	$630°C$ - $1640°C$ $0\ MPa$ - $620\ MPa$

Tabelle A.30.: Heliumkühlung ($400°C - 600°C$, 100 bar), Wolframlaminat, Saddle-Type.

Material	1 MW/m^2	5 MW/m^2	10 MW/m^2
Wolframfolie	$410°C$ - $450°C$	$450°C$ - $650°C$	$510°C$ - $910°C$
	30 MPa - 730 MPa	30 MPa - 940 MPa	30 MPa - 1000 MPa
Kupferfolie	$410°C$ - $450°C$	$450°C$ - $650°C$	$510°C$ - $920°C$
	140 MPa - 640 MPa	250 MPa - 880 MPa	520 MPa - 1220 MPa
W-Monoblock	$430°C$ - $510°C$	$570°C$ - $980°C$	$740°C$ - $1680°C$
	0 MPa - 380 MPa	0 MPa - 460 MPa	0 MPa - 580 MPa

Literaturverzeichnis

[1] www.plansee.com (2011).

[2] P. Norajitra, S. I. Abdel-Khalik, L. M. Giancarli, T. Ihli, G. Janeschitz, et al., *Fusion Eng. Design*, **83** (2008) 893.

[3] B. Sestak, A. Seeger, *Z. Metallkde.*, **69** (1978) 195.

[4] B. Sestak, A. Seeger, *Z. Metallkde.*, **69** (1978) 355.

[5] B. Sestak, A. Seeger, *Z. Metallkde.*, **69** (1978) 425.

[6] J. Christian, *Metall. Trans. A*, **14** (1983) 1237.

[7] T. E. Mitchell, R. A. Foxall, P. B. Hirsch, *Phil. Mag.*, **8** (1963) 1895.

[8] V. Vitek, *Phil. Mag.*, **84** (2004) 415.

[9] M. S. Duesbery, V. Vitek, *Acta Mater.*, **46** (1998) 1481.

[10] D. Hull, D. J. Bacon, *Introduction to Dislocations*, Butterworth-Heinemann, Oxford (2001) S. 199.

[11] H. Conrad, *The relation between the structure and mechanical properties of metals*, Proc. Conf. held at the National Physical Laboratory (Teddington, Middlesex, UK) (1963) 482.

[12] A. Seeger, *Dislocations 1984*, (1984) 141.

[13] D. Brunner, *Mat. Trans., JIM*, **41** (2000) 152.

[14] A. Seeger, *Z. Metallkd.*, **93** (2002) 760.

[15] D. Brunner, J. Diehl, *Phys. Status Solidi A*, **124** (1991) 155.

[16] L. Hollang, M. Hommel, A. Seeger, *Phys. Status Solidi A*, **160** (1997) 329.

[17] J. Samuels, S. G. Roberts, *Proc. R. Soc. Lond. A*, **421** (1989) 1.

[18] P. H. Hirsch, S. G. Roberts, J. Samuels, *Proc. R. Soc. Lond. A*, **421** (1989) 25.

[19] S. G. Roberts, P. B. Hirsch, A. S. Booth, M. Ellis, F. C. Serbena, *Phys. Scr.*, **T49** (1993) 420.

[20] P.B. Hirsch, S.G. Roberts, J. Samuels, *Rev. Phys. Appl.*, **23** (1988) 409.

[21] S. G. Roberts, *Comp. Sim. in Sci.*, **308** (1996) 409.

[22] P.B. Hirsch, S- G. Roberts, *Phil. Mag. A*, **64** (1991) 55.

[23] A. Giannattasio, S. G. Roberts, *Phil. Mag.*, **87** (2007) 2589.

[24] A. Giannattasio, M. Tanaka, T. D. Joseph, S. G. Roberts, *Phys. Scr.*, **T128** (2007) 87.

[25] J. Riedle, *Bruchwiderstand in Wolfram-Einkristallen: Einfluss der kristallographischen Orientierung, der Temperatur und der Lastrate*, Reihe 18, Nr.184, VDI Verlag, Düsseldorf (1990).

[26] J. Riedle, P. Gumbsch, H. Fischmeister, *Phys. Rev. Lett.*, **76** (1996) 3594.

[27] P. Gumbsch, J. Riedle, A. Hartmaier, H. Fischmeister, *Science*, **282** (1998) 1293.

[28] P. Gumbsch, *J. Nucl. Mater.*, **323** (2003) 304.

[29] M. Imai and K. Sumino, *Phil. Mag. A*, **47** (1983) 599.

[30] A. George and G. Champier, *Phys. Status Solidi A*, **53** (1979) 529.

[31] J. R. Patel and Chaudhari *Phys. Rev.*, **143** (1966) 601.

[32] I. Yonenaga I, *Mater. Trans. JIM*, **46** (2005) 1979.

[33] L. Berlec, *J. Appl. Phys.*, **33** (1962) 197.

[34] J.R. Rice, R. Thomson, *Phil. Mag.*, **23** (1973) 73.

[35] B.A. Bilby, A.H. Cottrell, K.H. Swinden, *Proc. R. Soc. Lond.*, **A 272** (1963) 304.

[36] H. W. Schadler, *Acta Metall.*, **12** (1964) 861.

[37] D. Rupp, *Bruch und Spröd-duktil-Übergang in polykristallinem Wolfram: Einfluss von Mikrostruktur und Lastrate*, PhD-thesis, Karlsruhe Institute of Technology (2010).

[38] E. Lassner, W.-D. Schubert, *Tungsten - Properties, Chemistry, Technology of the Element, Alloys, and Chemical Compounds*, Springer, Berlin (1999) S. 17.

[39] Tran-Huu-Loi, J. P. Morniroli, M. Gantois, M. Lahaye, *J. Mater. Sci.*, **20** (1985) 199.

[40] B. Gludovatz, S. Wurster, T. Weingärtner, A. Hoffmann, R. Pippan *Phil. Mag.*, (2011) 1.

[41] B. Gludovatz, *Fracture bahaviour of tungsten*, PhD-thesis, University of Leoben (2010).

[42] D. Rupp, S.M. Weygand, *J. Nucl. Mater.*, **386** (2009) 591.

[43] D. Rupp, R. Mönig, P. Gruber, S.M. Weygand, *Int. J. Refract. Met. Hard Mater.*, **28** (2010) 669.

[44] D. Rupp, S. Weygand, *Phil. Mag.*, **90** (2010) 4055.

[45] Annual Book of ASTM Standards-Standard Test Method for Plane-Strain Fracture Toughness of Metallic Materials (ASTM E 399-90), **03.01.** American Society for Testing and Materials (1997) 413.

[46] D. Gross, T. Seelig, *Bruchmechanik mit einer Einführung in die Mikromechanik*, Springer-Verlag, Berlin (2001).

[47] B. Gludovatz, S. Wurster, A. Hoffmann, R. Pippan, *Int. J. Refract. Met. Hard Mater.*, **28** (2010) 674.

[48] M. Rieth, A. Hoffmann, *Adv. Mater. Res.*, **59** (2009) 101.

[49] J. Neges, B. Ortner, G. Leichtfried, H.P. Strüwe, *Mater. Sci. Eng. A* , **196** (1995) 129.

[50] A. A. Griffith, *Phil Trans. Roy. Soc. A*, **221** (1920) 163.

[51] V. Guttmann, E. Lang, *Z. Metallkde*, **63** (1972) 807.

[52] P. A. Beck, *Z. Metallkde*, **52** (1961) 13.

[53] www.metalprices.com (2011).

[54] S. Antusch, P. Norajitra, V. Piotter, H.-J. Ritzhaupt-Kleissl, *J. Nucl. Mater.*, **417** (2011) 533.

[55] M. Rieth, B. Dafferner, *J. Nucl. Mater.*, **342** (2005) 20.

[56] M. Rieth, A. Hoffmann, *Int. J. Refract. Met. Hard Mater.*, **28** (2010) 679.

[57] M. Rieth, D. Armstrong, B. Dafferner, S. Heger, A. Hoffmann, et al., *Adv. Sci. Tec.*, **73** (2010) 11.

[58] M. Rieth, A. Hoffmann, *Fus. Sci. Tech.*, **56** (2009) 1018.

[59] S. Wurster, B. Gludovatz, R. Pippan, *Int. J. Ref. Met. Hard Mater.*, **28** (2010) 692.

[60] L. Romaner, C. Ambrosch-Draxl, R. Pippan, *Phys. Rev. Let.*, **104** (2010) 195503-1.

[61] M. Rieth, J. L. Boutard, S. L. Dudarev, T. Ahlgren, S. Antusch, et al., *J. Nucl. Mater.*, **417**(2011) 463.

[62] M. Rieth, J. Reiser, B. Dafferner, S. Baumgärtner, *Fus. Sci. Tech.*, **61** (2012) 381.

[63] M. Faleschini, H. Kreuzer, D. Kiener, and R. Pippan, *J. Nucl. Mater.*, **367-370** (2007) 800.

[64] M. Faleschini, W. Knabl, and R. Pippan, *Fracture of Nano and Engineering Materials and Structures, B.*, **2T15** (2006) 445.

[65] M.V. Aguirre, A. Martin, J.Y. Pastor, J. LLorca, M.A. Monge, R. Rareja, *Met. and Mat. Trans. A*, **40A** (2009) 2283.

[66] M.V. Aguirre, A. Martin, J.Y. Pastor, J. LLorca, M.A. Monge, R. Rareja, *J. Nucl. Mater.*, **404** (2010) 203.

[67] H. Kurishita, S. Matsuo, H. Arakawa, S. Kobayashi, K. Nakai, et al., *Mat. Sci. and Eng., A*, **477** (2008) 162.

[68] H. Kurishita, S. Matsuo, H. Arakawa, T. Sakamoto, S. Kobayashi, et al., *J. Nucl. Mater.*, **398** (2010) 87.

[69] S. Dorfman, V. Liubich, D. Fuks and K. C. Mundim, *J. Phys.: Condens. Mat.*, **13** (2001) 6719.

[70] I. Wesemann, P. Heel, W. Spielmann, A. Hoffmann, 17 Plansee Seminar (2009).

[71] J. Hohe, P. Gumbsch, *J. Nucl. Mater.*, **400** (2010) 218.

[72] S.J. Zinkle, N.M. Ghoniem, *Fusion Eng. Design*, **51-52** (2000) 55.

[73] J. B. Correia, EFDA Meeting, W-WAlloys, Feb. (2011).

[74] V. Livramento, D. Nunes, J.B. Correia, P.A. Carvalho, R. Mateus, K. Hanada, N. Shohoji, H. Fernandes, C. Silva, E. Alves, Tungsten-tantalum composites for plasma facing components, Materials for Energy 2010, ENMAT2010, 4-8 July 2010, Karlsruhe, Germany.

[75] A. G. Evans, *Acta Mater.*, **45** (1997) 23.

[76] A. G. Evans, *J. Am. Ceram. Soc.*, **73** (1990) 187.

[77] B. Budiansky, A.G. Evans, J.W. Hutchinson, *Int. J. Solids Structures*, **32** (1995) 315.

[78] W. Bergmann, *Werkstofftechnik 1*, Hanser München (2008) S. 429.

[79] W. Krenkel, R. Naslain, H. Schneider, *High Temperature Ceramic Matrix Composites*, Wiley-VCH, Weinheim (2001) S. 129.

[80] J. Du, T. Höschen, M. Rasinski, S. Wurster, W. Grosinger, J.-H. You, *Comp. Sci. Tech.*, **70** (2010) 1482.

[81] J. Du, T. Höschen, M. Rasinski, J.-H. You, *Mat. Sci. Eng. A*, **527** (2010) 1623.

[82] E. Lassner, W.-D. Schubert, *Tungsten - Properties, Chemistry, Technology of the Element, Alloys, and Chemical Compounds*, Springer Berlin (1999) S. 26.

[83] E. Lassner, W.-D. Schubert, *Tungsten - Properties, Chemistry, Technology of the Element, Alloys, and Chemical Compounds*, Springer Berlin (1999) S. 22.

[84] H.O. Hall, *Proc. Phys. Soc.*, **B 64** (1951) 747.

[85] N.J. Petch, *J. Iron Steel Inst.*, **174** (1953) 25.

[86] E. Roos, K. Maile, *Werkstoffkunde für Ingenieure*, Springer Berlin, (2002) S. 104.

[87] P. Gunde, A.C. Hänzi, A.S. Sologubenko, P.J. Uggowitzer, Mat. *Sci. Eng. A*, **528** (2011) 1047.

[88] J. Koike, *Mat. Sci. Forum*, **665** (2004) 449.

[89] M.A. Meyers, A. Mishra, D.J. Benson, *Prog. Mat. Sci.*, **51** (2006) 427.

[90] J. Hirsch, S. Kaestner, *Hydro Aluminium Deutschland GmbH.*

[91] R. Lison, *Schweissen und Löten von Sondermetallen und ihren Legierungen*, Deutscher Verlag für Schweisstechnik, Düsseldorf (1996) S. 75.

[92] W. W.Basuki, *Optimierung der Diffusionsschweissparamtere von Hastelloy C-22 zur Herstellung von Mikrowärmetauschern*, PhD-thesis, Karlsruhe Institute of Technology (2008).

[93] M. Rosinski, M. J. Kruszewski, A. Michalski, E. Fortuna-Zalesna, Lukasz Ciupinski, K. J. Kurzydlowski, *Fusion Eng. Design*, **86** (2011) 2573.

[94] J. Köhler, R. Meyer, A. Homburg, *Explosivstoffe*, 10. Auflage, WILWY-VCH (2008).

[95] www.pstproducts.com (2011).

[96] R. Schäfer, P. Pasquale, *Die Elektromagnetische Puls Technologie im industriellen Einsatz*, www.pstproducts.com, (2011).

[97] J. McGinley, *Proceedings on the 17th international conference on nuclear engineering*, **ICINE 17-75630** (2009).

[98] H. Altenbach, *Einführung in die Mechanik der Laminat- und Sandwichtragwerke*, Deutscher Verlag für Grundstoffindustrie Stuttgart (1996) S. 22 ff.

[99] G. Ehrenstein, *Faserverbund-Kunststoffe*, Hanser München (2006) S. 257.

[100] K. Stellbrink, *Micromechanics of Composites: Composite Properties of Fibre and Matrix Constituents*, Hanser Publishers (1996).

[101] D. Gross, T. Seelig, *Bruchmechanik*, Springer Berlin (2007) S. 15, S. 240.

[102] G. Busse, B. Kröplin, F. Wittel, *Damage and its evolution in fiber-composite materials*, ISD Verlag (2006) S. 481.

[103] R. V. Mises, *Z. angew. Math. Mech.*, **8** (1928) 161.

[104] T. Böhlke, G. Risy, A. Bertram, *Eine mikromechanische Interpretation der v. Mises-Hill'schen Fliessbedingung. In: „Der Pawelski", Umformtechnik im Spannungsfeld zwischen Plastomechanik und Werkstofftechnik*, K. Steinhoff, R. Kopp, Bad Harzburg, GRIPS media GmbH (2008).

[105] T. Böhlke, G. Risy, A. Bertram, *ZAMM* **88** (2008) 379.

[106] J. Wittenburg, E. Pestel, *Festigkeitslehre, Ein Lehr- und Arbeitsbuch*, Springer Berlin (2001) S. 229.

[107] J. Weidemann, *Leichtbau, Band 1: Elemente*, Springer Berlin (1986) S. 30.

[108] L.P. Kollar, G. S. Springer, *Mechanics of Composite Structures*, Cambridge University Press (2003) S. 313.

[109] S.W. Tsai, E.M. Wu, *Jour. Com. Mat.*, **5** (1971) 58-80.

[110] A. Puck, *Festigkeitsanalyse von Faser-Matrix-Laminaten*, Hanser München (1996) S. 103 ff.

[111] P. von Böckh, T. Wetzel, *Wärmeübertragung, Grundlagen und Praxis*, Springer Berlin (2009) S. 18 ff.

[112] F. Bosnjakovic, *Technische Thermodynamik, Teil II*, Steinkopf Darmstadt (1997) S. 6.

[113] A. J. Schwartz, M. Kumar, B. L. Adams, D. P. Field, *Electron Backscatter Diffraction in Materials Science*, Springer US (2009).

[114] B. Fultz, J. M. Howe, *Trans Electron Microscopy and Diffractometry of Materials*, 3rd Edition, Springer Berlin (2008).

[115] G. d. Rieck, *Tungsten and its compounds*, Pergamon Press Oxford (1967) S. 58.

[116] O. Schob, *Monatshefte für Chemie*, **103** (1972) 255.

[117] B. Hutchinson, *Phil. Trans. R. Soc. Lond. A 1999*, **357** (2009) 1471.

[118] K. Jöchen, T. Böhlke, *Proc. Appl. Math.*, **10** (2010) 415.

[119] U. F. Kocks, C. N. Tome, and H.-R. Wenk, *Texture and Anisotropy*, Cambridge University Press, (1998) S. 196.

[120] S. V. Nagender Naidu, R. Rama Rao *Phase Diagrams of Binary Tungsten Alloys*, India Institute of Metals, Calcutta (1991) S. 315.

[121] www.morgantechnicalceramics.com (2011).

[122] J. Cook, J. E. Gordon, C. C. Evans, D. M. Marsh, *Proceedings of the Royal Society of London*, Series A, Mathematical and Physical Science, **282** (1964) 508.

[123] J. Reiser, M. Rieth, B. Dafferner, S. Baumgärtnera, R. Ziegler, A. Hoffmann, *Fusion Eng. Design*, **86** (2011) 2949.

[124] M. Merola, W. Dänner, M. Pick, *Fusion Eng. Design*, **75** (2005) 325.

[125] D. Maissonier, D. Campbell, I. Cook, L. Di Pace, L. Giancarli, *Nucl. Fusion*, **47** (2007) 1524.

[126] P. Norajitra, R. Giniyatulin, T. Ihli, G. Janeschitz, W. Krauss, *Fusion Eng. Design*, **82** (2007) 2740.

[127] V. Widak, P. Norajitra, *Fusion Eng. Design*, **84** (2009) 1973.

[128] R. Krüssmann, G. Messemer, K. Zinn, *Fusion Eng. Design*, **84** (2009) 1119.

[129] www.kupfer-institut.de (2011).

[130] S. J. Zinkle, K. Farrell, *J. Nucl. Mater.*, **168** (1989) 262.

[131] S. A. Fabritsiev, S. J. Zinkle, B. N. Singh, *J. Nucl. Mater.*, **233** (1996) 127.

[132] P. Fenici, D. J. Boerman, G. P. Tartaglia, J. D. Elen, *J. Nucl. Mater.*, **212** (1994) 399.

[133] D. J. Edward, B. N. Singh, S. Tähtinen, *J. Nucl. Mater.*, **367** (2007) 904.

[134] M. Rieth, M. Schirra, A. Falkenstein, P. Graf, S. Heger, *Eurofer 97: Tensile, Charpy, Creep and Structural Tests*, Forschungszentrum Karlsruhe, **FZKA 6911** (2012).

[135] K. Mergia, N. Boukos, *J. Nucl. Mater.*, **378** (2008) 1.

[136] E. Gaganidze, C. Petersen, E. Materna-Morris, C. Dethloff, O. J. Weiß, *J. Nucl. Mater.*, **417** (2011) 93.

[137] S. Suzuki, K. Ezato, T. Hirose, K. Sato, H. Yoshida, et al., *Fusion Eng. Design*, **81** (2006) 93.

[138] M.S. Tillack, A. R. Raffraya, X. R. Wang, S. Malang, S. Abdel-Khalik, et al., *Fusion Eng. Design*, **86** (2011) 71.

[139] E. Lassner, W.-D. Schubert, *Tungsten - Properties, Chemistry, Technology of the Element, Alloys, and Chemical Compounds*, Springer, Berlin (1999) S. 25.

[140] Ch. Ritches, A. Luft, D. Schulze, *Kristall und Technik*, **13** (1978) 791.

[141] *ITER material properties handbook*, ITER Document No. S 74 MA 2, G 74 MA 16, S 74 MA 2, S 74 MA 2, www.iter.org (2011).

[142] P. Norajitra, L. Bühler, A. Buenaventura1, E. Diegele, U. Fischer, et al., *Conceptual Design of the Dual-Coolant Blanket within the Framework of the EU Power Plant Conceptual Study (TW2-TRP-PPCS12)*, Forschungszentrum Karlsruhe GmbH, **FZKA 6780** (2003) S. 83.

[143] CEA-IRDI, *Initial Design Equations for 316L Austenitic Steel*, **85.1416** (1985).

Schriftenreihe des Instituts für Angewandte Materialien

ISSN 2192-9963

Die Bände sind unter www.ksp.kit.edu als PDF frei verfügbar oder als Druckausgabe bestellbar.

Band 1 Prachai Norajitra
Divertor Development for a Future Fusion Power Plant. 2011
ISBN 978-3-86644-738-7

Band 2 Jürgen Prokop
Entwicklung von Spritzgießsonderverfahren zur Herstellung von Mikrobauteilen durch galvanische Replikation. 2011
ISBN 978-3-86644-755-4

Band 3 Theo Fett
New contributions to R-curves and bridging stresses – Applications of weight functions. 2012
ISBN 978-3-86644-836-0

Band 4 Jérôme Acker
Einfluss des Alkali/Niob-Verhältnisses und der Kupferdotierung auf das Sinterverhalten, die Strukturbildung und die Mikrostruktur von bleifreier Piezokeramik ($K_{0,5}Na_{0,5}$)NbO_3. 2012
ISBN 978-3-86644-867-4

Band 5 Holger Schwaab
Nichtlineare Modellierung von Ferroelektrika unter Berücksichtigung der elektrischen Leitfähigkeit. 2012
ISBN 978-3-86644-869-8

Band 6 Christian Dethloff
Modeling of Helium Bubble Nucleation and Growth in Neutron Irradiated RAFM Steels. 2012
ISBN 978-3-86644-901-5

Band 7 Jens Reiser
Duktilisierung von Wolfram. Synthese, Analyse und Charakterisierung von Wolframlaminaten aus Wolframfolie. 2012
ISBN 978-3-86644-902-2